人 工 智 能 开 发 丛 书

Scikit-learn
机器学习详解

（上）

潘风文　潘启儒　著

化学工业出版社

·北京·

内容简介

本书主要内容包括机器学习介绍，NumPy、Pandas、SciPy库、Matplotlib（可视化）四个基础模块，Scikit-learn算法、模型、拟合、过拟合、欠拟合、模型性能度量指标、数据标准化、非线性转换、离散化，以及特征抽取和降维的各种方法，包括特征哈希、文本特征抽取、特征聚合等。全书通过实用范例和图解形式讲解，选材典型，案例丰富，适合从事大数据、数据挖掘、机器学习等人工智能领域开发的各类人员。

图书在版编目（CIP）数据

Scikit-learn机器学习详解．上／潘风文，潘启儒著．
—北京：化学工业出版社，2021.1
（人工智能开发丛书）
ISBN 978-7-122-37849-1

Ⅰ.①S… Ⅱ.①潘…②潘… Ⅲ.①机器学习
Ⅳ.①TP181

中国版本图书馆CIP数据核字（2020）第189649号

责任编辑：潘新文 装帧设计：韩 飞
责任校对：李 爽

出版发行：化学工业出版社（北京市东城区青年湖南街13号 邮政编码100011）
印　　装：北京缤索印刷有限公司
787mm×1092mm　1/16　印张22¼　字数503千字　2021年1月北京第1版第1次印刷

购书咨询：010-64518888　　　　　　　　售后服务：010-64518899
网　　址：http://www.cip.com.cn
凡购买本书，如有缺损质量问题，本社销售中心负责调换。

定　　价：99.00元

⇥ 前言

　　Scikit-learn是基于Python的开源免费机器学习库，起源于发起人David Cournapeau在2007年参加谷歌编程之夏GSoC（Google Summer of Code）的一个项目，目前已经成为最受欢迎的机器学习库之一。

　　笔者将通过上、下两册把这个内容丰富、功能强大的机器学习框架进行系统条理的讲解，帮助有志于从事人工智能，特别是机器学习的开发者快速掌握Scikit-learn，并有效应用于工作中。本书是上册，首先简要介绍了机器学习的基础知识以及学习Scikit-learn的预备知识，然后重点讲解学习和掌握Scikit-learn的基础知识和基本功能，包括数据变换、特征抽取和降维技术等功能，这些都是高效应用Scikit-learn的必备知识。下册将以Scikit-learn提供的算法和模型为基础，讲解各种算法的原理、实现技术和应用案例，使读者在高效应用Scikit-learn技术方面更上一层楼。

　　第1章：介绍了机器学习的概念，并概述了机器学习与人工智能、机器学习与大数据以及机器学习与数据挖掘的关系。作为人工智能的一个子集，机器学习目前已经在各个领域开花结果，默默地影响着我们的日常生活。

　　第2章：介绍了Scikit-learn的预备知识，主要包括四个基础模块：NumPy、Pandas、SciPy库和Matplotlib，由于它们功能丰富、便于使用，目前已经广泛应用于数学、科学和工程领域，成为最受欢迎的Python扩展工具包。

　　第3章：学习掌握Scikit-learn的基础应用，在机器学习的基础上介绍了弄懂Scikit-learn首先需要掌握的最为常见的、全局性的先验知识，为方便实训演练，提供了模型训练和预测的例子。

　　第4章：介绍了Scikit-learn数据变换相关知识，包括评估器（estimator）、转换器（transformer）和管道（pipeline）等常用的概念，它们均属于数据预处理的范畴。其中转换器（transformer）可以实现数据预处理、缺失值处理、降维等各种数据变换功能。

　　第5章：介绍了Scikit-learn特征抽取和特征降维相关知识，它们都是数据预处理的一部分。特征抽取是指从原始数据中抽取特定特征变量的过程；特征降维不仅能够在不丢弃任何数据样本的情况下提高模型构建的效率，减少模型的规模，同时还能增强模型预测的效果。

附录：包含精选的Scikit-learn实用拓展学习资源，包括互操作和框架增强包、评估器和任务扩展包、推荐引擎扩展包等非常实用的资源。每个扩展包包含了概要描述和网址链接，便于读者访问。

本书特点

■ 内容由浅入深，循序渐进

本书从机器学习的起源和概念讲起，在引出了机器学习的标准开发步骤之后，讲述了Scikit-learn的外围预备知识（包括NumPy、Pandas、SciPy等）和基础知识，并逐步讲解了Scikit-learn的数据变换、特征抽取和降维功能，这是进行机器学习算法训练、模型应用的基本知识。一方面遵循初学者对机器学习的认知规律，另一方面也便于熟悉机器学习基本知识的学习者有选择地阅读。

■ 语言通俗易懂，轻松易学

讲解时尽量用通俗易懂的语言，配以足量图片和代码，形象化地把抽象内容呈现给读者，使读者很快理解、掌握每个章节的内容，有效降低学习的门槛。内容虽多，但不枯燥，轻松易学。

■ 讲解主干明确，脉络清晰

贯彻机器学习算法训练和应用这一主题。上册内容主要在于构建实际模型之前的工作，即数据预处理和特征抽取等知识，这是进行算法训练和模型应用不可或缺的流程环节，是后续内容的必要铺垫。内容一环接着一环，主干脉络清晰。

■ 案例精心挑选，实用性强

如何实现数据的标准化和规范化？对于缺失值如何处理？特征哈希如何实现？通过典型案例，读者可以轻松地处理这些在构建机器学习模型时必须面对的问题，有效地应用于后续的模型训练和实践应用中。

本书主要是面向有志于从事机器学习开发以及对人工智能领域感兴趣的读者而编写的，包括但不限于如下人员：

（1）具备一定Python基础知识，希望在机器学习领域进阶升级的开发人员；

（2）想要了解和实践Scikit-learn学习包的开发工程师；

（3）有志于从事大数据及人工智能的分析人员；

（4）对大数据和人工智能领域感兴趣的相关读者。

本书例子运行的Python版本号是Ver3.8.1。所有实例都可以通过化学工业出版社网站下载，也可以通过QQ：420165499联系在线下载实例包。读者在阅读和使用过程中，如有任何问题，可通过QQ在线咨询，笔者将竭诚为您服务。

著者
2020年8月

3 Scikit-learn基础应用   163

4　Scikit-learn数据变换　　195

1 机器学习

人工智能是当前最为热门的计算机技术之一，而机器学习作为人工智能中训练机器拥有学习能力的一个子集，与大数据有着密不可分的关系。本章将对机器学习、人工智能、大数据和数据挖掘的含义以及它们之间的关系进行概述，并给出机器学习的一般步骤，这些作为机器学习的基础知识，是一个机器学习应用者应该掌握的。

1.1 机器学习和人工智能

机器学习（ML, Machine Learning）是人工智能（AI, Artificial Intelligence）领域中关于通过学习过程归纳出预测模型的一个分支，它使机器具有无须通过明确的编程就能够自动学习，从过往经验中归纳知识、进行自我改进提升的能力。这里机器一般是指某种形式的计算机系统，而过往经验是指以某种形式表示的数据。当一个用户在电商网站购物时，网站会动态地向用户推荐相关的商品，这是因为电商网站会根据用户历史搜索或购买的商品种类、数量等数据，分析用户的喜好，进而智能地给用户推荐相关商品。

图1-1 亚瑟·李·塞缪尔
（1901.12—1990.07）

"机器学习"一词是由人工智能和计算机游戏的先驱、IBM的科学家亚瑟·李·塞缪尔（Arthur Lee Samuel）于1959年发明的，他被后人誉为"机器学习之父"。他将机器学习定义为"使计算机无须明确编程即可拥有学习能力的研究领域"（"field of study that gives computers the capability to learn without being explicitly programmed"）。1949年加入IBM波基普西实验室（Poughkeepsie Laboratory）后，亚瑟·李·塞缪尔创建了世界上第一个计算机学习程序，这是一个跳棋游戏的程序，其独特之处在于，每次玩跳棋后，程序总会变得更好，能够纠正错误并从历史数据中获得更好的取胜方法。1987年，他被IEEE计算机协会授予计算机先驱奖（Computer Pioneer Award）。图1-1为亚瑟·李·塞缪尔。

机器学习与常规软件编程不同。在常规软件编程中，为了使计算机工作，需要把输入数据和测试过的一串指令语句（程序）提供给计算机，然后计算机利用其计算功能，按照给定的程序一步一步执行，最后给出输出结果。例如计算简单的5+6，需要提供加数5、6，以及编写赋值语句、加法语句和输出语句，计算机会按部就班地执行，并输出结果11；而对于机器学习来说，需要提供的是大量的输入数据和输出结果数据（目标数据），计算机依次处理所有数据并为自己产生一个程序（称为模型），然后可以使用这个程序（模型）去解决其他业务问题，甚至这个程序（模型）可以嵌入到其他常规软件中使用。简单来说，机器学习就是一种利用历史数据，训练并构建模型，然后使用模型进行决策的一种技术。

图1-2展示了常规软件编程和机器学习之间的不同。

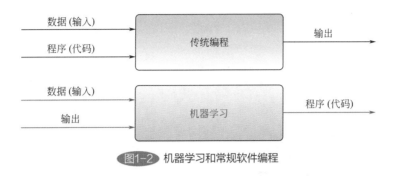

图1-2　机器学习和常规软件编程

人工智能也是当前最热门的计算机技术之一，它是一门关于使机器模仿人类能力的学科，与机器学习有着密切的关系。机器学习是人工智能中训练机器拥有学习能力的一个子集，也就是说，所有机器学习都是人工智能，但并非所有人工智能都是机器学习。例如，符号逻辑（规则引擎，专家系统和知识图谱）属于人工智能的范畴，而不能归为机器学习。如图1-3为机器学习和人工智能的关系。

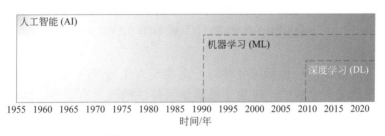

图1-3　机器学习和人工智能之间的关系

人工智能的基本含义是使机器（计算机）能像人类一样具有推理、分析和规划的能力，成为人类大脑的延伸和扩展，代替人类完成某些智慧性活动，例如自然语言处理、数据挖掘学习、医学诊断等等。人工智能是人工智能之父John McCarthy教授于1955年提出的，根据John McCarthy的解释："It is the science and engineering of making intelligent machines, especially intelligent computer programs"，我们可以认为人工智能是关于智能机器或智能程序的科学，是计算机技术"智能+"的典型应用，简单来说，可以使一个计算机系统能够展示如人类一般智慧的技术都可以被称作人工智能。

从上面图1-3中可以看出，人工智能最早出现，机器学习于1990年前后兴起，它主要使用归纳、综合法，即主要基于数据，寻找数据内在规律，并把这个内在规律应用于业务。机器学习通过让机器模拟人类的学习行为，使其获取新的知识或技能，并可以通过重新组织已有的知识结构，不断改善自身的性能。尽管人工智能曾经被以专家系统等其他方式研究，但是机器学习是当前人工智能研究的核心，也是使计算机具有人类智能的根本途径。

深度学习的概念由Hinton等人于2006年提出，是机器学习研究中的一个新的领域，它源于人工神经网络的研究，目的在于建立模拟人脑进行分析学习的神经网络，例如模仿人脑的机制来解释图像、声音、文本等数据。深度学习通过组合低层特征，形成更加抽象的高层表示，以发现数据的分布式特征。

图1-4进一步说明了机器学习与人工智能、深度学习之间的关系。

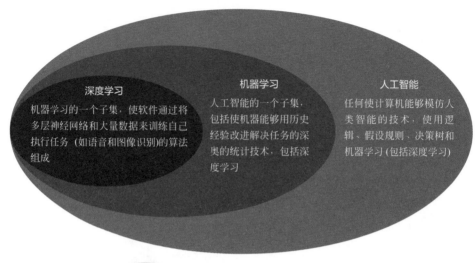

深度学习
机器学习的一个子集，使软件通过将多层神经网络和大量数据来训练自己执行任务（如语音和图像识别）的算法组成

机器学习
人工智能的一个子集，包括使机器能够用历史经验改进解决任务的深奥的统计技术，包括深度学习

人工智能
任何使计算机能够模仿人类智能的技术，使用逻辑、假设规则、决策树和机器学习（包括深度学习）

图1-4 机器学习和人工智能深度学习之间的关系

综上所述，机器学习，包括深度学习，是实现人工智能应用的必由之路。而机器学习的实现是依靠算法来完成的，可用于机器学习算法的语言有很多，其中Python、java、C/C++、JavaScript、R排在前五名，特别是Python，它被称为开发人工智能应用的殿堂级语言。

亚马逊首席执行官贝索斯（Jeff Bezos）说："AI在未来20年对社会产生的影响之大怎么评估都不为过"；谷歌首席执行官桑达尔·皮查伊（Sundar Pichai）也曾说过："过去10年我们一直在做一件事，那就是打造移动优先的世界，而在接下来的10年时间里，我们将转到一个AI优先的世界。"从亚马逊到Facebook，再到谷歌、微软，以及国内的百度、阿里、腾讯等全球有影响力的顶尖技术公司，都纷纷将目光转向了人工智能。可以说，我们即将迎来一个全新的AI时代！

1.2 机器学习和大数据

我们知道，大数据（Big Data）是收集和分析巨量数据的过程，它有助于发现隐藏的有用模式和其他信息，例如客户选择、市场趋势等等。这些信息往往对一个企业的业务决策起着重要作用。

关于"大数据"这一个术语的来源有多种版本。一个说法是，在2005年，来自O'Reilly Media公司（世界上具有领导地位的出版公司，同时也是联机出版的先锋）的

Roger Mougalas首次创造了"大数据"一词，它指的是使用传统的商业智能工具几乎无法管理和处理的大量数据。同年，目前非常流行的大数据平台Hadoop由雅虎（Yahoo）推出，其目标是对整个万维网建立索引。

现在大数据是继资本资源、人力资源和自然资源之后的第四种生产要素，对整个社会的经济发展产生了巨大影响。麦肯锡全球研究所（McKinsey Global Institute）对大数据的定义是：一种规模大到在获取、存储、管理、分析方面大大超出了传统数据库软件工具能力范围的数据集合，具有海量的数据规模（Volume）、快速的数据流转（Velocity）、多样的数据类型（Variety）和价值密度低（Value）四大特征，简称为4V，如图1-5所示。

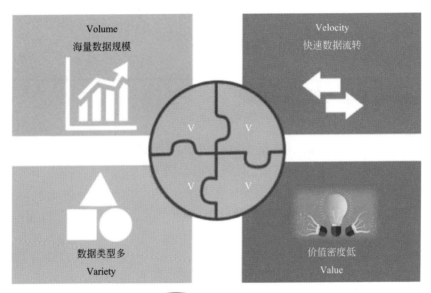

图1-5 大数据的4V特征

除了上面的4V外，也有学者认为还应添加一个真实性（Veracity），最后简称为5V。

大数据和机器学习都属于数据科学的范畴，它们的研究范围之间互有重叠，并且相互依赖。从处理方式和应用方面两者具有下面的区别：

◇ 大数据的主要工作包括如何存储、治理数据以及提取的工具（通常为Hadoop），所以大数据与高性能计算有紧密的关系；而机器学习是计算机科学和人工智能的一个分支，它能赋予计算机无须明确编程就能学习的能力。

◇ 大数据分析是基于已有历史数据，分析并发现隐含其内的模式或信息；而机器学习的目的是训练机器如何对新数据进行响应，并给出输出结果。

◇ 大数据分析涉及数据的结构和数据建模，所以需要人工介入；而机器学习执行的工作往往是自动进行的，无须人工干预，如自动驾驶等。

实际上，大数据通常是作为机器学习的输入，两者的结合可以给企业带来奇迹，通过机器学习等技术，可以充分利用和发挥大数据的价值，如图1-6所示。

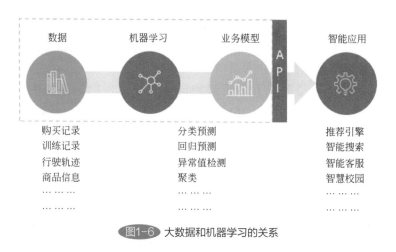

图1-6 大数据和机器学习的关系

1.3 机器学习和数据挖掘

　　虽然数据挖掘（DM, Data Mining）这一术语在20世纪90年代才出现，但是数据挖掘所涉及的技术早在20世纪30年代已有所发展。随着计算机技术和数据库在各行各业得到广泛应用，业务系统产生的数据量不断膨胀，传统的统计分析工具受到巨大的挑战，导致企业级数据仓库（DW, Data Warehouse）出现，数据仓库的出现，预示着需要某种革命性的技术去挖掘大量数据背后的潜在价值。科学家和研究人员把当时最新的数据分析技术（例如关联规则、神经网络、决策树等）与数据库技术结合起来，用计算机尝试挖掘基于数据库存储的大量业务数据背后的信息和知识，两者的结合催生了数据库知识发现（KDD, Knowledge Discovery in Databases）的诞生。1989年8月，在美国底特律召开的第11届国际人工智能联合会议（IJCAI-89）上，首次由Gregory Piatetsky-Shapiro提出了知识发现（KDD）这个概念，目前KDD的重点已经从发现方法转向了实践应用。

　　数据挖掘是KDD的核心，它是从大量数据中提取可信的、新颖的、有效的知识的处理过程，这些知识一般来说是隐含的、事先未知的有用信息，表现形式为概念、规则、模式和规律等。图1-7展示了数据挖掘示意图。

　　从数据挖掘和机器学习的发展历史来看，两者在起源、任务目标、实现技术等方面有众多的不同，但是随着大数据及人工智能技术的发展和应用，可以认为机器学习是数据挖掘的升级，两者的区别越来越小，更多的是分工和融合。笔者认为，当前数据挖掘和机器学习的关系是业务应用和具体技术的关系，简单来说，数据挖掘更多面向业务分析人员，属于业务分析的范畴，是人工智能技术在业务分析中的重要应用；机器学习关注机器训练，涉及自动提取信息和构建模型的算法研究，是人工智能技术发展的重要组成部分。二者是同一个问题的不同侧面，和大数据技术一起，携手共同解决业务问题，实现业务的智能化。

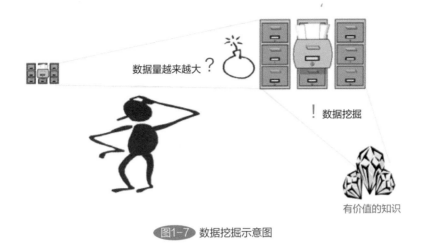

图1-7 数据挖掘示意图

1.4 机器学习分类和应用

前面讲过，机器学习是无须通过明确的编程就能让计算机系统具有从历史经验中进行自主学习的能力，在这个广义的定义中，"学习"是指基于经验改善自身行为的能力。

Tom Mitchell（美国卡内基梅隆大学计算机科学学院院长，有"机器学习教父"之称）给予了机器学习一个技术性的定义（如图1-8所示）："对于某种任务T、性能指标P来说，如果一个计算机程序以历史经验E为基础，实现以指标P进行度量的任务T后，性能指标P会有所提升，则认为这个程序具有从经验E中学习的能力。"

在这个定义中，有三个要素：任务T、性能指标P和经验E，即（T,P,E），计算机程序把这三者联系在一起，决定了如何利用经验E来解决任务T并且保证随着经验E的增加，能够更好地解决任务（P提升），其中：

● 任务T是机器学习需要解决的工作内容，它可以是一个预测、分类或聚类的工作。
● 经验E是训练数据集或输入数据，机器通过经验E获得学习能力。
● 性能指标P是影响任务T完成质量的因素，如精度等。

图1-8 机器学习的从经验中学习的示意图

机器（计算机系统）本身包含两个主要组件：学习机（learner）和推理机（reasoner）。

➤ 输入／经验（input/experience）提供给学习机（learner），学习机用来学习新技术。

➤ 背景知识（background knowledge）提供给学习机，帮助学习机更好地学习。

➤ 借助于输入和背景知识，学习机可以生成模型，该模型包含从输入和背景知识中学习到的信息。

➤ 任务／问题（problem/task）（例如预测、分类等）提供给推理机。

➤ 在训练有素的模型（model）的帮助下，推理机（reasoner）尝试给出任务／问题的解决方案（solution/answer）。

➤ 通过给予新的输入和背景知识，提高该解决方案的性能。

➤ 依照上面步骤，循环继续进行。

例如，垃圾邮件过滤器的任务T是根据历史经验E区分垃圾邮件，达到一定的准确率P。

根据所处理问题的性质、处理数据的类型和数量，机器学习可以分为以下类别。

① 有监督学习（Supervised learning），或直接称监督学习。训练数据集中带有需要预测的属性（字段、标签数据），处理数据过程中，将以标签数据为预测目标方向，进行模型创建。有监督学习可以分为下面两类：

➤ 分类（classification）：每个样本属于两个或多个类别之一。分类试图从已标记的数据中学习如何预测未标记数据的类别。比如手写数字识别问题、车牌自动识别问题等都是将每个输入数据（向量）分配给有限数量的离散类别之一。常用的算法包括逻辑回归、决策树、KNN、随机森林树、SVM等；

➤ 回归预测（regression prediction）：如果所需的输出由一个或多个连续变量组成，则该算法称为回归。比如根据父母的身高去推测儿子的身高就是一个回归问题。常用算法包括线性回归、神经网络等。

② 无监督学习（Unsupervised learning）。训练数据集由一组输入向量组成，不包含任何相应的目标值（标签字段）。问题的目标可以是发现数据中的相类似的数据组，称为聚类，或者试图确定输入空间内的数据分布，称为密度估计，或者将高维数据空间缩小到两维或三维，实现可视化。聚类、关联规则、生存分析等都是无监督学习的模型。

③ 半监督学习（Semi-supervised learning）。是有监督学习和无监督学习的结合。

④ 强化学习（Reinforcement learning），又称为增强学习。机器在环境中通过试错法持续自我训练，从过去的经验中学习，并尝试获取尽可能好的知识，以便能够做出最好的决策。试错搜索和延迟奖励是强化学习最明显的特征。一个典型的例子就是马尔科夫决策过程。

图1-9简要展示了上述的四种学习类型和应用示例。

随着机器学习技术的不断发展，近年来也出现了一些新的机器学习分支，如深度学

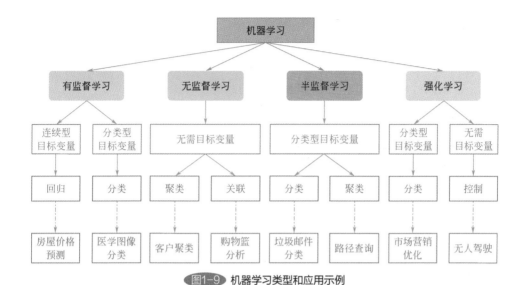

图1-9 机器学习类型和应用示例

习、迁移学习和元学习等等，这里不再赘述，感兴趣的读者可自行搜索相关内容。

　　对于一个特定的问题，可能存在多个机器学习算法可以使用，因此寻找最佳的机器学习模型需要极大的耐心和细致的试错工作。图1-10中展示了不同的机器学习模型对于同一个问题的不同处理方式。这个问题是："Adam今天中午吃什么？"

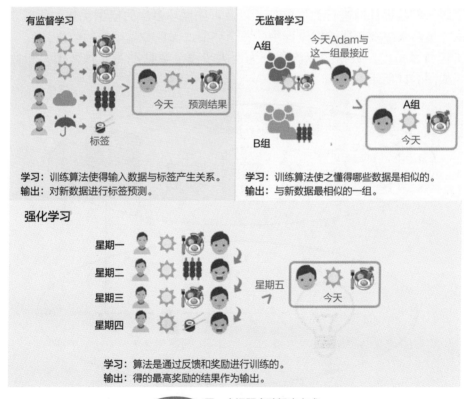

图1-10 同一个问题多种解决方式

　　机器学习的应用已经融入了我们的日常生活，从各个方面开始改变着我们的生活，小到智能手机，大到各种智能工业机器人，早已无声无息地影响着我们的生活。在电商购物、智能交通、图像识别、情绪分析、文本分类、视频监控、语音识别、欺诈检测、趋势预测、智慧医疗等领域都活跃着机器学习的身影。

1.5 机器学习开发步骤

　　前面讲过，机器学习和数据挖掘是一个问题的两个方面，它们的目标是一致的。数据挖掘是面向业务的，机器学习是面向技术的。所以，机器学习的开发步骤与数据挖掘的方法论是密不可分的。在数据挖掘的发展历程中，出现过多种实施方法论。在本节中首先概要介绍几种主流的数据挖掘方法论，然后引出比较可行的机器学习步骤。

1.5.1 数据挖掘标准流程

　　数据挖掘的流程是一个复杂的过程，不可能通过简单几步就能够完成。一方面，这个过程涉及数据清洗、数据集成、变量选择、数据转换、模型构建和验证，以及最终结果的知识表达和应用等；另一方面，建立挖掘模型所需的数据往往是跨数据源的，需要建立一个统一的数据标准进行数据整理，以及可能循环多次的模型优化。所以非常需要一个明确的策略来控制数据挖掘流程中的各个环节，保证数据挖掘的效果。

　　从工程技术角度，数据挖掘流程分为两大步骤：数据准备（预处理）和数据挖掘（建模），如图1-11所示。

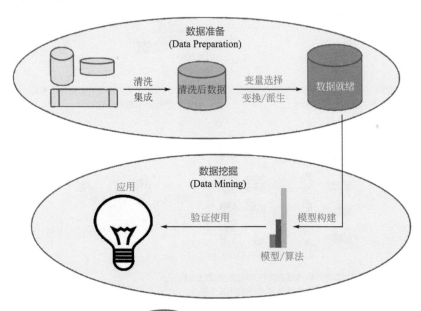

图1-11 数据挖掘通用流程图

图1-11是一个粗略的数据挖掘流程图。一般来说，数据挖掘项目要经历的过程包括问题的理解、数据的准备、模型建立和应用等一系列复杂的任务。所以，数据挖掘过程的系统化、工程化对解决业务问题起着至关重要的作用。

纵观数据挖掘的发展历史，为了使数据挖掘过程规范化，以便能够创建统一的数据挖掘平台（软件），各个系统厂商先后提出了很多数据挖掘过程的方法论，阐明实施数据挖掘项目的流程和步骤，为数据挖掘系统的迅速发展提供了保障。其中最流行的方法论有SEMMA、KDD、5A以及CRISP-DM四种。

（1）SEMMA

SEMMA是由SAS Institute（全球知名的统计软件及数据挖掘系统开发商）开发的指导数据挖掘流程的标准。SEMMA是Sample、Explore、Modify、Model和Assess五个英语单词的首字母组合，代表抽样、探索、修改、模型和评估。这也正是SAS提出的在数据挖掘平台中要遵循的5个步骤，如图1-12所示。

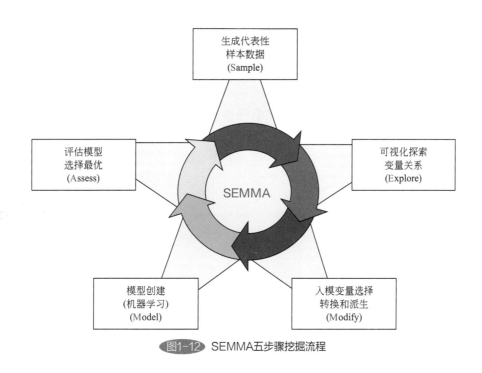

图1-12　SEMMA五步骤挖掘流程

这5个步骤的具体任务是：

① Sample：即数据采样，这是数据挖掘工作的第一步，其目标是根据需要解决的问题选择用于构建模型的样本数据集（不是全部数据），同时检验和保证数据的质量。原则上样本数据集应该足够大，包含足够的信息，以便能够有效地使用；

② Explore：即数据探察，其目标是进行数据特征的探索、分析和预处理。数据采样是以对业务问题的先验认识为基础进行的，样本数据集是否能够达到目标要求、是否有明显的规律和趋势、变量之间是否有相关性等等，这些都是需要探索的内容。通常，

我们通过图形等可视化手段来发现特征（变量）的统计属性、异常情况，以及变量之间的相关性等；

③ Modify：即数据调整，其目标是问题进一步明确化，并进行数据调整。本阶段明确和量化要解决的问题，并根据对问题新的认识对样本数据进行增删、调整、修改、转换和派生，并确定技术方向；

④ Model：即模型构建，这是数据挖掘工作的核心环节，其目标是基于前面准备好的变量，应用各种建模技术（可能使用多种模型算法），创建所需的模型；

⑤ Assess：即模型评估，这是最后一个步骤，其目标是对构建的模型进行综合解释和评价。本阶段主要是对建模结果进行可靠性和有效性综合评估，找出最优模型。

SEMMA 与 CRISP-DM（在本节后面讲述）标准相比，主要关注数据挖掘项目的建模任务本身，将业务方面排除在外；而 CRISP-DM 则把业务理解作为一个重要的前期阶段。此外，SEMMA 的重点在于帮助 SAS Enterprise Miner 软件的用户，所以在 Enterprise Miner 之外应用时，用户可能感觉不方便。

（2）KDD

KDD 方法论是 Brachman & Anand 于 1996 年提出的，它覆盖了从数据中发现有用知识的整个过程，涉及了发现模式的评估以及最有可能的解释，以识别和决定数据中的知识。

如图 1-13 所示，KDD 方法在发现和解释潜在模式和知识的过程中，涉及以下步骤的重复应用：

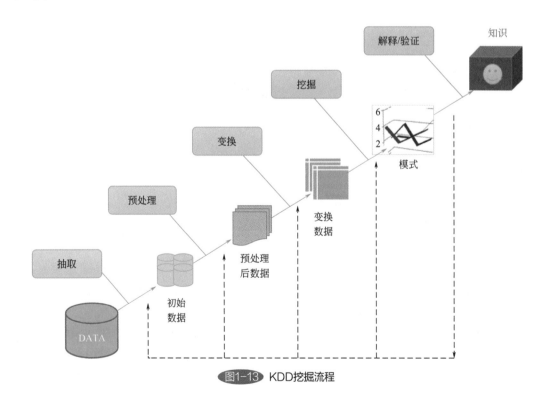

图1-13 KDD挖掘流程

① 数据抽取（Data Extraction）：从数据库中检索与任务分析相关的数据，创建目标数据集。

② 数据预处理（Processing）：对选择的数据集进行预处理，保持数据的一致性，以保证质量。

③ 数据转换（Transformation）：这个步骤通过使用降维、转换等方法进行数据的转换、派生等。

④ 数据挖掘（Data Mining）：根据挖掘目标（如预测或者分类等），搜索和发掘特定表现形式的模型和知识。

⑤ 模型解释/评估（Interpretation/Evaluation）：对发现的模型进行解释和评估，以便推广使用。

在上述所有5个阶段完成之后，我们将获得对发现模型的评估是否满足业务需求的结论。如果不满足目标要求，则可以从任何一个阶段开始进行重复，直到达到业务要求。

（3）5A

5A流程标准由原来的SPSS（Statistical Product and Service Solutions）公司发起。5A是Assess、Access、Analyze、Act和Automate五个单词的首字母组合。其中：

① Assess：即需求评估。对业务问题进行客观评价，明确需求，并确定实现需求所需要的数据；

② Access：即数据获取。实现对所需数据的获取，检查数据质量，并能够灵活处理数据；

③ Analyze：即数据分析。基于获取的数据进行分析，使用各种统计分析技术，运用预测或描述模型，创建能够解决问题的挖掘模型；

④ Act：即模型评估。对创建的模型进行展示和评估，确定最优模型；

⑤ Automate：即部署应用。通过系统提供的工具，快速显示结果，便于用户更好地决策。

IBM在2009年收购了SPSS。由于IBM也是CRISP-DM流程的主要发起人之一，并且IBM目前也在主推CRISP-DM，所以5A流程的市场在逐步缩减。

（4）CRISP-DM

CRISP-DM是CRoss Industry Standard Process for Data Mining的缩写，意为"跨行业数据挖掘标准流程"。该标准由SPSS、IBM、Teradata、Daimler AG、NCR Corporation和OHRA等5家公司领导开发，第1个版本于1999年3月在布鲁塞尔举行的第四届CRISP-DM SIG（Special Interest Group）研讨会上发布。

与前面讲述的SEMMA相比，CRISP-DM认为数据挖掘是由业务目标驱动的，同时重视数据的获取、清洗和管理。

图1-14是CRISP-DM针对具体业务问题进行数据挖掘或机器学习的标准流程图。

CRISP-DM标准流程包括业务问题理解、数据探索评估、业务数据准备、模型建立、模型验证评估以及模型部署应用6个环节。根据挖掘过程中每个环节的准备情况，

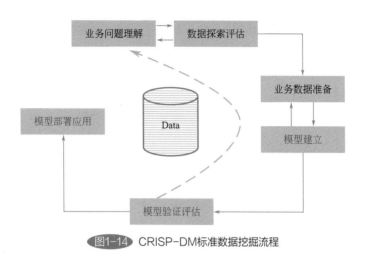

图1-14 CRISP-DM标准数据挖掘流程

环节之间有可能需要反复交互。

① 业务问题理解。CRISP-DM的第一步是要明确业务目标，专注于从商业的角度理解项目目标和需求，将这种理解转换成一种数据挖掘的问题定义，并制订出达到该目标的数据挖掘计划。

② 数据探索评估。在数据探索评估阶段，首先根据前一阶段的结果，找出影响挖掘目标的各种因素（特征），确定这些影响因素的数据来源、表现形式以及存储位置；其次探测数据，理解和描述数据，并分析数据质量状况。

③ 业务数据准备。在本阶段，根据挖掘目标和对数据的探测情况，制订数据质量标准和各种派生规则，对原始数据进行清洗处理，使用各种ETL工具，按照数据挖掘模型所需的数据格式准备样本数据（包括训练数据和测试数据），为模型的创建准备好高质量数据，所谓"Garbage in，Garbage out"，所以一定要保证样本数据的质量。

④ 模型建立。建立挖掘模型的目的是发现数据中隐藏的模式和规律。此阶段的工作是选择合适的模型，针对不同模型进行参数的训练和优化。本阶段可能要对多种模型进行训练，并根据各种指标（如R2、AUC、F1等）寻找最优的模型。

在建模过程中，可能会发现一些潜在的数据问题，此时就需要返回到数据准备阶段，完善和更新入模数据。

⑤ 模型验证评估。对创建的模型，从业务目标、预测或分类结果角度进行评估，验证模型的有效性和可靠性，以确保模型应用到生产环境中不会出现不可容忍的错误。

在验证业务目标时，如果发现模型的预期不能满足业务需求，则有可能返回到业务问题理解阶段，重新审视对业务的理解，并根据实际情况确定是否重复后续的数据探索、数据准备等环节。

⑥ 模型部署应用。模型部署应用既可以是把新数据应用到训练后的模型，对新数据进行预测，根据预测结果进行决策，也可以是把模型集成到企业生产环境中。无论哪种方式，都是为了充分发挥模型价值，实现数据挖掘的最终目标。

目前CRISP-DM已经成为事实上的标准，得到众多商用和开源挖掘系统开发商的支持，在市场中占据着领先位置。

1.5.2 机器学习开发步骤

机器学习的任务是"使用数据回答问题（Using data to answer questions）"。图1-15展示了一个机器学习的流程示意图。

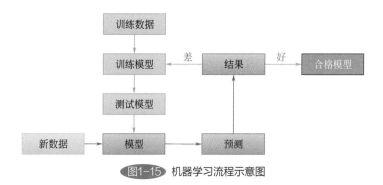

图1-15 机器学习流程示意图

在实际应用中，基于CRISP-DM方法论，充分考虑机器学习的核心任务和特点，实现一个完整的机器学习任务流程需要数据收集、数据预处理、模型选择、模型训练、模型验证、模型优化和部署应用（预测应用）7个步骤。如图1-16所示。

图1-16 机器学习流程

1.5.2.1 数据收集

机器学习的第一步是为后面的模型训练收集足够多的数据，数据的数量和质量是决定模型有效性的关键因素。当然数据的收集是以明确要解决的问题需求为前提的，只有充分理解问题的要求，数据收集才能有的放矢，提高收集的效率和效果。

如果需要解决的问题是分类或预测问题（有监督学习问题），则需要收集带有标签的数据；如果是聚类或寻找关联规则等问题（无监督学习问题），则需要收集无标签数据。

在这一步，需要收集影响问题目标的各种潜在的特征变量，确定这些影响变量的数据来源、表现形式以及存储位置；其次探测数据，理解和描述数据，并分析数据质量状况。

例如，有些数据可能存储在关系型数据库中，有些可能存储在Hadoop大数据平台上，还有可能存在Excel文件或文本文件中等，除此之外，还有可能需要收集非结构化数据或半结构化数据等等。在本步骤中，需要对这些散落在不同平台或系统的数据，根据机器学习要解决的问题的要求，聚合在一起，形成一个解决实际问题的单一的、原始的数据源。

1.5.2.2 数据预处理

原始的数据源虽然进行了汇聚，但是没有进行有效规范的整合，难以发挥应有的功能。数据预处理就是对收集的原始数据进行清洗、转换或派生，保证训练数据的质量，以便能够训练出有效、可靠的模型。在机器学习领域中，有时也称这些工作为特征工程。

原始数据往往携带一些"脏数据"，例如可能存在以下问题：

① 数据不完整，某些特征变量存在缺失值。

② 数据存在噪声、异常值或错误。如一个人的薪水 Salary=-1000（元），一个人的年龄 Age=220（岁）等。

③ 数据存在重复（冗余）记录。

④ 数据存在不一致。如年龄 Age=40，生日 BirthdayDate="2003.04.05" 等；重复的数据记录之间也存在不一致的情况等等。

所以，必须对原始收集的数据进行数据清洗。一些简单的统计和可视化方法可以探查出大部分问题。常用的方法包括：

◇ 百分位数的计算可以确定大多数数据的范围；

◇ 平均值和中位数可以描述集中趋势；

◇ 相关系数可以表明特征变量之间的关系程度；

◇ 箱形图可以识别异常值；

◇ 密度图和直方图显示数据的分布；

◇ 散点图可以描述双变量关系。

综合考虑以上存在的问题和机器学习的特点，数据预处理的内容至少包括以下内容：

① 清洗可能存在的问题：包括处理缺失值、删除重复项、更正错误和异常值、消除不一致等等。

② 数据规范化：对数据进行标准化、格式化处理。

③ 随机化数据：这消除了原始数据中特定顺序的影响。

④ 解决数据不平衡问题：采用 SMOTE、数据合成等方式保障训练数据的平衡。

⑤ 数据综合或派生：根据问题要求，有可能按照特定规则重新派生新的特征。

⑥ 数据类型转换：不同的模型对数据的类型也有不同的要求。有些模型需要数值型数据，有些模型则可以处理分类型数据等等。数据类型的转换，也是数据预处理步骤的工作。类型转换包括连续变量的离散化和分类变量的连续化。其中常用的离散化方法包括等宽（等距）区间法（也称等距分箱法）、等频区间法（也称等频分箱法），以及考虑到目标类别的信息的 ChiMerge 方法（卡方分箱法）；连续化方法包括独热编码等。

关于 ChiMerge 离散化方法的知识，请读者自行查阅相关知识，或者参阅笔者的另一本书《数据挖掘和机器学习：PMML 建模（下）》的第二章"决策树模型 TreeModel"中内容，这里不再赘述。

关于独热编码连续化的方法的知识，在本书第4章有简要的描述，或者参阅笔者的另一本书《PMML 建模标准语言基础》的第三章"PMML 基础知识"中内容，这里不再赘述。

1.5.2.3　模型选择

不同的算法（模型）能够实现不同的任务，模型选择的目的是选择合适的一个或多个模型。

① 模型应满足解决问题的要求；

② 掌握各种模型的特点：一个模型需要如何准备数据，训练时长，精度如何，模型的可解释性以及模型的伸缩性。注意：对于具体问题，一个参数复杂众多的模型不一定总是一个好的模型。常用的模型有线性回归、逻辑回归、决策数据、K-Means、支持向量机SVM、贝叶斯分类、随机森林树和神经网络等等。

在解决实际问题时，需要基于特定问题的具体要求，综合考虑，选择一个或多个待训练模型（在集成建模中需要多个模型一起训练）。

1.5.2.4　模型训练

模型训练的目的是对选择的算法进行训练，构建初步的应用模型。

在进行模型训练前，一般会把预处理后的数据分类成训练数据和测试数据，其中训练数据作为模型训练过程的输入，测试数据用作模型验证评估（下一步骤）。在模型正式训练之前，一般都会对模型进行初始化工作，例如设置模型参数初始值、超参数的设置等等。

在模型训练过程中，以最小化损失函数为目标，循环迭代使用训练数据，逐步获得模型的各个参数，构建完整的训练模型，用于验证评估。

1.5.2.5　模型验证

模型验证主要是利用新的数据（非训练数据，一般是测试数据集），对上一步骤训练后的模型进行验证，以便评估模型是否足够好。衡量一个模型好坏的指标很多，不同类型的机器学习模型有不同的衡量指标。最常见的有：

➤ 对于回归预测问题，可以使用均方误差MSE（Mean Squared Error）或者平均绝对误差MAE（Mean Absolute Error），其值越小越好；

➤ 对于分类预测问题，可以使用ROC（Receiver Operating Characteristic）和AUC（Area Under Curve），其值越大越好。

模型验证的方法有多种，例如Holdout验证法、交叉验证法CV（Cross-Validation）等。这些方法的具体介绍我们将在本书的后面详细讲述。

把每一个训练后的模型应用于测试数据，根据预测结果计算相应指标，进而验证一个模型是否足够好。如果一个模型在训练数据中表现很好，但是在测试数据中表现比较糟糕，则说明这个模型是"过拟合（overfitting）"；如果一个模型在训练数据中表现很差，在测试数据中同样表现也很差，则说明这个模型是"欠拟合（underfitting）"。

最后，如果一个模型满足以下几个条件，则这个模型可以进入下一个步骤。

① 这个模型在测试数据集上具有最好的性能吗？（性能）

② 这个模型在其他指标上表现良好吗？（健壮性）

③ 这个模型在训练数据集上能够很好地通过交叉验证吗？（一致性）

④ 这个模型是否解决了业务问题？（模型选择的必要条件）

现代管理学之父彼得·德鲁克（Peter F. Drucker）曾经说过："如果你不能衡量它，你就不能改善它"。这样，在一个模型通过验证之后，还可以进一步进行超参数的优化。

1.5.2.6　模型优化

模型优化是一个对模型超参数调整优化的过程。

在机器学习的算法中有两种类型的参数：模型参数（model parameters）和超参数（hyper parameter）。其中模型参数是定义模型属性的参数，是可以直接从训练数据集中训练获得的，例如回归系数、决策树的分割点等等；超参数是开始学习过程之前设置的参数，是不能通过训练得到的参数数据，例如SVM模型（支持向量机）中的内核函数、惩罚系数，神经网络模型中的隐藏层的层数、学习效率，决策树中的深度等等。通常情况下，需要对超参数进行优化，给学习过程选择一组最优超参数，以提高学习的性能和效果。

超参数优化常用的方法有网格搜索、随机搜索、贝叶斯优化算法等。

顺便提一下，TensorFlow是谷歌开源的人工智能软件工具包，具有Python、C++等多种语言接口，在网站http://playground.tensorflow.org/上有可视化的模型参数和超参数调优示例，感兴趣的读者可登陆试用。

1.5.2.7　部署应用

在模型优化并验证之后，就可以部署应用了。模型应用的过程就是"使用数据回答问题"的过程，也是机器学习发挥作用、创造价值的地方。

通过把模型存储为PMML格式的文档，一个良好的模型不仅可以在创建模型的环境中使用，也可以在任何支持PMML规范的环境中使用，实现模型的共享与交换，最大程度地发挥机器学习的价值。

PMML，即Predictive Model Markup Language，预测模型标记语言，是一种基于XML规范的开放式模型表达语言，为不同的系统提供了定义模型的方法，可在兼容PMML语言的应用程序中共享模型，目前已成为被W3C所接受的标准。关于PMML的知识，读者可参考笔者的另一本书《PMML建模标准语言基础》。

本章小结

本章介绍了机器学习的概念，并概述了机器学习与人工智能、机器学习与大数据以及机器学习与数据挖掘的关系。笔者认为，机器学习和数据挖掘是一个问题的两个方面，是解决一个业务问题的左右手；大数据为机器学习提供了源源不断的数据，为机器学习的训练和应用提供了基础。作为人工智能的一个子集，机器学习目前已经在各个领域开花结果，默默地影响着我们的日常生活。

本章重点内容如下：

➤ 机器学习的概念：机器学习使机器具有无须通过明确的编程就能够自动学习，从过往经验中进行改进提升的能力。

➤ 机器学习和人工智能、大数据和数据挖掘关系：机器学习是人工智能的一个子集。作为实现人工智能的根本途径，它是当前人工智能研究的核心；大数据可以作为机器学习的数据来源，它与大数据一起，实现数据挖掘所要实现的业务目标。

➤ 机器学习的分类：根据所处理问题的性质、处理数据的类型和数量，机器学习可以分为有监督学习、无监督学习、半监督学习和强化学习。不过，随着机器学习的快速发展，也涌现出了深度学习、迁移学习和元学习等新的机器学习方法。

➤ 机器学习的开发步骤：基于CRISP-DM方法论，充分考虑机器学习的核心任务和特点，实现一个完整的机器学习任务流程需要数据收集、数据预处理、模型选择、模型训练、模型评估、模型优化和部署应用（预测应用）7个步骤。

机器学习是人工智能的一个子集。尽管人工智能曾经以专家系统等其他方式被研究，但是机器学习是当前人工智能研究的核心，也是使计算机具有人类智能的根本途径。

从下一章开始我们将介绍Scikit-learn的预备知识，包括NumPy、Pandas、SciPy库等模块，它们是我们深入学习Scikit-learn的基础。

2 Scikit-learn 预备知识

　　Scikit-learn，也称为 sklearn，曾用名 scikits.learn、scikits-learn，意即"science kit learn"，是基于 Python 编程语言的开源免费的机器学习库，用来构建机器学习模型，是一个社区驱动的项目。

　　Scikit-learn 起源于发起人 David Cournapeau 在 2007 年参加谷歌编程之夏 GSoC（Google Summer of Code）的一个项目，同年，Matthieu Brucher 也参与了这个项目的开发。从 2010 年开始，来自法国国家信息与自动化研究所 INRIA（Institut national de recherche en informatique et en automatique）的 Fabian Pedregosa、Gael Varoquaux、Alexandre Gramfort 和 Vincent Michel 开始共同担任该项目的负责人，并于 2010 年 2 月 1 日首次公开发布。目前最新的稳定版本是 0.23.0（2020 年 5 月）。

　　Scikit-learn 建立在 SciPy 生态系统之上，其 API 设计优雅，接口简单易用，非常适合 Python 语言开发者的进阶升级。其突出特点如下：

- 简单高效的数据挖掘和数据分析工具包；
- 可在各种环境中使用（Windows、Mac OS、Linux）；
- 建立在广泛应用的 NumPy、SciPy 库、Pandas 和 Matplotlib 模块之上；
- 可自主扩展符合 Scikit-learn 标准的评估器；
- 开源，可商业使用（BSD 许可证，可自由修改）。
- 专注于构建机器学习模型。至于对数据的读取、算术操作、汇总统计，则交由更合适的其他框架模块，例如 NumPy、Pandas 等处理。

　　SciPy，即 Scientific Python，是一个基于 Python 的开源生态系统，用于数学、科学及工程领域，其核心模块包括 NumPy、SciPy 库、Matplotlib、Pandas、SymPy、IPython 六个模块。Scikit-learn 主要使用了前四个模块，这也是本章要讲述的主要内容。

　　与 Scikit-learn 一样，SciPy 也是一个社区驱动的项目。官方网址：https://www.scipy.org/。

　　学习 Scikit-learn 需要具有一定的数据科学知识，同时要具备 Python 语言基础的编程能力。需要学习 Python 语言的读者，可参阅笔者的另一本书《人工智能开发语言—Python》。

　　Scikit-learn 的官方网址：https://Scikit-learn.org/。

　　Scikit-learn 的源代码网址：https://github.com/Scikit-learn/Scikit-learn。

2.1　NumPy

　　NumPy，意即 Numerical Python，是利用 Python 语言进行科学计算所需的基本软件包，使用高性能的 C/C++ 编写，实现了多维数组和矩阵运算的功能。很多高级数据科学的工具包都是基于 NumPy 构建的，例如 Pandas、SciPy、Scikit-learn 和 Scikit-image 等等，它是 Python 编程中处理多维数据的事实标准和基础，如图 2-1 所示。

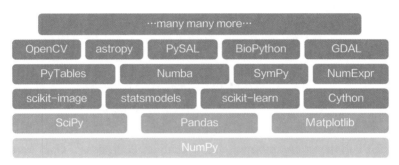

图2-1 NumPy是众多Python扩展包的基础

    NumPy 是 SciPy 生态系统的核心模块之一，它的前身是由 Jim Hugunin 在 1995 年发起的 Numeric 扩展包。2005 年，Travis Oliphant 通过将 NumArray（一个实现了数组功能的扩展包）的功能集成到 Numeric 中创建了 NumPy，并进行了深度修改和完善，于 2006 年推出了 NumPy 1.0。所以，NumPy 是对 Numeric 和 NumArray 的继承和发扬。

    NumPy 目前最新的稳定版本是 1.19.0（2020 年 6 月），本节的内容即以此版本为基础进行讲述。注意：本书不对 NumPy 的全部内容进行描述，而只是对与后续章节相关的内容进行概述。需要对 NumPy 全面掌握的读者，请参考相关书籍或资料。

    它主要实现了以下功能：

◇ 强大的 N 维数组对象（ndarray 对象）；
◇ 复杂的（广播）功能；
◇ 基本线性代数函数；
◇ 基本傅里叶变换；
◇ 复杂的随机数生成功能；
◇ 提供了集成 Fortran 代码的工具；
◇ 提供了集成 C/C++ 代码的工具。

    除了以上数据科学用途外，NumPy 还可以用作高效的通用数据类型的多维容器，可以包含任意类型的数据，这也使 NumPy 能够无缝、快速地与各种数据库集成。

    NumPy 的官方网址：http://www.numpy.org/。

    NumPy 的源代码网址：https://github.com/numpy/numpy。

    安装 NumPy 的最好方式是使用 pip 工具，使用命令如下：

```
1.  pip install numpy
2.  # 或者
3.  pip install -U numpy   # 直接安装最新的版本
```

    在程序中使用 NumPy 之前首先要将其导入。导入方法如下：

```
1.  import numpy
2.  import numpy as np   # 以简单的别名np出现在后面的代码中（简称）
```

2.1.1　NumPy数组概念

多维数组ndarray（N-Dimension array object）是NumPy扩展包的核心，这是一个封装了相同类型数据的多维数组对象。

多维数组就是元素为数组的数组，即N维数组的元素是$N-1$维数组，$N-1$维数组的元素是$N-2$维数组，依次类推，形成一个层次型的数据结构。多维数组ndarray与Python语言的标准序列类型（例如列表list）相比，有如下区别：

● NumPy数组在创建时具有固定的大小，这与Python列表list（可以动态增长）不同。更改ndarray数组的大小等同于创建一个新数组并删除原来的数组。

● NumPy数组中的所有元素都必须具有相同的数据类型，因此它们在内存中的大小都相同，而Python标准的列表list元素可以有不同的类型。一个例外情况是：一个NumPy数组对象包含了Python可变类型（如Python的数组list）对象，从而这个NumPy数组具有了不同大小的元素，但是元素的数据类型是相同的。

● NumPy数组实现了对大量数据进行高级数学运算和其他类型的运算。与使用Python的内置标准的序列类型相比，此类操作可以更高效地执行，并且代码更少。

● 越来越多的基于Python的科学和数学软件包都使用NumPy数组作为输入和输出。也就是说，为了高效地使用很多（也许甚至是大多数）基于Python的科学和数学扩展包，仅仅知道如何使用Python的内置序列类型是不够的，还需要知道如何熟练地使用NumPy数组。

在机器学习领域，除了NumPy的多维数组ndarray之外，还会经常遇到向量（vector）这种数据结构，在向量中也有"维度"的概念。但是，多维数组中的"维度"与向量中的维度是不同的。为了能够更好地讲述后面的内容，这里有必要澄清两者的区别。

➤ 向量是一种数据结构，是指一个具有顺序的元素列表，其中每个元素称为向量的一个分量，向量的维度是指元素的个数。例如一个学生的语文、数学和英语三门课的成绩分别是90,88,79，如果用一个向量来表示就是：向量A=(90,88,79)，表示这个向量A有三个分量，则这个向量的维度就是3，称向量A为一个3维向量。

➤ 在NumPy的多维数组中，用"维度"来表示这种数据结构的层次结构特征。在这里，维度不是表示多维数组所包含的元素数量，而是用来表示访问数组元素所使用索引的数量和层次顺序，即使用有顺序的下标访问数组中的元素。例如，对于上面的向量A，如果使用NumPy多维数组来表示，这个数组的维度是1。

NumPy数组的维度又称为轴（axis），每个维度（轴）包含元素的个数称为维度（轴）的长度，并且每个维度（轴）使用标签加以标识，通常是从整数0开始，如axis=0，axis=1，axis=2等等。这也表示对于N维数组基本元素的访问需要N个独立参数（下标）来表示。

NumPy规定最外层为0轴（维度），从外向内依次增加，直到包含最基本元素的层。例如下面的数组有2个轴，维度为2，第一轴（axis=0）的长度为2，第二轴（axis=1）的长度为3。

```
[[ 1, 2, 3], [ 4, 5, 6]]
```

由每个维度包含元素的个数（即维度或轴的长度）组成的元组（tuple）称为数组的形状（shape），其中元素从左到右依次为第一维度（轴）的长度、第二维度（轴）的长度、…。例如，上面的多维数组的形状shape为(2,3)。可以看出，形状shape中元素的个数就是数组的维度数。维度数又称为数组的阶（rank）或者秩。

此外，NumPy数组还有一个相关联的数据类型对象（data-type object），用来描述数组中每个元素的数据类型、字节顺序、在内存中占据的字节数等信息。

在本书后面的内容中提到的数组如果没有特别说明，就是特指NumPy多维数组ndarray。

2.1.2　NumPy数据类型

NumPy支持的数据类型众多，远远大于Python语言标准的数据类型数量。在创建NumPy多维数组时，除可以直接使用Python标准的数据类型，如int、float、str等之外，还可以使用NumPy自定义的数据类型，如表2-1和表2-2所示。其中表2-1所示的数据类型长度是与操作系统平台相关的，表2-2所示的数据类型是固定长度的，与平台无关。

表2-1　NumPy数据类型（与平台相关的）

NumPy数据类型	对应的C语言数据类型	描述
numpy.bool_	bool	布尔类型 (True or False)，占一个字节
numpy.byte	signed char	由平台定义
numpy.ubyte	unsigned char	由平台定义
numpy.short	short	由平台定义
numpy.ushort	unsigned short	由平台定义
numpy.intc	int	由平台定义
numpy.uintc	unsigned int	由平台定义
numpy.int_	long	由平台定义
numpy.uint	unsigned long	由平台定义
numpy.longlong	long long	由平台定义
numpy.ulonglong	unsigned long long	由平台定义
numpy.half / numpy.float16		半精度浮点数：符号位(1比特)+指数(5比特)+尾数(10比特)

NumPy数据类型	对应的C语言数据类型	描述
numpy.single	float	由平台定义的单精度浮点数。典型情况是： 符号位(1比特)+指数(8比特)+尾数(23比特)
numpy.double	double	由平台定义的双精度浮点数。典型情况是： 符号位(1比特)+指数(11比特)+尾数(52比特)
numpy.longdouble	long double	由平台定义的扩展精度浮点数
numpy.csingle	float complex	单精度复数，由两个单精度浮点数(分别表示实数和虚数部分)表示
numpy.cdouble	double complex	双精度复数，由两个双精度浮点数(分别表示实数和虚数部分)表示
numpy.clongdouble	long double complex	扩展精度复数，由两个扩展精度浮点数(分别表示实数和虚数部分)表示

表2-2　NumPy数据类型（与平台无关的，固定长度）

NumPy数据类型	对应的C语言数据类型	描述
numpy.int8	int8_t	8位整数 (−128〜127)
numpy.int16	int16_t	16位整数(−32768〜32767)
numpy.int32	int32_t	32位整数(−2147483648〜2147483647)
numpy.int64	int64_t	64位整数(−9223372036854775808〜9223372036854775807)
numpy.uint8	uint8_t	无符号8位整数 (0〜255)
numpy.uint16	uint16_t	无符号16位整数(0〜65535)
numpy.uint32	uint32_t	无符号32位整数(0〜4294967295)
numpy.uint64	uint64_t	无符号64位整数(0〜18446744073709551615)
numpy.intp	intptr_t	用于索引的整数
numpy.uintp	uintptr_t	存储指针的整数
numpy.float32	float	32位浮点数
numpy.float64 / numpy.float_	double	等同于Python语言内置的float类型
numpy.complex64	float complex	复数，由两个32位浮点数(分别表示实数和虚数部分)表示
numpy.complex128/ numpy.complex_	double complex	等同于Python语言内置的complex类型
datetime64	—	通用时间类型，与Python内置标准库datetime提供的数据类型datetime类似；时间单位包括：Y(年)、M(月)、W(周)、D(日)、h(小时)、m(分钟)、s(秒)、ms(毫秒)、μs(微秒)、ns(纳秒)、ps(皮秒)、fs(飞秒)、as(阿秒)
timedelta64	—	时间跨度类型，表示时间单位的整数；时间单位见上面datetime64

NumPy 的多维数组元素的数据类型除了表2-1和表2-2所示的之外，还可以是一种结构化的复杂类型，这种结构化的类型可以由多个或多种其他数据类型组成，类似于C语言中的结构类型。

2.1.3 NumPy数组创建

可以通过下面几种方法创建NumPy数组：

➤ NumPy数组内置生成方法（如构造函数 ndarray、arange 函数、ones 函数等）；
➤ 从其他Python标准数据结构转换（如使用 array 等函数从列表 list、元组 tuple 等）或者使用字符串缓冲区从原始字节数据读取转换；
➤ 基于现有数组，经过扩展或变异方法（如复制、连接等）创建新的数组；
➤ 从存储介质中读取标准或自定义格式的数据数组（使用特定库函数）。

本节将以常用函数讲解，辅助以示例程序的方式，重点讲述上面前两种多维数组的创建，后两种会在本章后面的内容中讲解。

（1）NumPy数组内置生成方法

NumPy数组是一种类，所以NumPy数组对象的创建可以使用此类的构造函数 ndarray( )来创建；另外，NumPy数组还提供了其他函数，例如 arange( )、zeros( )等方法，这是一种更为常用的方式。

首先讲述一下通过构造函数创建多维数组的方法。表2-3为多维数组 ndarray 类的构造函数及其各参数含义。

表2-3　多维数组ndarray类的构造函数及其各参数含义

numpy.ndarray类的构造函数	
ndarray(shape, dtype=float, buffer=None, offset=0, strides=None, order=None)	
shape	必选。表示数组的形状，为元组型tuple值，其各元素就是各个维度的长度
dtype	可选。表示数组元素的数据类型。默认值为float
buffer	可选。表示用来填充（初始化）数组的内存缓冲区（字节）。默认值为None，表示无初始化。后面几个参数均依赖此参数； 注意：None是一个类型为Python的NoneType的对象，表示空值
offset	可选。表示从内存缓冲区buffer填充数组的偏移值（字节数），为整数值。默认值为0
strides	可选。表示在从内存缓冲区buffer创建数组时在每个维度上步进的字节数（步长），为整数型元组tuple。默认值为None
order	可选。表示创建数组时采用的内存布局方式。"C"为行方向，即C语言风格；"F"为列方向，即Fortran语言风格。默认值为None。在buffer参数设置时，默认采取行方向，即"C"

注：如果参数buffer=None，则只有参数shape、dtype、order有意义，元素值为随机填充；如果参数buffer不等于None，则所有参数都有意义

从表2-3可以看出，构造函数ndarray( )必须带形状参数shape，其他参数可以默认。此时，创建的数组对象初始值均为0，但是随系统平台不同，会有误差，但元素值都非常接近于0。

请看下面的示例代码：

```
1.
2.   import numpy as np
3.
4.   ### 使用构造函数创建多维数组
5.   #1 只设置形状参数shape，其他参数使用默认值。
6.   x = np.ndarray((3,5))   # shape=(3,5)，表示一个二维数组，相当于3行5列
7.   print("第一个多维数组（元素值随机填充，接近于0）:")
8.   print("ndarray  Dim:%d, shape:%s, dtype:%s" % (x.ndim, str(x.shape), x.
     dtype))
9.   print(x, "\n")
10.
11.  print("-"*30)
12.  #2 设置形状参数和其他参数
13.  # offset = 1*itemsize, i.e. skip first element
14.  y = np.ndarray((2,), buffer=np.array([1,2,3]),
15.      offset=np.int_().itemsize,
16.      dtype=int)
17.  print("第二个多维数组（元素值来自buffer）:")
18.  print("ndarray  Dim:%d, shape:%s, dtype:%s" % (y.ndim, str(y.shape), y.
     dtype))
19.  print(y, "\n")
20.
```

运行后，输出结果如下（在Python自带的IDLE环境下）：

```
1.   第一个多维数组（元素值随机填充，接近于0）:
2.   ndarray  Dim:2, shape:(3, 5), dtype:float64
3.   [[2.065e-321 0.000e+000 0.000e+000 0.000e+000 0.000e+000]
4.    [0.000e+000 0.000e+000 0.000e+000 0.000e+000 0.000e+000]
5.    [0.000e+000 0.000e+000 0.000e+000 0.000e+000 0.000e+000]]
6.
7.   ------------------------------
8.   第二个多维数组（元素值来自buffer）:
9.   ndarray  Dim:1, shape:(2,), dtype:int32
10.  [2 3]
11.
```

在上面的示例程序中，使用到了ndim（数组维度数）、shape（数组形状）、dtype（数组元素类型）等多维数组的属性。除此之外，作为一个类，多维数组还有其他属性和方法可用。请见表2-4。

表2-4 numpy.ndarray类的属性和方法

类别	属性/方法名称	说明
属性	T	转置后的数组
	data	指向数组数据起始地址的Python缓冲对象
	dtype	数组元素对应的数据类型对象，刻画了一个元素的数据类型、结构等信息
	flags	包含数组内存布局信息的字典对象dict
	flat	一个numpy.flatiter对象，是一个数组的一维迭代器
	imag	数组的虚数部分（也是一个ndarray）
	real	数组的实数部分（也是一个ndarray）
	size	数组总的元素数量
	itemsize	一个元素长度（字节数）
	nbytes	数组所占用的总字节数
	ndim	数组的维度数量
	shape	数组的形状，为一个元组tuple值
	strides	在遍历数组时在每个维度上步进的字节，为一个元组tuple值
	ctypes	一个与ctypes模块交互的ctypes对象 注：ctypes是Python的外部函数库，提供了与C兼容的数据类型，并允许调用DLL或共享库中的函数
	base	数组内容对应内存的来源基础对象（如果有的话，如果没有返回None）
方法	all([axis, out, keepdims])	如果所有元素验证为真，则返回True；否则返回False
	any([axis, out, keepdims])	只要有一个元素验证为真，则返回True；否则返回False
	argmax([axis, out])	返回给定轴（维度）中最大元素值的索引
	argmin([axis, out])	返回给定轴（维度）中最小元素值的索引
	argpartition(kth[, axis, kind, order])	返回对数组进行分区的元素的索引
	argsort([axis, kind, order])	返回给定排序算法执行后的索引序列
	astype(dtype[, order, casting, subok, copy])	首先对数组进行拷贝，然后对拷贝进行数据类型转换
	byteswap([inplace])	对每个元素的字节进行大小端转换
	choose(choices[, out, mode])	使用数组索引组成的数组构建一个新的数组

续表

类别	属性/方法名称	说明
方法	clip([min, max, out])	以数组形式返回数组中元素值位于[min, max]之中的所有元素
	compress(condition[, axis, out])	返回给定轴中符合条件的元素块
	conj( )	返回一个共轭复数对象
	conjugate( )	返回每个元素的共轭复数
	copy([order])	返回数组的一个拷贝
	cumprod([axis, dtype, out])	返回沿给定轴所有元素的逐步乘积，是一个连乘结果的数组
	cumsum([axis, dtype, out])	返回沿给定轴所有元素的逐步求和，是一个连加结果的数组
	diagonal([offset, axis1, axis2])	返回特定条件的对角线
	dot(b[, out])	两个数组的点积（Dot product）
	dump(file)	把数组的内容以二进制字节流（pickle）的形式转储到指定的文件中
	dumps( )	返回数组内容的字符串形式
	fill(value)	使用一个标量值填充数组
	flatten([order])	返回数组的一维扁平形式
	getfield(dtype[, offset])	返回数组元素的某个部分，并进行类型转换
	item(*args)	把一个数组元素拷贝到一个Python标量中
	itemset(*args)	把标量值插入数组中（必要时会产生数据类型转换）
	max([axis, out, keepdims, initial, where])	返回数组中给定轴上的最大值
	mean([axis, dtype, out, keepdims])	返回沿给定轴的平均值
	min([axis, out, keepdims, initial, where])	返回数组中给定轴上的最小值
	newbyteorder([new_order])	返回按照给定字节顺序的数组视图
	nonzero( )	返回数组中非零元素的索引
	partition(kth[, axis, kind, order])	按照给定的排序规则排序后，对数组进行分区
	prod([axis, dtype, out, keepdims, initial, …])	返回沿某个轴的所有元素和
	ptp([axis, out, keepdims])	返回沿给定轴最大值与最小值的差
	put(indices, values[, mode])	重置给定索引的元素值
	ravel([order])	返回一个扁平形式的数组
	repeat(repeats[, axis])	重复数组的元素值
	reshape(shape[, order])	对数组重新调整形状，不能改变原有数据
	resize(new_shape[, refcheck])	对数组重新调整形状，有可能改变原有数据
	round([decimals, out])	对每一个数组元素四舍五入到给定的小数位数

续表

类别	属性/方法名称	说明
方法	searchsorted(v[, side, sorter])	查找元素v按照某个排序规则可以插入数组的索引位置
	setfield(val, dtype[, offset])	重新设置按照数据类型确定的位置的元素值
	setflags([write, align, uic])	设置数组的读写标志
	sort([axis, kind, order])	对数组进行排序（直接影响数组本身）
	squeeze([axis])	删除数组指定维度的所有元素
	std([axis, dtype, out, ddof, keepdims])	返回沿某个轴元素的标准方差
	sum([axis, dtype, out, keepdims, initial, where])	返回沿某个轴的所有元素积
	swapaxes(axis1, axis2)	返回一个轴axis1和axis2交换后的数组视图
	take(indices[, axis, out, mode])	返回由给定索引对应元素组成的数组
	tobytes([order])	把数组中的元素值转换为字节序列
	tofile(fid[, sep, format])	把数组元素输出到文件中
	tolist( )	将数组作为（可能是嵌套的）Python列表list返回；元素的数据类型将转换为最接近的兼容Python类型
	tostring([order])	与函数tobytes( )功能相同
	trace([offset, axis1, axis2, dtype, out])	返回数组对角线元素之和
	transpose(*axes)	返回一个维度对换后的数组视图
	var([axis, dtype, out, ddof, keepdims])	返回沿给定轴的方差
	view([dtype, type])	创建一个数组的视图。视图是数组的一个别称或引用

除了通过多维数组的构造函数创建ndarray之外，还可以通过NumPy提供的zeros( )、ones( )、empty( )、arange( )等函数创建。表2-5列举了几个常用函数并进行了说明。

表2-5　zeros()、arange()等函数说明

zeros( )：创建给定形状、元素初始化值为0的数组	
zeros(shape, dtype=float, order='C')	
shape	必选。表示数组的形状，为一个整数值，或者一个整数型元组tuple。如2，或者(2,3)
其他两个参数dtype、order与构造函数ndarray一样（请见表2-3）	
ones( )：创建给定形状、元素初始化值为1的数组	
ones(shape, dtype=float, order='C')	
各参数含义与函数zeros( )相同	

续表

empty( )：创建给定形状、不做任何初始化的数组。元素值随机填充	
empty(shape, dtype=float, order='C')	
各参数含义与函数zeros( )相同	
full( )：创建给定形状、并以给定的值初始化元素值的数组	
full(shape, fill_value, dtype=None, order='C')	
fill_value	必选。元素初始化值，为一个标量值
dtype	可选。表示数组元素的数据类型。默认值为None，表示取numpy.array(fill_value).dtype的值为元素的数据类型
其他两个参数Shape、order与函数zeros( )一样	
arange( )：在给定左闭右开区间[start, stop)上创建均匀间隔值为元素的数组	
arange([start,]stop, [step,]dtype=None)	
start	可选。区间的开始值，也是数组的第一个元素值。默认值为0
stop	必选。区间的结束值。一般情况下，数组将不包括此结束值，除非在某些特殊情况下，步长step不是整数，并且浮点舍入会影响最后一个元素的生成
step	可选。数组元素生成时使用的步长。默认值为1
dtype	可选。数组元素的数据类型。默认值为None，此时数组元素的数据类型由上面的参数推导得出
注：当参数step不为整数（如0.1）时，由于精度等问题，可能会导致元素值不一致。此时建议使用linspace( )函数	
linspace( )：在给定闭区间[start, stop]上创建给定数量的均匀间隔的元素组成的数组	
linspace(start, stop, num=50, endpoint=True, retstep=False, dtype=None, axis=0)	
start	必选。区间的开始值，也是数组的第一个元素值
stop	必选。区间的结束值。在参数endpoint=True时，也是数组的最后一个元素值；当参数endpoint=False时，首先计算num+1个元素，然后取前num个元素构成结果数组
num	可选。数组元素的数量，为一个非负值。默认值为50
endpoint	可选。标志参数stop是否是最后一个元素值，为布尔类型值。默认值为True
retstep	可选。标志函数返回结果是否包括步长值（相邻元素之差）。如果取值True，则函数返回一个元组(结果数组，步长)；否则只返回结果数组
dtype	可选。数组元素的数据类型。默认值为None，此时数组元素的数据类型由上面的参数推导得出
axis	可选。指定存放结果数组的轴（维度）。默认值为0（第一轴）。此参数只有在start或stop为列表类型时才有意义
注：此函数在retstep=True时，将返回一个元组(结果数组，步长)；否则只返回结果数组	

    下面的示例代码就是按照上面几个函数编写的，用来展示利用这些函数生成多维数组的方式。

```
1.
2.  import numpy as np
3.
4.  #1 使用zeros()
5.  z1 = np.zeros((3,4))
6.  print("zeros(): Dim:%d, shape:%s, dtype:%s" % (z1.ndim, str(z1.
    shape), z1.dtype))
7.  print(z1, "\n")
8.
9.  print("-"*30)
10. #2 使用ones()
11. z2 = np.ones((2,3))
12. print("ones(): Dim:%d, shape:%s, dtype:%s" % (z2.ndim, str(z2.
    shape), z2.dtype))
13. print(z2, "\n")
14.
15. print("-"*30)
16. #3 使用empty()
17. z3 = np.empty((3,4))
18. print("empty(): Dim:%d, shape:%s, dtype:%s" % (z3.ndim, str(z3.
    shape), z3.dtype))
19. print(z3, "\n")
20.
21. print("-"*30)
22. #4 使用full()
23. z4 = np.full((4,4), 99)
24. print("full(): Dim:%d, shape:%s, dtype:%s" % (z4.ndim, str(z4.
    shape), z4.dtype))
25. print(z4, "\n")
26.
27. print("-"*30)
28. #5 使用arange()
29. z5 = np.arange(3,7).reshape((2,2))      # 步长为默认值1，并且改变形状
30. print("arange(): Dim:%d, shape:%s, dtype:%s" % (z5.ndim, str(z5.
    shape), z5.dtype))
31. print(z5, "\n")
32.
```

```
33.  print("-"*30)
34.  #6 使用linspace
35.  z61 = np.linspace(2.0, 3.0, num=5)
36.  print("linspace(): Dim:%d, shape:%s, dtype:%s" % (z61.ndim, str(z61.
     shape), z61.dtype))
37.  print(z61, "\n")
38.
39.  print("*"*15)
40.  z62 = np.linspace(2.0, 3.0, num=5, retstep=True)
41.  print("linspace():  Dim:%d, step:%f, shape:%s, dtype:%s" % (z62[0].
     ndim, z62[1], str(z62[0].shape), z62[0].dtype))
42.  print(z62, "\n")
43.
```

运行后，输出结果如下（在Python自带的IDLE环境下）：

```
1.
2.   zeros():  Dim:2, shape:(3, 4), dtype:float64
3.   [[0. 0. 0. 0.]
4.    [0. 0. 0. 0.]
5.    [0. 0. 0. 0.]]
6.
7.   ------------------------------
8.   ones():  Dim:2, shape:(2, 3), dtype:float64
9.   [[1. 1. 1.]
10.   [1. 1. 1.]]
11.
12.  ------------------------------
13.  empty():  Dim:2, shape:(3, 4), dtype:float64
14.  [[0. 0. 0. 0.]
15.   [0. 0. 0. 0.]
16.   [0. 0. 0. 0.]]
17.
18.  ------------------------------
19.  full():  Dim:2, shape:(4, 4), dtype:int32
20.  [[99 99 99 99]
21.   [99 99 99 99]
22.   [99 99 99 99]
23.   [99 99 99 99]]
24.
```

```
25.  ----------------------------
26.  arange():  Dim:2, shape:(2, 2), dtype:int32
27.  [[3 4]
28.   [5 6]]
29.
30.  ----------------------------
31.  linspace():  Dim:1, shape:(5,), dtype:float64
32.  [2.   2.25 2.5  2.75 3.  ]
33.
34.  ***************
35.  linspace():  Dim:1, step:0.250000, shape:(5,), dtype:float64
36.  (array([2.  , 2.25, 2.5 , 2.75, 3.  ]), 0.25)
37.
```

（2）从其他Python标准数据结构转换

一般来说，Python语言中的类似数组的数据结构都可以通过NumPy的函数array转换成NumPy的多维数组，比如列表list、元组tuple等。表2-6展示了array函数各参数的含义。

在NumPy中，函数array、asarray、frombuffer、fromiter等可以从已有的数组中创建符合特定条件的新数组，或者把Python语言中内置的序列，如列表list、元组tuple等，转换为NumPy的多维数组。表2-6展示了常用的几个函数及其各个参数的含义。

表2-6　NumPy常用数组转换的函数

numpy.array：把给定的对象转换为NumPy多维数组
array(object, dtype=None, copy=True, order='K', subok=False, ndmin=0)

object	必选。实现了__array__接口的对象，或者Python的内置序列，如列表list或元组tuple
dtype	可选。表示数组元素的期望数据类型。如果没设置，则元素类型为能够包含object元素的最小可能类型。默认值为None
copy	可选。默认值为True （1）如果设置为True，则结果数组是object的拷贝（副本）； （2）如果设置为False，但是object的__array__接口返回的是副本，或者object是Python的内置序列，或者需要副本才能满足其他参数要求，如dtype、order的情况下，此时结果数组也是object的副本。其他情况下返回ojbect的一个视图
order	可选。指定数组数据在内存中的存储布局方式，取值范围{'K', 'A', 'C', 'F'}，默认值为'K'。具体布局方式分为以下两种情况： （1）如果参数object不是一个多维数组，则新创建的数组将按照'C'（行）方式，除非本参数设置为'F'；

order	（2）如果参数object是一个多维数组，则按照如下方式存储：
	order　　　　　copy=False　　　　copy=True
	'K'　　　　　　保持不变　　　　　保持不变
	'A'　　　　　　保持不变　　　　　如果object是列布局，则结果以列布局；否则为行布局
	'C'　　　　　　行布局　　　　　　行布局
	'F'　　　　　　列布局　　　　　　列布局
	注：如果参数copy=False，但由于某种原因，结果数组也是参数object的副本，则结果数组的布局方式等同于copy=True的方式
subok	可选。默认值为False
	如果设置为True，则结果数组是object 的子类；否则结果数组被强制转换为基类数组
ndmin	可选。指定结果数组应具有的最小维度数，默认值为0，代表1维

numpy.asarray：把给定的对象转换为NumPy多维数组（是array函数的特殊形式）

asarray(object, dtype=None, order=None)

函数asarray( )是函数array( )在参数copy=False，ndim=0，subok=False时的一种特殊形式。所以，这个函数的各个参数与函数array( )含义一样

numpy.frombuffer：读取缓冲区内容并转换为一维数组

frombuffer(buffer, dtype=float, count=−1, offset=0)

buffer	必选。数据缓冲区
dtype	可选。表示数组元素的期望数据类型。默认值为float
count	可选。指定从缓冲区buffer中读取的元素数目。默认值为−1，意味着读取buffer中所有的数据
offset	可选。起始读取位置。默认值为0，也就是从buffer的开始读取

numpy.fromiter：从可迭代对象中建立一维数组

fromiter(iterable, dtype, count=−1)

iterable	必选。提供数据的可迭代对象
dtype	必选。结果数组元素的数据类型
count	可选。指定从可迭代对象中读取的元素数目。默认值为−1，意味着读取可迭代对象中所有的数据

　　下面的示例代码就是按照上面几个函数编写的，用来展示利用这些函数生成多维数组的方式。

```
1.
2.  import numpy as np
3.
4.  #1 使用array()
5.  lst = [1,2,3,4]
6.  z11 = np.array(lst)
7.  print("array(): Dim:%d, shape:%s, dtype:%s" % (z11.ndim, str(z11.
    shape), z11.dtype))
```

```
8.   print(z11, "\n")
9.   print("*"*15)
10.  z12 = np.array(lst, ndmin=2)
11.  print("array(): Dim:%d, shape:%s, dtype:%s" % (z12.ndim, str(z12.
     shape), z12.dtype))
12.  print(z12, "\n")
13.
14.
15.  print("-"*30)
16.  #2 使用asarray()
17.  x = [(1,2,3),(4,5)]
18.  z2 = np.asarray(x)
19.  print("asarray(): Dim:%d, shape:%s, dtype:%s" % (z2.ndim, str(z2.
     shape), z2.dtype))
20.  print(z2, "\n")
21.
22.
23.  print("-"*30)
24.  #3 使用frombuffer()
25.  s = b'Hello World'
26.  z31 = np.frombuffer(s, dtype = 'S1')
27.  print("frombuffer():Dim:%d,shape:%s,dtype:%s" % (z31.ndim, str(z31.
     shape), z31.dtype))
28.  print(z31, "\n")
29.  print("*"*15)
30.  ar = np.arange(0.0,1.0,0.1)
31.  z32=np.frombuffer(ar, dtype=np.float64).reshape(2,5);
32.  print("frombuffer():Dim:%d,shape:%s,dtype:%s" % (z32.ndim, str(z32.
     shape), z32.dtype))
33.  print(z32, "\n")
34.
35.
36.  print("-"*30)
37.  #4 使用fromiter()
38.  lst = range(5)
39.  itr = iter(lst)
40.  z4 = np.fromiter(itr, dtype=float)
41.  print("fromiter(): Dim:%d, shape:%s, dtype:%s" % (z4.ndim, str(z4.
     shape), z4.dtype))
42.  print(z4, "\n")
43.
```

运行后，输出结果如下（在Python自带的IDLE环境下）：

```
1.
2.  array(): Dim:1, shape:(4,), dtype:int32
3.  [1 2 3 4]
4.
5.  **************
6.  array(): Dim:2, shape:(1, 4), dtype:int32
7.  [[1 2 3 4]]
8.
9.  --------------------------------
10. asarray(): Dim:1, shape:(2,), dtype:object
11. [(1, 2, 3) (4, 5)]
12.
13. --------------------------------
14. frombuffer(): Dim:1, shape:(11,), dtype:|S1
15. [b'H' b'e' b'l' b'l' b'o' b' ' b'W' b'o' b'r' b'l' b'd']
16.
17. **************
18. frombuffer(): Dim:2, shape:(2, 5), dtype:float64
19. [[0.  0.1 0.2 0.3 0.4]
20.  [0.5 0.6 0.7 0.8 0.9]]
21.
22. --------------------------------
23. fromiter(): Dim:1, shape:(5,), dtype:float64
24. [0. 1. 2. 3. 4.]
25.
```

在NumPy模块中，除了上面两种创建多维数组的方式之外，还可以从磁盘等外部介质读取数据，并转换为多维数组，或者从已有数组中通过拷贝等方式构建，这些内容会在本章后续的内容中讲述。

2.1.4　NumPy数组操作

2.1.4.1　基本元素的访问

NumPy数组的元素是通过索引下标来访问的。设有一个二维数组A，如图2-2所示，对其中任何一个元素的访问都可以通过下标组合来访问，例A[1,1]=6, 或A[1][1]=6，表示访问的是第二行，第二列的元素值。

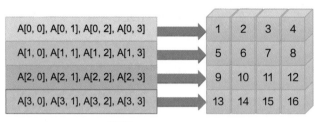

图2-2 二维数组示意图

注意A[r,c]和A[r][c]两者是有区别的。A[r,c]只进行了一次计算，直接获取了数组（网格）中行为r、列为c位置的元素；而A[r][c]进行了两次计算：首先获取A[r]对应的数据集合（是第r行的数据集合），然后在获取的新数据集合中获取第c个元素。

下面我们以示例的形式展示数组的多种访问形式。请看下面的代码：

```
1.
2.  import numpy as np
3.
4.  arr = np.array([ [1,   2,   3,   4],
5.                   [5,   6,   7,   8],
6.                   [9,  10,  11,  12],
7.                   [13, 14,  15,  16] ])
8.
9.  x1 = arr[2,2]    #1 一步定位
10. print(x1)           # 输出11
11.
12. x2 = arr[2][2]   #2 执行了两步
13. print(arr[2][2])    # 也输出11
14. print("-"*15)
15.
16.
17. y1 = arr[2]   # 1
18. print(y1)  # y1 是一个数组
19.
20. y2 = y1[2] #2
21. print(y2)  # 输出11
22. print("*"*15, '\n')
23.
24. # 下面为了简单明了，以一维数组为例介绍
25. arr = np.arange(1, 20, 2)
26. print("完整的数组: arr = ", arr)
27. print("-"*30)
```

```
28.
29.  # 从开始下标位置起，输出到下标为 n-1 的元素。注意：起始下标以 0 开始
30.  x1 = arr[2:7]   # ！！这是 左闭右开 的区间，不包括结束元素
31.  print("arr[2:7]   = ", x1, "\n")
32.
33.  x2 = arr[:7]    # 省略开始下标，则表示从下标0开始
34.  print("arr[:7]    = ", x2, "\n")
35.
36.  x3 = arr[7:]    # 省略结束下标，则表示输出至最后一个元素
37.  print("arr[7:]    = ", x3, "\n")
38.
39.  # 3个由 ：连接的参数，表示起始下标、结束下标和步长
40.  x4 =   arr[2:8:2]  # 注意：不包括最后一个元素
41.  print("arr[2:8:2] = ", x4, "\n")
42.
43.  # 开始下标可以省略，此时开始下标等于第一个元素
44.  x5 = arr[:8:2]
45.  print("arr[:8:2]  = ", x5, "\n")
46.
47.  # 结束下标可以省略，此时下标等于最后一个元素
48.  x6 = arr[2::2]
49.  print("arr[2::2]  = ", x6, "\n")
50.
51.  # 开始下标、结束下标都可省略，此时表示从第一个元素到最后一个元素
52.  x7 = arr[::2]
53.  print("arr[::2]   = ", x7, "\n")
54.
```

运行后，输出结果如下（在Python自带的IDLE环境下）：

```
1.   11
2.   11
3.   --------------
4.   [ 9 10 11 12]
5.   11
6.   **************
7.
8.   完整的数组：arr =  [ 1  3  5  7  9 11 13 15 17 19]
9.   ----------------------------
10.  arr[2:7]   = [ 5  7  9 11 13]
```

```
11.
12. arr[:7]    = [ 1  3  5  7  9 11 13]
13.
14. arr[7:]    = [15 17 19]
15.
16. arr[2:8:2] = [ 5  9 13]
17.
18. arr[:8:2]  = [ 1  5  9 13]
19.
20. arr[2::2]  = [ 5  9 13 17]
21.
22. arr[::2]   = [ 1  5  9 13 17]
```

2.1.4.2　算术运算符的操作

可以将绝大多数的数学运算符应用于NumPy数组元素访问计算上（某些操作如 +=、-=、*=、/=、%=等用来修改现有数组，而不是创建新数组）。当对不同类型的数组进行操作时，返回结果的类型与更一般或更精确的数组相同（称为向上转换的行为）。

许多一元操作方法，例如计算数组中所有元素的总和，都是作为ndarray类的方法实现的，默认情况下操作的对象是整个数组，但通过指定axis参数，可以沿指定的数组轴进行操作。

在NumPy数组中，要想实现类似矩阵乘积的算法，可以使用"@"运算符（仅适用于Python3.5及更新版本）或dot函数（方法）执行。实际上，NumPy也提供了matrix数据类型，matrix可以看作是维度为2的一种特殊array类型。举例如下：

```python
1.
2. import numpy as np
3.
4.
5. a = np.array( [20,30,40,50] )
6. b = np.arange( 4 )    # 创建一个 0,1,2,3的数组ndarray
7. print("a:\n", a)
8. print("b:\n", b)
9. print("-"*37)
10.
11. #1 这些操作符，直接操作于数组的基本元素上
12. x1 = a - b
13. print("x1 = a-b:\n", x1, "\n")
14. x2 = a + b
15. print("x2 = a+b:\n", x2, "\n")
```

```
16.  x3 = a*b
17.  print("x3 = a*b:\n", x3, "\n")
18.  x4 = b**3
19.  print("x4 = b**3:\n", x4, "\n")
20.  x5 = b*np.sin(a)
21.  print("x5 = b*np.sin(a):\n", x5, "\n")
22.  x6 = a<32
23.  print("x6 = a<32:\n", x6, "\n")
24.
25.  # 下面这些操作，将直接改变数组
26.  a += 3
27.  print("a+=3: -->a\n",a, "\n")
28.  b *= 3
29.  print("b*=3: -->b\n",b, "\n")
30.  print()
31.
32.  # 一元操作
33.  x = np.arange(12).reshape(3,4)   # 快速创建二维一个数组。
34.  print("x:\n", x)
35.  print("-"*37)
36.  print("x.sum: ", x.sum())
37.  print("x.sum(axis=0): \n", x.sum(axis=0, keepdims= True), "\n")
38.  print("x.sum(axis=1): \n", x.sum(axis=1, keepdims= True))
39.
```

请读者仔细阅读下面的输出结果：

```
1.
2.   a:
3.    [20 30 40 50]
4.   b:
5.    [0 1 2 3]
6.   -----------------------------------
7.   x1 = a-b:
8.    [20 29 38 47]
9.
10.  x2 = a+b:
11.   [20 31 42 53]
12.
13.  x3 = a*b:
```

```
14.  [  0  30  80 150]
15.
16. x4 = b**3:
17.  [ 0  1  8 27]
18.
19. x5 = b*np.sin(a):
20.  [ 0.  -0.98803162  1.49022632 -0.78712456]
21.
22. x6 = a<32:
23.  [ True  True False False]
24.
25. a+=3: -->a
26.  [23 33 43 53]
27.
28. b*=3: -->b
29.  [0 3 6 9]
30.
31.
32. x:
33.  [[ 0  1  2  3]
34.  [ 4  5  6  7]
35.  [ 8  9 10 11]]
36. --------------------------------------
37. x.sum:  66
38. x.sum(axis=0):
39.  [[12 15 18 21]]
40.
41. x.sum(axis=1):
42.  [[ 6]
43.  [22]
44.  [38]]
45.
```

2.1.4.3　索引/切片/迭代访问元素

在 NumPy 中，可以通过各种索引范围、逆序等进行数组元素的访问,这一点非常类似列表（list）类型的操作，只不过对于 NumPy 多维数组，获取的还可能是一个子数组。

下面的例子展示了访问元素的各种方法，虽然是以一维数组做演示，但是对于多维数组，每一维度的使用方法是一样的，请读者仔细阅读代码中的说明。

```
1.
2.    import numpy as np
3.
4.    a = np.arange(10)**3
5.    print("a:\n", a)
6.    print("-"*37)
7.
8.    #1 访问单一元素
9.    x1 = a[2]
10.   print("x1=a[2]=", x1, "\n")
11.
12.   #2 访问一个范围的元素，注意不包括索引为后面数值的元素，即数学上为一个左闭右开
      区间[2,5)。
13.   x2 = a[2:5]
14.   print("x2=a[2:5]=", x2, "\n")
15.
16.   #3 访问，并同时设置特定元素的值，直接修改原数组
17.   #  在开始索引(1)到结束索引(8)前这段范围内，每经过步长(3)个元素，设置下一个元素
      为新值(-99)。
18.   # 注意：不包括结束索引(8)的元素，又是一个左闭右开的区间[1,8)！。
19.   a[1:8:3] = -99
20.   print("a:\n", a)
21.   #4 使用上面的方法返回一个逆序排列的数组
22.   # 注意：默认开始索引为0，结束索引为数值长度。
23.   # 如果步长为-1，表示逆序输出
24.   x3 = a[ : :-1]
25.   print("x3=a[::-1]\n", x3, "\n")
26.
27.   #5 迭代访问数组元组
28.   for x in a:
29.       print(x, end=", ")
30.
```

请读者对照例子中的注释内容，仔细阅读下面的输出结果：

```
1.
2.    a:
3.    [  0   1   8  27  64 125 216 343 512 729]
4.    -------------------------------------
5.    x1=a[2]= 8
```

```
6.
7.  x2=a[2:5]= [ 8 27 64]
8.
9.  a:
10. [  0 -99   8  27 -99 125 216 -99 512 729]
11. x3=a[::-1]
12. [729 512 -99 216 125 -99  27   8 -99   0]
13.
14. 0, -99, 8, 27, -99, 125, 216, -99, 512, 729,
15.
```

2.1.4.4　统一操作函数和广播

在NumPy中有两种基本对象：多维数组ndarray和统一操作函数ufunc（universal function）。其中ndarray是存储相同数据类型的多维数组，而ufunc则是能够对数组进行处理的函数。

在NumPy中，统一操作函数ufunc是作用于数组元素级别的函数。它们基本上都是使用C语言实现的，并且实现了向量化运算，所以运算的速度要比使用循环、映射（map）方式快很多。统一操作函数支持广播、类型转换等功能。用户甚至还可以通过NumPy提供的frompyfunc函数将普通python函数转换成ufunc函数。

通常，NumPy对两个数组的操作是元素对应元素完成的，这就需要两个数组具有相同的形状（shape）。例如，两个具有相同形状的数组 a 和 b，即 a.shape = b.shape，那么a−b 的结果就是 a 与 b 数组对应元素相乘。请看下面代码：

```
1.
2.  from numpy import array
3.
4.  a = array([1.0, 2.0, 3.0])
5.  b = array([2.0, 2.0, 2.0])
6.  c = a * b      # a 和 b 的形状shape完全一致
7.  print(c)
8.
9.  # 其结果为：
10. array([ 2.,  4.,  6.])
11.
```

那么，如果两个数组的形状（shape）不相同时，如何进行数组间的算术操作呢？

广播（broadcasting）是NumPy对不同形状shape的数组进行数值计算的方式。此时，按照某种规则，为了能够满足进行算术运算所需要的形状，形状较小的数组沿着形状较大的数组扩展，这称为"广播"，它提供了一种向量化数组操作的方法。广播的规则如下：

两个数组的后缘维度（trailing axes，即从结尾开始算起的维度）必须相同，或者其中一个数组的后缘维度为1。

最简单的例子就是两个数组中有一个为标量（scalar），此时可把标量看作是一个形状（shape）为(1,)的一维数组。请看下面代码：

```
1.
2.  from numpy import array
3.
4.  a = array([1.0, 2.0, 3.0])
5.  b = 2.0
6.  c = a * b      # 此处 b 为一个标量
7.  print(c)
8.
9.  # 其结果为：
10. array([ 2.,  4.,  6.])
11.
```

这段代码的结果与上面的例子相同。我们可以认为，在这段代码中，标量b沿着数组a的一维方向扩展使之与数组a具有相同的形状(3,)。如图2-3所示。

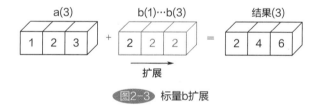

图2-3 标量b扩展

在图2-3中，标量b扩展后，新元素的值为原标量值的简单拷贝。

下面我们再举一个例子。在这个例子中，进行了维度的增加。请看代码如下：

```
1.
2.  from numpy import array
3.  A = array([[ 0.0,  0.0,  0.0],
4.             [10.0, 10.0, 10.0],
5.             [20.0, 20.0, 20.0],
6.             [30.0, 30.0, 30.0]])
7.  B = array([1.0, 2.0, 3.0])     # 此处 b 为一个一维数组
8.  C = A + B
9.
10. # 其结果为：
```

```
11. array([[  1.,   2.,   3.],
12.        [ 11.,  12.,  13.],
13.        [ 21.,  22.,  23.],
14.        [ 31.,  32.,  33.]])
15.
```

在这段代码中，数组B沿着数组A的第二个轴方向扩展，使之与数组A具有相同的形状(4,3)。如图2-4所示。

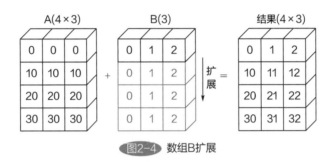

图2-4 数组B扩展

统一操作函数ufunc与math模块相比更加灵活、方便。math模块的输入一般是标量，但ufunc函数可以是向量或矩阵，而利用向量或矩阵可以避免使用循环语句，大大提高性能。这点在机器学习、深度学习中非常常见，也非常重要。ufunc函数是针对数组进行操作的，且都以数组作为输出。常用的ufunc函数运算有四则运算、比较运算、逻辑运算。

2.1.4.5　数组操作函数列表

NumPy数组的操作函数种类繁多，功能非常丰富，包括数组创建、转换、操纵、排序等等。由于数量太多，我们仅通过列表进行简单说明，不再一一详细展开，请参见表2-7。

表2-7　NumPy数组操作函数列表

函数名称	说明
创建数组	
arange([start,]stop, [step,]dtype=None)	返回一个在给定区间内均匀间隔的数组。注意，这是一个左闭右开的区间[start, stop)，即包括start，但不包括stop值
array(object, dtype=None, copy=True, order='K', subok=False, ndmin=0)	按照序列对象object创建数组。object可以是Python列表list、元组tuple，另外一个NumPy数组等
copy(a, order='K')	返回数组a的一个副本
empty(shape, dtype=float, order='C')	返回一个参数shape指定的空数组
empty_like(prototype, dtype=None, order='K', subok=True)	返回一个没有初始化的空数组，其shape的dtype与参数prototype一样

续表

函数名称	说明
创建数组	
eye(N, M=None, k=0, dtype=<class 'float'>, order='C')	返回一个N行、M列（默认等于N）的二维数组。其主对角线元素为1，其他元素为0
fromfile(file, dtype=float, count=−1, sep='')	从一个数据文件中创建数组（文本或二进制文件均可）
fromfunction(function, shape, **kwargs)	从一个函数返回值中创建形状为shape的数组
identity(n, dtype=None)	创建一个标志方阵的数组，对角线元素为1
linspace(start, stop, num=50, endpoint=True, retstep=False, dtype=None)	在从start到stop的区间内，形成均匀线性间隔的数列，并以此数列创建一维数组
logspace(start, stop, num=50, endpoint=True, base=10.0, dtype=None)	在从start到stop的区间内，形成均匀对数间隔的数列，并以此数列创建一维数组
mgrid	创建一个多维网格数组的便捷方式。是lib.index_tricks.nd_grid( )的一个实例
ogrid	创建一个开放的多维网格数组的便捷方式。是lib.index_tricks.nd_grid( )的一个实例
ones(shape, dtype=None, order='C')	返回一个参数shape指定的形状的数组，以1初始化所有元素
ones_like(a, dtype=None, order='K', subok=True)	返回一个形状shape与a对象一样的数组，以1初始化素有元素
r_	连接两个或多个序列，形成一个新的数组
zeros(shape, dtype=float, order='C')	返回一个参数shape指定的形状的数组，以0初始化所有元素
zeros_like(a, dtype=None, order='K', subok=True)	返回一个形状shape与a对象一样的数组，以0初始化素有元素
类型转换	
ndarray.astype(dtype, order='K', casting='unsafe', subok=True, copy=True)	返回一个新的数组，其元素强制转换为指定的类型dtype
atleast_1d(*arys)	把输入转换为至少一维数组
atleast_2d(*arys)	把输入转换为至少二维数组
atleast_3d(*arys)	把输入转换为至少三维数组
mat(data, dtype=None)	把输入data转换为矩阵

续表

函数名称	说明
数组操纵	
array_split(ary, indices_or_sections, axis=0)	把一个数组分裂成几个子数组
column_stack(tup)	把一维数组作为列，堆叠创建一个新的二维数组
concatenate( )a1, a2, ...), axis=0, out=None)	沿轴axis，连接多个数组，形成一个新的数组
diagonal(a, offset=0, axis1=0, axis2=1)	返回指定对角线组成的数组
dsplit(ary, indices_or_sections)	沿给定轴把数组拆分成多个子数组
dstack(tup)	按顺序深度（第三轴）堆叠数组，形成一个新数组
hsplit(ary, indices_or_sections)	将数组水平拆分为多个子数组（按列）
hstack(tup)	水平堆叠数组（列方式），创建新数组
item(*args)	将数组元素复制到标准Python标量并返回它
newaxis	None对象的别名。None的类型是Python的NoneType
ravel(a, order='C')	返回一个更扁平的数组，即降维一次
repeat(a, repeats, axis=None)	参数a重复repeats次，并以此返回一个数组
reshape(a, newshape, order='C')	在不改变数组a数据的情况下，更新数组的形状
resize(a, new_shape)	返回具有指定形状的新数组
squeeze(a, axis=None)	从数组的形状中删除一维条目
swapaxes(a, axis1, axis2)	交换数组的两个轴的元素
take(a, indices, axis=None, out=None, mode='raise')	沿轴axis获取下标为indices的元素
transpose(a, axes=None)	数组转置
vsplit(ary, indices_or_sections)	将数组垂直拆分为多个子数组（按行）
vstack(tup)	垂直堆叠数组（行方式），创建新数组
查询	
all(a, axis=None, out=None, keepdims=<no value>)	判断沿给定轴的所有数组元素是否都为True
any(a, axis=None, out=None, keepdims=<no value>)	判断沿给定轴的任意一个数组元素是否为True
nonzero(a)	返回非零元素的索引
where(condition[, x, y])	从x或y中，返回符合条件的元素

续表

函数名称	说明
排序	
argmax(a, axis=None, out=None)	返回沿给定轴的最大值的索引
argmin(a, axis=None, out=None)	返回沿给定轴的最小值的索引
argsort(a, axis=−1, kind='quicksort', order=None)	返回排序的索引
max(iterable, *[, key, default])	返回最大值
min(iterable, *[, key, default])	返回最小值
ptp(a, axis=None, out=None, keepdims=<no value>)	返回沿某轴的值范围（最大值—最小值）
searchsorted(a, v, side='left', sorter=None)	返回按照排序条件，查找值v应插入数组a中的索引
sort(a, axis=−1, kind='quicksort', order=None)	返回排序后的数组
基本操作	
choose(a, choices, out=None, mode='raise')	从索引数组和一组数组构造一个新数组
compress(condition, a, axis=None, out=None)	按照条件，返回以数组a沿某个轴的切片为内容的新数组
cumprod(a, axis=None, dtype=None, out=None)	返回沿给定轴上元素的累积乘积
cumsum(a, axis=None, dtype=None, out=None)	返回沿给定轴上元素的累积和
inner(a, b)	返回两个数组的内积（inner product）
fill(value)	使用标量值填充数组
imag(val)	返回复数的虚数部分组成的数组
prod(a, axis=None, dtype=None, out=None, keepdims=<no value>, initial=<no value>)	返回给定轴上的数组元素的乘积
put(a, choices, out=None, mode='raise')	用给定值更新数组的指定元素
putmask(a, mask, values)	以值values更新数组a中满足条件mask的元素
real(val)	返回复数中的实数部分
sum(a, axis=None, dtype=None, out=None, keepdims=<no value>, initial=<no value>)	计算数组a的和。如果给定轴axis，则沿axis的方向统计和

续表

函数名称	说明
基本统计	
amin(a, axis=None, out=None, keepdims=\<no value\>, initial=\<no value\>, where=\<no value\>)	沿指定轴，计算数组中的元素的最小值
amax(a, axis=None, out=None, keepdims=\<no value\>, initial=\<no value\>, where=\<no value\>)	沿指定轴，计算数组中的元素的最大值
ptp(a, axis=None, out=None, keepdims=\<no value\>)	计算数组中元素最大值与最小值的差（最大值−最小值）
percentile(a, q, axis=None, out=None, overwrite_input=False, interpolation='linear', keepdims=False)	沿指定轴，计算第q个百分数
median(a, axis=None, out=None, overwrite_input=False, keepdims=False)	沿指定轴，计算中位数
average(a, axis=None, weights=None, returned=False)	沿指定轴，计算数组的权重平均值
cov(m, y=None, rowvar=True, bias=False, ddof=None, fweights=None, aweights=None)	给定数据和权重，估计协方差矩阵
mean(a, axis=None, dtype=None, out=None, ddof=0, keepdims=\<no value\>)	沿axis指定的轴计算平均值。如果没有指定axis，则计算完全展平后的数组平均值
std(a, axis=None, dtype=None, out=None, ddof=0, keepdims=\<no value\>)	沿axis指定的轴计算标准偏差。如果没有指定axis，则计算完全展平后的数组标准偏差
var(a, axis=None, dtype=None, out=None, ddof=0, keepdims=\<no value\>)	沿axis指定的轴计算方差。如果没有指定axis，则计算完全展平后的数组方差
基本线性代数	
cross(a, b, axisa=−1, axisb=−1, axisc=−1, axis=None)	返回两个（数组）向量的叉积（向量积）（cross product）
dot(a, b, out=None)	返回两个数组的点积（dot product）
outer(a, b, out=None)	计算两个向量的外积（outer product）
svd (a, full_matrices=True, compute_uv=True)	奇异值分解
vdot(a,b)	返回两个向量的点积（dot product）

完整详细的函数列表请读者参考网址：https://numpy.org/doc/1.18/reference/routines.html。

2.1.5 NumPy随机数

所谓"随机"，就是指具有不确定性。在讨论随机数时，一定是在讨论一个数的序列，单挑出一个数谈随机是没有意义的。随机数在我们的日常生活中随处可见，例如某个路口通过的车辆数、投掷骰子的点数、抛掷硬币的正反面等等，都可以称为随机数。一个随机数最重要的特性是它在产生时与前后两个随机数毫无关系，不存在根据当前随机数，按照一定的规律就能够预测出下一个数的出现。

在计算机技术中，计算机生成的都是伪随机数，不是真正的随机数。因为它们都是通过某个固定的、可以重复的算法产生的。虽然如此，这些随机数却具有类似于真正随机数的统计特征，所以在信息技术中得到了广泛的应用。

在本节后面的内容中，还会涉及一个概念：熵（entropy），熵的概念在机器学习领域经常遇到，这里我们只做简单的介绍。注意这里的熵是指信息科学中的信息熵，不是热力学中的熵。

信息熵是对一种现象或事件混乱程度的度量，反映了信息的不确定性，是对信息的量化度量。它是由美国数学家，"信息论之父"克劳德·香农（Claude Shannon）于1948年提出的。

熵可以度量信息表示的效率，也可以度量数据的混乱程度。在随机数生成的场景中，熵可以度量比特序列的随机性。最大的熵意味着全部随机序列的每一个比特都可能是 1 或 0，这种序列的信息量是最大的，因为信息不能被表示为更短的序列。最小的熵意味着序列是完全可预测的。转换其中的 1 和 0，或者诸如 1010 1010 1010... 或 1100 1101 1100 1101... 这样的序列，它们有很低的熵。这种序列的信息量是很低的，因为它们是可预测的，并且可以很容易地用更短的序列来表示这些信息。当生成随机数时，希望可以使序列的熵最大，当然所需的计算量会更大。

NumPy 随机数模块提供了生成随机数的函数。在生成随机数的时候，NumPy 遵从以下两个步骤：

① 通过随机比特位生成器 BitGenerator 的某个子类生成一个无符号整数或浮点数的随机数序列（由随机的32或64位比特填充）。BitGenerator 是所有实现某种随机数生成算法的随机比特位生成器的基类；

② 通过随机数生成器 Generator 从第一个步骤产生的随机数序列中按照特定的概率分布（如均匀分布、正态分布等），在给定的区间内抽样获得一个随机数序列。实际上 Generator 是 BitGenerator 的容器，也就是说，如果使用默认设置，可以直接从 Generator 生成随机数（序列）。

自 NumPy 版本 1.18.1 开始，已经使用类 Generator 代替了以前版本的 RandomState 类（为了兼容性，当前版本仍然支持 RandomState 类，但已经不再推荐使用）。随机数生成器 Generator 可以使用不同的随机比特位生成器 BitGenerator 进行初始化，对应着不同的随机数生成算法。

NumPy 提供了以下四种随机比特位生成器（均为类 BitGenerator 的子类，详见表2-8）：

① numpy.random.PCG64：128位置换同余生成器PCG（Permutation Congruential

Generator）算法的实现，PCG64的周期长度为2^{128}，并且支持任意步长的增长。

② numpy.random.MT19937：梅森旋转算法（Mersenne Twister）的实现，周期长度$2^{19937}-1$。

③ numpy.random.Philox：基于计数理念的、Philox PRNG（Pseudo-Random Number Generation）算法的实现，周期长度$2^{256}-1$，并且支持任意步长的增长。

④ numpy.random.SFC64：256位SFC（Small Fast Chaotic）PRNG算法的实现，周期长度与种子数（起始值）有关，期望周期长度为2^{255}。

表2-8　随机比特位生成器BitGenerator函数说明

numpy.random.PCG64：128位置换同余生成器PCG算法的实现	
PCG64(seed_seq=None)	
seed_seq	可选。初始化随机比特位生成器的种子值（起始值）。可取下面四种类型的值： （1）None：从操作系统随机获取一个熵值，此为默认值； （2）单一整数值：把此数值传递给NumPy模块的SeedSequence函数，随后派生和初始化随机比特位生成器； （3）整数型数组：与单一整数值相同； （4）一个SeedSequence实例：直接使用此SeedSequence实例派生和初始化随机比特位生成器
numpy.random.MT19937：梅森旋转算法（Mersenne Twister）的实现	
MT19937 (seed_seq=None)	
seed_seq	可选。其含义与numpy.random.PCG64( )相同
numpy.random.Philox：Philox PRNG算法的实现	
Philox(seed=None, counter=None, key=None)	
seed	可选。其含义与numpy.random.PCG64( )相同
counter	可选。用于确定Philox状态。可取下面三种类型的值： （1）None：状态初始化为0，此为默认值； （2）单一整数值：范围在$[0, 2^{256}]$内的一个整数值； （3）整数型数组：一个包含四个元素、类型为uint64的数组
key	可选。用于确定Philox状态。可取下面三种类型的值： （1）None：状态初始化为0，此为默认值； （2）单一整数值：范围在$[0,2^{128}]$内的一个整数值； （3）整数型数组：一个包含2个元素、类型为uint64的数组 注：参数key和seed不能同时使用
numpy.random.SFC64：256位SFC PRNG算法的实现	
SFC64(seed_seq=None)	
seed_seq	可选。其含义与numpy.random.PCG64( )相同

注：在最新的NumPy版本中，默认的随机比特位生成器是numpy.random.PCG64。

随机数生成器Generator是以上述四个BitGenerator之一作为初始化参数的。可以通过NumPy提供的numpy.random.default_rng( )函数获得一个默认的随机数生成器对象

Generator，此时使用了默认的随机比特位生成器numpy.random.PCG64；也可使用构造函数numpy.random.Generator直接生成一个随机数生成器对象。表2-9展示了随机数生成器Generator及其一系列方法（函数）。

表2-9 随机数生成器Generator及其一系列方法

numpy.random.Generator：随机数生成器	
Generator(bit_generator)	
bit_generator	可选
注：Generator是BitGenerators的容器，它提供了一系列按照不同分布生成随机数的方法	
简单的随机数函数	
integers(low[, high, size, dtype, endpoint])	返回给定数量的在区间[low,high)中的随机整数序列。如果endpoint=True，则区间为[low,high]
random([size, dtype, out])	返回给定数量的在区间[0.0,1.0)中的随机浮点数序列
choice(a)	NumPy函数choice的特殊形式，相当于numpy.random.choice(a, size=None, replace=True, p=None, axis=0)
bytes(length)	返回给定长度的随机字节序列
分布函数	
beta(a,b[,size])	返回按照Beta（贝塔）分布的随机数序列
binomial(n,p[,size])	返回按照二项式分布的随机数序列
chisquare(df[,size])	返回按照卡方分布的随机数序列
dirichlet(alpha[,size])	返回按照Dirichlet（狄利克雷）分布的随机数序列
exponential([scale,size])	返回按照指数分布的随机数序列
f(dfnum,dfden[,size])	返回按照F分布的随机数序列
gamma(shape[,scale,size])	返回按照Gamma（伽马）分布的随机数序列
geometric(p[,size])	返回按照几何分布的随机数序列
gumbel([loc,scale,size])	返回按照Gumbel（耿贝尔）分布的随机数序列
hypergeometric(ngood,nbad,nsample[,size])	返回按照超几何分布的随机数序列
laplace([loc,scale,size])	返回按照拉普拉斯（双指数）分布的随机数序列
logistic([loc,scale,size])	返回按照对数分布的随机数序列
lognormal([mean,sigma,size])	返回按照对数正态（高斯）分布的随机数序列
logseries(p[,size])	返回按照对数-级数分布的随机数序列
multinomial(n,pvals[,size])	返回按照多项式分布的随机数序列
multivariate_hypergeometric(colors,nsample)	返回按照多元超几何分布的随机数序列
multivariate_normal(mean,cov[,size,…])	返回按照多元正态分布的随机数序列
negative_binomial(n,p[,size])	返回按照负二项分布的随机数序列
noncentral_chisquare(df,nonc[,size])	返回按照非中心卡方分布的随机数序列
noncentral_f(dfnum,dfden,nonc[,size])	返回按照非中心F分布的随机数序列

续表

分布函数	
normal([loc,scale,size])	返回按照正态（高斯）分布的随机数序列
pareto(a[,size])	返回按照Pareto 2（Lomax）分布的随机数序列
poisson([lam,size])	返回按照泊松分布的随机数序列
power(a[,size])	返回按照幂指数分布的随机数序列
rayleigh([scale,size])	返回按照Rayleigh（瑞利）分布的随机数序列
standard_cauchy([size])	返回按照标准柯西分布的随机数序列
standard_exponential([size,dtype,method,out])	返回按照标准指数分布的随机数序列
standard_gamma(shape[,size,dtype,out])	返回按照标准Gamma（标准伽马）分布的随机数序列
standard_normal([size,dtype,out])	返回按照标准正态分布的随机数序列
standard_t(df[,size])	返回按照学生t分布的随机数序列
triangular(left,mode,right[,size])	返回按照triangular（三角形）分布的随机数序列
uniform([low,high,size])	返回按照uniform（均匀）分布的随机数序列
vonmises(mu,kappa[,size])	返回按照von Mises（冯·米塞斯）分布的随机数序列
wald(mean,scale[,size])	返回按照Wald(逆高斯)分布的随机数序列
weibull(a[,size])	返回按照Weibull（韦伯）分布的随机数序列
zipf(a[,size])	返回按照Zipf（齐夫）分布的随机数序列
变换	
shuffle(x[, axis])	通过改变序列的内容来改变序列
permutation(x[, axis])	对序列进行随机排列，或者返回一个随机排列后的范围
获取BitGenerator属性	
bit_generator	获取初始化Generator时所用的随机比特位生成器对象

从表2-9可以看出，随机数生成器Generator提供了一系列方法，包括按照正态分布、指数分布、多项式分布等多种分布规律获取随机数序列的方法。实际上，numpy.random这个子模块也提供了相同的从分布规律中获取随机数的方法，并且方法名称相同。例如，随机数生成器Generator有一个生成服从正态分布的随机数序列函数numpy.random.Generator.normal（），而numpy.random也有一个同样名称、同样功能的函数numpy.random.normal（）。

下面列举一个生成随机数的例子。请看代码：

```
1.
2.  from numpy.random import default_rng
3.  from numpy.random import Generator, SFC64
4.
5.  rng = default_rng()    # 默认使用numpy.random.PCG64
6.  vals = rng.standard_normal(10)
```

```
7.  print("使用默认numpy.random.PCG64()算法，生成符合标准正态分布的随机数：")
8.  print(vals)
9.  print("-"*15, '\n')
10.
11. more_vals = rng.standard_normal(10)
12. print(more_vals)
13. print(vals)
14. print("-"*15, '\n')
15.
16.
17. # 使用numpy.random.SFC64，生成标准正态分布随机数
18. print("使用numpy.random.SFC64()算法，生成符合标准正态分布的随机数：")
19. rng = Generator(SFC64())    # 以提取系统随机生成的数据作为种子（每次提取都不
        一样）
20. vals = rng.standard_normal(10)
21. print(vals)
22. print("-"*15, '\n')
23.
24. # 卡方分布
25. print("使用numpy.random.SFC64()算法，生成符合卡方分布的随机数：")
26. vals = rng.chisquare(8, 10)  # 自由度为8，10个随机数
27. print(vals)
28. print("-"*15, '\n')
29.
```

运行后，输出结果如下（在Python自带的IDLE环境下）：

```
1.  使用默认numpy.random.PCG64()算法，生成符合标准正态分布的随机数：
2.  [ 0.95381593  0.85846807 -1.19521636  0.18221037  1.43274676  0.6291269
    6
3.   -0.03468338 -0.0032845   0.23154304  0.13838078]
4.  ---------------
5.
6.  [ 0.43048063 -0.13032615  0.42653353 -0.15552823 -0.14686966 -0.1880522
    7
7.   -0.79073149 -0.16241254  0.06911903  0.34678781]
8.  [ 0.95381593  0.85846807 -1.19521636  0.18221037  1.43274676  0.62912696
9.   -0.03468338 -0.0032845   0.23154304  0.13838078]
10. ---------------
```

```
11.
12. 使用numpy.random.SFC64()算法，生成符合标准正态分布的随机数：
13. [ 0.38997239  1.22499571  0.52618159  0.45004556 -0.61770986  0.05835955
14.  -0.67861056 -1.15633603 -0.67078048  0.37879537]
15. ---------------
16.
17. 使用numpy.random.SFC64()算法，生成符合卡方分布的随机数：
18. [ 8.29698709  2.65294827  7.92301913  6.03724597  5.17160156 11.86470526
19.   7.2891392   7.18865752 11.21000646  7.23699981]
20. ---------------
```

前面讲过，计算机并不能产生真正的随机数。如果你不设种子，NumPy 的随机模块将从操作系统中提取一个最新的、不可预测的熵作为种子，这样每次生成的随机数都是不一样的。在上面的代码中正是演示了这种情况。

有时为了方便研究，也便于其他人检验、测试代码，希望每次生成的随机数都是一样的。此时只要在生成随机数生成器时给予一个固定的种子数即可。请看下面的代码：

```python
1.
2.  from numpy.random import default_rng
3.  from numpy.random import Generator, SFC64
4.
5.
6.  print("使用numpy.random.SFC64()算法，生成符合标准正态分布的随机数：")
7.  rng = Generator(SFC64(1234))    # 设置一个固定的种子数
8.  print("第一次生成10个随机数：")
9.  vals = rng.standard_normal(10)
10. print(vals)
11. print("-"*15, '\n')
12.
13. print("使用同样的算法和种子，第二次生成10个随机数：")
14. rng = Generator(SFC64(1234))    # 设置一个固定的种子数
15. more_vals = rng.standard_normal(10)
16. print(more_vals)
17. print("-"*15, '\n')
18.
19. print("判断两个随机数是否相等：")
20. print(vals == more_vals)
21.
```

运行后，输出结果如下（在 Python 自带的 IDLE 环境下）：

```
1.  使用numpy.random.SFC64()算法，生成符合标准正态分布的随机数：
2.  第一次生成10个随机数：
3.  [-1.42920642  0.78556612  0.28750405 -0.68363     -0.71715745  0.76714284
4.    0.71608293 -0.20546544 -1.11672909 -1.07503716]
5.  ---------------
6.
7.  使用同样的算法和种子，第二次生成10个随机数：
8.  [-1.42920642  0.78556612  0.28750405 -0.68363     -0.71715745  0.76714284
9.    0.71608293 -0.20546544 -1.11672909 -1.07503716]
10. ---------------
11.
12. 判断两个随机数是否相等：
13. [ True  True  True  True  True  True  True  True  True  True]
```

2.1.6　NumPy输入输出

NumPy 可以对磁盘上的二进制、文本或字符串格式的数据进行读、写。这也是创建包含大数据集数组的常用方式。下面根据文件存储格式的类型进行介绍。

（1）NumPy 二进制文件(npy/npz) 的输入输出

格式npy是一种保存单个NumPy数组的标准二进制格式。它不仅保存了数组所有元素的内容，同时也保存了这个数组形状shape信息、dtype信息，这样可以在不同的平台上完整地重建一个数组；而格式npz是用来保存多个NumPy数组的标准格式，它实际上是一个zip压缩文件，包含了多个npy文件，其中一个npy文件保存了一个NumPy数组。与此格式相关的输入输出函数如表2-10所示。

表2-10　npy/npz格式的输入输出函数

函数	说明
save(file, arr[, allow_pickle, fix_imports])	以二进制npy格式保存一个NumPy数组
savez(file, *args, **kwds)	以二进制npz格式保存多个NumPy数组（不对其中的npy文件进行压缩）
savez_compressed(file, *args, **kwds)	以二进制npz格式保存多个NumPy数组（对其中的npy文件进行压缩）
load(file[, mmap_mode, allow_pickle, …])	从npy/npz或者pickle文件中导入NumPy数组

注：Python内置的pickle模块实现了序列化和反序列化 Python对象结构的二进制协议。

（2）文本格式文件的输入输出

NumPy 数组也可以以文本格式保存，与之相关的输入输出函数如表2-11所示。

表2-11　文本格式文件的输入输出函数

函数	说明
savetxt(fname, X[, fmt, delimiter, newline, …])	以文本格式保存一个数组到文件中
loadtxt(fname[, dtype, comments, delimiter, …])	从文本格式的文件中恢复一个数组
genfromtxt(fname[, dtype, comments, …])	从文本格式的文件中恢复一个数组，并以指定的值对缺失值进行替代
fromregex(file, regexp, dtype[, encoding])	使用正则表达式解析，从文本文件构造一个数组
fromstring(string[, dtype, count, sep])	以参数string中的内容初始化一个一维数组
fromfile(file[, dtype, count, sep, offset])	从一个文本或二进制文件中构造一个NumPy数组
ndarray.tofile(fid[, sep, format])	以文本或二进制格式把一个数组保存在一个文件中。默认值为二进制格式
ndarray.tolist( )	将数组作为（可能是嵌套的）Python列表list返回。元素的数据类型将转换为最接近的兼容Python类型

（3）NumPy 数组的字符串化

NumPy 数组可以转换为不同的字符串形式，与之相关的函数如表2-12所示。

表2-12　NumPy数组转换为字符串的函数

函数	说明
array2string(a[, max_line_width, precision, …])	返回一个数组的字符串形式
array_repr(arr[, max_line_width, precision, …])	返回数组的字符串表示形式。与array2string类似
array_str(a[, max_line_width, precision, …])	以字符串形式返回数组的元素内容
format_float_positional(x[, precision, …])	格式化一个浮点数标量，并以字符串形式返回
format_float_scientific(x[, precision, …])	以科学计数法格式化一个浮点数标量，并以字符串形式返回

2.1.7　NumPy矩阵

NumPy 还提供了矩阵运算功能，并通过下面的函数创建矩阵：

```
matrix(data, dtype=None, copy=True)
```

其中data为一个NumPy数组或字符串（str）对象，如果data是字符串，则将其解释为用逗号或空格分隔列、用分号分隔行的矩阵，dtype为输出矩阵的数据类型；如果data是ndarray，则用参数copy指定是复制数据（默认值）还是构造视图。例如：

```
1.
2.  >>> a = np.matrix('1 2; 3 4')
3.  >>> type(a)
4.  <class 'numpy.matrixlib.defmatrix.matrix'>
5.  >>> print(a)
6.  [[1 2]
7.   [3 4]]
8.
```

矩阵类是一种特殊的二维数组，它有一些特殊的运算符，如 *（矩阵乘法）和 **（矩阵幂）等。NumPy 从版本 1.15.0 开始不再建议使用矩阵类，而是使用数组，因此矩阵类将来有可能被剔除。

2.1.8　NumPy线性代数

NumPy 提供了两个数组之间的内积、外积等各种计算功能，另外 NumPy 还专门提供了线性代数函数库 linalg（linear algebra），该库包含了线性代数所需的所有功能。

（1）矩阵和向量积

表 2-13 显示了 NumPy 中矩阵和向量各种积计算的常用函数。

表2-13　矩阵和向量各种积的计算函数

函数	说明
dot(a, b[, out])	返回两个数组的点积，也称为点乘、内积、标量积
linalg.multi_dot(arrays)	计算两个或多个数组的点积
vdot(a, b)	返回两个向量的点积。与dot( )函数的不同在于，如果第一个参数是复数，那么它的共轭复数会用于计算
inner(a, b)	两个数组的内积 对于两个一维数组来说，其结果就是两个数组的内积 对于二维或高维数组来说，其结果为最后一个轴上的和的乘积
outer(a, b[, out])	返回两个向量的叉积，也称为叉乘、外积、向量积
matmul(x1, x2, [, out, casting, order, …])	返回两个数组的矩阵积
tensordot(a, b[, axes])	返回沿指定轴计算的两个数组的张量积
einsum(subscripts, *operands[, out, dtype, …])	按照给定的操作数（元组类型）执行爱因斯坦求和约定 注：爱因斯坦求和约定（Einstein summation convention）又称为爱因斯坦标记法
einsum_path(subscripts, *operands[, optimize])	返回一个einsum( )可使用的优化路径列表，两者可结合使用
linalg.matrix_power(a, n)	返回方阵的n次幂
kron(a, b)	返回两个数组的克罗内克积

（2）分解

线性代数函数库linalg提供了Cholesky分解、QR分解和SVD分解的功能。表2-14展示了它提供的矩阵分解函数。

表2-14　linalg提供的矩阵分解函数

函数	说明
linalg.cholesky(a)	返回Cholesky分解的数组
linalg.qr(a[, mode])	返回QR分解的数组
linalg.svd(a[, full_matrices, compute_uv, …])	返回奇异值分解(SVD)的数组

（3）矩阵的特征值计算

线性代数函数库linalg提供矩阵的特征值计算相关的函数。表2-15展示了它提供的特征值计算函数。

表2-15　linalg提供的矩阵特征值计算函数

函数	说明
linalg.eig(a)	计算方阵的特征值和右特征向量
linalg.eigh(a[, UPLO])	返回复Hermitian(共轭对称)或实对称矩阵的特征值和特征向量
linalg.eigvals(a)	计算一般矩阵的特征值
linalg.eigvalsh(a[, UPLO])	计算复厄米矩阵或实对称矩阵的特征值

（4）矩阵范数及其他数

线性代数函数库linalg提供对矩阵的范数、行列式计算的函数。表2-16展示了它提供的矩阵范数等进行计算函数。

表2-16　linalg提供的矩阵范数等计算的函数

函数	说明
linalg.norm(x[, ord, axis, keepdims])	计算矩阵或向量的范数
linalg.cond(x[, p])	计算矩阵的条件数（condition number）
linalg.det(a)	计算矩阵的行列式
linalg.matrix_rank(M[, tol, hermitian])	返回使用SVD方法计算的矩阵的秩
linalg.slogdet(a)	计算矩阵（数组）行列式的符号和(自然)对数
trace(a[, offset, axis1, axis2, dtype, out])	返回矩阵（数组）对角线元素之和

（5）求解方程和逆矩阵

线性代数函数库linalg提供求解方程和逆矩阵相关的函数，如表2-17所示。

表2-17 linalg提供的求解方程和逆矩阵的函数

函数	说明
linalg.solve(a, b)	计算确定的（即满秩的）线性矩阵方程ax=b的"精确"解
linalg.tensorsolve(a, b[, axes])	计算张量方程ax=b的解
linalg.lstsq(a, b[, rcond])	返回线性矩阵方程组的最小二乘法的解（LeaST SQuare）
linalg.inv(a)	计算矩阵的逆矩阵
linalg.pinv(a[, rcond, hermitian])	计算矩阵的（Moore-Penrose）伪逆矩阵
linalg.tensorinv(a[, ind])	计算N维数组的"逆"数组

下面我们举一个求解线性方程组的例子。在这个例子中，我们将求解下面方程组的解。

$$\begin{cases} 3\times x_0+x_1=9 \\ x_0+2\times x_1=8 \end{cases}$$

请看下面代码（这里使用了扩展包Matplotlib，我们会在本章后面介绍）。

```python
1.
2.  import numpy as np
3.  import matplotlib.pyplot as plt
4.
5.  ### 求解线性方程组的解 ax = b
6.
7.  #1 计算 3 * x0 + x1 = 9 和 x0 + 2 * x1 = 8 的解
8.  # 使用 linalg.solve() 函数时，需要 a 是方阵，且满秩。
9.  # 如果不满足这个条件，则可以使用linalg.lstsq()求解
10. a = np.array([[3,1], [1,2]])
11. b = np.array([9,8])
12.
13. print("1 使用linalg.solve()求解方程组:")
14. x = np.linalg.solve(a, b)
15. print(x, "\n")
16. print("-"*30)
17.
18.
19. #2 如果线性方程组不满足linalg.solve()的要求，
20. # 则使用 linalg.lstsq() 求解线性方程组。 注意：已经不是上面的方程组了!!
21. print("2 使用linalg.lstsq()求解方程组:")
22. a = np.array([0, 1, 2, 3])          # 原始数据的横坐标
23. b = np.array([-1, 0.2, 0.9, 2.1])   # 原始数据的纵坐标
24. A = np.vstack([a, np.ones(len(a))]).T  # 系数矩阵
```

```
25.
26. m, c = np.linalg.lstsq(A, b, rcond=None)[0]   # 返回斜率和截距
27. print("拟合曲线的斜率m，截距c：", m, c)
28.
29. # 使 matplotlib 正常显示中文标签
30. plt.rcParams['font.sans-serif'] = ['SimHei']
31. plt.rcParams['axes.unicode_minus'] = False      # 正常显示负号
32.
33. _ = plt.plot(a, b, 'o', label='原始数据', markersize=10)   # 原始数据的散点图
34. _ = plt.plot(a, m*a + c, 'r', label='拟合直线')   # 拟合曲线
35. _ = plt.legend()
36. plt.show()
37.
```

运行后，输出结果如下（在 Python 自带的 IDLE 环境下）：

```
1.   1 使用 linalg.solve() 求解方程组：
2.   [2. 3.]
3.
4.   ----------------------------
5.   2 使用 linalg.lstsq() 求解方程组：
6.   拟合曲线的斜率m，截距c： 0.999999999999999 -0.949999999999997
```

输出图形如图 2-5 所示。

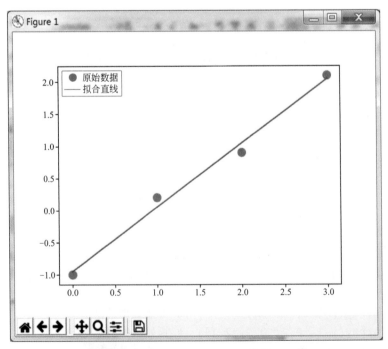

图2-5　NumPy的linalg.lstsq()函数输出结果图

2.1.9 NumPy常数

在NumPy扩展包中，有多个常数，请见表2-18。

表2-18 NumPy中的常数

序号	常数	说明	备注
1	numpy.inf	正无穷大 也可使用numpy.Inf、numpy.Infinity、numpy.Infty、numpy.PINF表示	符合IEEE 754浮点数标准
2	numpy.NINF	负无穷大	符合IEEE 754浮点数标准
3	numpy.nan	非数值（Not a Number） 也可使用numpy.NaN、numpy.NAN表示	符合IEEE 754浮点数标准
4	numpy.NZERO	负零	符合IEEE 754浮点数标准
5	numpy.PZERO	正零	符合IEEE 754浮点数标准
6	numpy.e	自然常数（也称为欧拉常数、纳皮尔常数），是自然对数的底数 e=2.7182818284590452...	
7	numpy.euler_gamma	欧拉-马歇罗尼常数 γ =0.5772156649015328...	
8	numpy.pi	圆周率常数 π π =3.1415926535897932...	
9	numpy.newaxis	None对象的别称，表示空值 （None的类型是Python的NoneType）	

注：从上表可以看出，numpy.nan的类型是浮点数。

2.2 Pandas

Pandas，即pannel data analysis（面板数据分析），是基于NumPy构建的、为了完成数据分析任务而连接NumPy和SciPy库的工具。Pandas提供了两个高效、灵活、富有表达力的数据结构：数据序列Series和数据框DataFrame，分别对应于一维序列（数组）和二维数据库表结构，这为处理"关系"或"标签（字段名称）"数据提供了方便直观的方法。同NumPy一样，Pandas也是开源的、可商业使用（BSD许可证，可自由修改）。

Pandas是SciPy生态系统的核心模块之一，由AQR资产管理公司（AQR Capital Management）于2008年4月开发，并于2009年底成为一个开源社区驱动的项目。Pandas目前最新的稳定版本是1.0.5（2020年6月发布，需要NumPy版本大于等于1.13.3），本节的内容即以此版本为基础进行讲述。本书不对Pandas的全部内容进行描述，而只讲解与后续章节相关的内容。

Pandas的主要特点是：

◇ 功能强大的数据框DataFrame对象，集成索引，实现高效的数据操作；

◇ 提供对内存结构化数据以及CSV、Excel、数据库和HDF5等格式数据的读写工具；

◇ 智能数据对齐和集成缺失数据的处理：在计算中自动实现基于标签的数据对齐，并轻松将混乱数据整理为有序的形式；

◇ 对数据集的形状重整和旋转的灵活处理；

◇ 对大数据集进行基于标签的智能切片、高级索引和子集化；

◇ 对数据框DataFrame中的列增加、删除，实现大小的变化；

◇ 使用group by引擎强大的数据集分割－应用－合并功能，实现数据的聚合或转换；

◇ 高效的数据集之间的合并和连接功能；

◇ 层次型轴索引机制提供了使用低维数据结构处理高维数据的直观方式；

◇ 提供时间序列数据操作，包括日期范围生成和频率转换、移动窗口统计、日期偏移和滞后处理，甚至可以创建特定域的时间偏移，并在不丢失数据的情况下加入时间序列等。

从上面的特点可以看出，这些功能非常类似于一个关系型数据库的功能。所以，熟悉数据库操作的读者可以很容易掌握和使用Pandas模块。

Pandas的官方网址：https://pandas.pydata.org/。

Pandas的源代码网址：https://github.com/pandas-dev/pandas。

安装Pandas的最好方式是使用pip工具，使用命令如下：

```
1.  pip install pandas
2.  # 或者
3.  pip install -U pandas   # 直接安装最新的版本
```

在程序中使用Pandas之前首先要将其导入。导入方法如下：

```
1.  import pandas
2.  import pandas as pd   # 以简单的别名pd出现在后面的代码中（简称）
```

2.2.1　Pandas数据结构

Pandas提供了两个高效、灵活、富有表达力的数据结构：数据序列Series和数据框DataFrame，分别对应于一维序列（数组）和二维数据库表结构。所以，可以把数据框DataFrame看作是数据序列Series的容器；而序列Series是标量数据的容器。

索引是数据序列Series和数据框DataFrame的固有属性，是Pandas提供查找、数据对齐和重新索引等功能所需的基础数据结构。所以本节内容将从索引对象讲起（包括Index及其子类）。

2.2.1.1　索引 Index

在 Pandas 中，索引对象是一个不可修改的 NumPy 数组（一维），是一个有序的、可切片的数组。这里"可切片"的意思是指可以取指定范围的索引值，从而可以用来访问数组的部分或全部的元素。

索引存储的内容是 Pandas 对象的轴标签，它是 Pandas 访问数据的灵魂。它就像地址一样，用来定位、访问数据。数据序列 Series 和数据框 DataFrame 的行和列均有自己的索引对象，其中行索引直接称为索引，列索引则通常以列名称做标识。

在 Pandas 中，最基本的索引类是 Index，它有几个子类，包括 Int64Index、RangeIndex、UInt64Index、Float64Index、CategoricalIndex、MultiIndex、IntervalIndex、DatetimeIndex、TimedeltaIndex、PeriodIndex10 个子类。表 2-19 展示了基类索引 Index 信息。

表2-19　索引基类Index

pandas.Index：Pandas中的最基本的索引类	
Index(data=None,dtype=None,copy=False,name=None,tupleize_cols=True,**kwargs)	
data	可选。一维数组形式的对象。默认值为None，表示创建空的索引对象
dtype	可选。指定索引元素数据的类型（一种NumPy数据类型）。默认值为None，表示由参数data的值推导而来； 如果设置了dtype，但是参数data的值不能转换为指定的dtype类型，则函数引发错误
copy	可选。表示索引是否为data的一个拷贝。默认值为False，表示不拷贝
name	可选。为索引对象人为指定一个名称。默认值为None，表示由系统自动设置
tupleize_cols	可选。表示是否尽可能创建MultiIndex对象。默认值为True
kwargs	可选。其他自定义参数

下面我们以示例代码的形式，简要说明一下索引 Index 的使用方式。请读者仔细阅读代码中的注释部分。

```
1.
2.  import pandas as pd
3.
4.  # 创建一个pandas.Index对象
5.  pdi = pd.Index([1, 2, 3, 4, 5],name='pdIndex01')  # dtype = numpy.int64
6.
7.  # 显示某些属性
8.  # values：索引对象的内容
9.  print(pdi.values)
10. print("-"*20)
11.
```

```
12.  # dtype：索引元素的数据类型
13.  print(pdi.dtype)
14.  print("-"*20)
15.
16.
17.  # array：以数组形式返回索引结果
18.  print(pdi.array)
19.  print("-"*20)
20.
21.  # shae：索引的形状（所以，可以把索引当作一个numpy.ndarray对象看待）
22.  print(pdi.shape)
23.  print("-"*20)
24.
25.  # 展示某些方法
26.  # 把索引对象转换为Python的list对象
27.  lst1 = pdi.to_list()
28.  print(type(lst1))
29.  print("-"*20)
30.
31.  # 把索引对象转换成pandas.Series对象
32.  ps1 = pdi.to_series()
33.  print(ps1)
34.  print(ps1.shape)
35.  print("-"*20)
36.
37.  # 把索引对象转换成pandas.Series对象
38.  df1 = pdi.to_frame()
39.  print(df1)
40.  print(df1.shape)
41.  print("-"*20)
42.
```

运行后，输出结果如下（在Python自带的IDLE环境下）：

```
1.  [1 2 3 4 5]
2.  --------------------
3.  int64
4.  --------------------
5.  <PandasArray>
6.  [1, 2, 3, 4, 5]
```

```
7.  Length: 5, dtype: int64
8.  -------------------
9.  (5,)
10. -------------------
11. <class 'list'>
12. -------------------
13. pdIndex01
14. 1    1
15. 2    2
16. 3    3
17. 4    4
18. 5    5
19. Name: pdIndex01, dtype: int64
20. (5,)
21. -------------------
22.             pdIndex01
23. pdIndex01
24. 1                1
25. 2                2
26. 3                3
27. 4                4
28. 5                5
29. (5, 1)
30. -------------------
```

前面讲过，在Pandas中，索引对象除了最基础的Index之外，还有Int64Index、RangeIndex、UInt64Index等多种索引。这里给出它们简要的信息，如表2-20所示。

表2-20　Int64Index、RangeIndex等索引类信息

pandas.Int64Index：只包含纯整数的一种索引，属于数值索引	
Int64Index(data=None, dtype=None, copy=False, name=None)	
data	可选。含义见pandas.Index
dtype	可选。含义见pandas.Index。默认值为None，表示为numpy.int64
copy	可选。含义见pandas.Index
name	可选。含义见pandas.Index
注：Int64Index是Index的一种特殊形式，它只包含纯整数标签	

pandas.RangeIndex：实现了整数范围内单调变化的一种索引，属于数值索引

RangeIndex(start=None, stop=None, step=None, dtype=None, copy=False, name=None)

start	可选。开始值，可以为一个整数，或者为一个RangeIndex对象； 如果为一个整数，且参数stop没有设置，则此参数被解释为stop； 默认值为整数0
stop	可选。结束值，正负均可。默认值为0
step	可选。步长值，正负均可。默认值为1； 注意：此参数不能为0，否则会引发ValueError异常
dtype	可选。含义见pandas.Int64Index
copy	可选。含义见pandas.Int64Index，实际上本参数没有使用到
name	可选。含义见pandas.Int64Index

注：(1) RangeIndex是Int64Index的一种节省内存的特殊形式，仅限于表示整数单调变化的形式（单调增加或单调减少）。这有点类似于Python的Range和list之间的关系；
(2) 在创建序列Series和数据框DataFrame对象时，如果没有显式地提供索引，则默认使用RangeIndex索引

pandas.UInt64Index：实现了无符号整数范围内单调变化的一种索引，属于数值索引

UInt64Index(data=None, dtype=None, copy=False, name=None)

data	可选。含义见pandas.Index
dtype	可选。含义见pandas.Index。默认值为None，表示为numpy.uint64
copy	可选。含义见pandas.Index
name	可选。含义见pandas.Index

注：UInt64Index是Index的一种特殊形式，它只包含无符号整数标签，即大于等于0

pandas.Float64Index：实现了浮点数的一种索引，属于数值索引

Float64Index(data=None, dtype=None, copy=False, name=None)

data	可选。含义见pandas.Index
dtype	可选。含义见pandas.Index。默认值为None，表示为numpy.float64
copy	可选。含义见pandas.Index
name	可选。含义见pandas.Index

注：Float64Index是Index的一种特殊形式，它只包含浮点数标签

续表

pandas.CategoricalIndex：基于pandas.Categorical创建的类别索引	
CategoricalIndex(data=None, categories=None, ordered=None, dtype=None, copy=False, name=None)	
data	可选。包含了将要创建索引的数据对象（一维数组形式）。默认值为None，表示创建空的索引对象
categories	可选。索引形式的对象，其包含的值必须唯一。默认值为None，表示从参数data中推导而来
ordered	可选。指定categories中的值是否有顺序的排列。默认值为None，表示没有顺序
dtype	可选。将要创建的索引值的数据类型。pandas.CategoricalDtype或者"category"。如果使用pandas.CategoricalDtype，则本参数不能与参数categories或ordered一起使用。默认值为None，表示从参数data中推导而来
copy	可选。含义见pandas.Index
name	可选。含义见pandas.Index

注：(1) pandas.Categorical表示包含有限个值的枚举类型，可以有序或无序；
(2) 没有出现在CategoricalIndex指定范围内的值，将使用numpy.NaN替代

pandas.MultiIndex：表示多层次（多水平、多级别）的层次型轴索引	
MultiIndex(levels=None, codes=None, sortorder=None, names=None, dtype=None, copy=False, name=None, verify_integrity: bool = True, _set_identity: bool = True)	
levels	可选。数组序列对象，表示每个层次（水平）所包含的唯一标签值。默认值为None
codes	可选。整数数组序列对象，对应这个每个层次（水平）的标签位置。默认值为None
sortorder	可选。排序层次，如果设置，必须为一个整数值。默认值为None
names	可选。一个序列对象，表示每个层次（水平）的名称
dtype	可选。将要创建的索引值的数据类型。默认值为None，表示从参数levels中推导而来
copy	可选。是否拷贝数据的描述信息（元数据）。默认值为False，表示不拷贝
name	可选。为索引对象人为指定一个名称。默认值为None，表示由系统自动设置
verify_integrity	可选。指定是否对参数levels和codes进行完整性检查。默认值为True
_set_identity	可选。指定是否设置身份。默认值为True

注：通常使用MultiIndex.from_arrays( )、MultiIndex.from_product( )、MultiIndex.from_tuples( )和MultiIndex.from_frame函数创建MultiIndex对象

续表

pandas.IntervalIndex：表示在区间的同一侧关闭（右侧或左侧）的区间索引	
IntervalIndex(data, closed=None, dtype=None, copy: bool = False, name=None, verify_integrity: bool = True)	
data	必选。包含了区间的类似一维数组的对象
closed	可选。指定区间两侧关闭状态，取值范围为：{'left', 'right', 'both', 'neither'}。默认值None，表示右侧关闭（'right'）
dtype	可选。将要创建的索引值的数据类型。默认值为None，表示从参数levels中推导而来
copy	可选。是否拷贝数据参数data的数据。默认值为False，表示不拷贝
name	可选。为索引对象人为指定一个名称。默认值为None，表示由系统自动设置
verify_integrity	可选。指定检查创建对象的有效性。默认值为True

注：通常使用pandas.interval_range( )或者IntervalIndex.from_arrays( )、IntervalIndex.from_breaks( )和IntervalIndex.from_tuples( )函数创建IntervalIndex对象

pandas.DatetimeIndex：数据类型为datetime64的日期时间索引	
DatetimeIndex(data=None, freq=None, tz=None, normalize=False, closed=None, ambiguous='raise', dayfirst=False, yearfirst=False, dtype=None, copy=False, name=None)	
data	可选。包含了日期时间值的类似一维数组的对象
freq	可选。表示频率的字符串或者pandas的offset偏移对象。如果设置为"infer"，意味着从data对象中推导而来。默认值为None，相当于"infer"
tz	可选。设置的时区，pytz.timezone或dateutil.tz.tzfile对象
normalize	可选。是否拷贝数据参数data的数据。默认值为False，表示不拷贝
closed	可选。含义同pandas.IntervalIndex
ambiguous	可选。对出现时间不明确情况的处理方法。可有以下四种值： ① "infer"：试图夏令时制转换； ② 由布尔值构成的一维数组：True表示夏时制，False表示非夏时制； ③ "NaT"：返回numpy.NaT； ④ "raise"：引发AmbiguousTimeError异常 默认值为"raise"
dayfirst	可选。如果设置为True，则解析参数data的数据时按日期优先的方式。默认值为False
yearfirst	可选。如果设置为True，则解析参数data的数据时按年度优先的方式。默认值为False
copy	可选。是否拷贝数据参数data的数据。默认值为False，表示不拷贝
name	可选。为索引对象人为指定一个名称。默认值为None，表示由系统自动设置

注：日期时间类型datetime64在内部是以numpy.int64表示的

pandas.TimedeltaIndex：数据类型为timedelta64的时间索引	
TimedeltaIndex(data=None, unit=None, freq=None, closed=None, dtype=dtype('<m8[ns]'), copy=False, name=None)	
data	可选。包含timedelta64或相近类型的一维数组对象。默认值为None
unit	可选。指定周期类型，可为（D,h,m,s,ms,us,ns）中的一个
freq	可选。表示频率的字符串或者pandas的offset偏移对象。如果设置为"infer"，意味着从data对象中推导而来。默认值为None，相当于"infer"
closed	可选。含义同pandas.IntervalIndex
dtype	可选。将要创建的索引值的数据类型。默认值为None，表示从参数data中推导而来
copy	可选。是否拷贝数据参数data的数据。默认值为False，表示不拷贝
name	可选。为索引对象人为指定一个名称。默认值为None，表示由系统自动设置

注：日期时间类型timedelta64在内部是以numpy.int64表示的

pandas.PeriodIndex：包含pandas.Period对象的时间周期索引	
PeriodIndex(data=None, ordinal=None, freq=None, tz=None, dtype=None, copy=False, name=None, **fields)	
data	可选。包含pandas.Period或相近类型的一维数组（numpy.ndarray或pandas.PeriodArray）
ordinal	可选。从公历元年开始的偏移值。默认值为None
freq	可选。表示频率的字符串，指定参数data中的频率。默认值为None，表示从data对象中推导而来
tz	可选。设置的时区，pytz.timezone或dateutil.tz.tzfile对象
dtype	可选。将要创建的索引值的数据类型。默认值为None，表示从参数data中推导而来
copy	可选。是否拷贝数据参数data的数据。默认值为False，表示不拷贝
name	可选。为索引对象人为指定一个名称。默认值为None，表示由系统自动设置
fields	其他自定义参数

注：可通过函数pandas.period_range( )直接创建PeriodIndex索引

每一个索引类都有自己的属性和方法，如Index有values、is_monotonic等属性及Index.all( )、any( )、argmin( )等方法。限于篇幅，这里不再一一展开。

在本节后面的内容中，遇到索引相关的操作时，会讲述相关属性或方法的使用。

2.2.1.2　数据序列Series

数据序列Series是一维标签式数组，其数据类型可以是整数、字符串、浮点数、Python对象等类型。其中沿维度（一维）的标签通常以索引对象表示，索引值可以是整数类型，也可以是字符串类型。所以，Series对象本质上由两个数组构成，一个构成索引 Index，一个构成对象的值 values。

与 NumPy 的一维数组相比，其主要区别：一是可以为 Pandas 序列 Series 中的每个元素分配索引标签；二是 Pandas 序列 Series 可以同时存储不同类型的数据，即元素的类型是可以不同的。

（1）序列 Series 的构建

创建一个 Series 对象最基本的方法是调用其构造函数。表 2-21 为 Series 类的构造函数及其各参数含义。

表2-21　数据序列Series类的构造函数及各参数含义

pandas.Series：Series类构造函数名称	
Series(data=None,index=None,dtype=None,name=None,copy=False,fastpath=False)	
data	可选。包含数据序列的数据对象，可以为类数组对象、可迭代对象Iterable、字典dict对象或者一个标量scalar值。默认值为None，表示不设置此参数
index	可选。一维类数组对象或一维pandas.Index索引对象。长度必须和参数data具有相同的长度，默认值为RangeIndex(0,1,2,…,n)。如果data是一个字典dict对象，并且同时提供了本参数index，则index会覆盖字典dict的键值。索引值不必要求唯一，但是必须是可哈希类型。默认值为None，表示索引值（标签）为RangeIndex(0,1,2,…)
dtype	可选。创建的数据序列对象的元素数据类型，可以为str、numpy.dtype类型或者pandas的ExtensionDtype类型。默认值为None，表示自动从参数data的内容中推导得到元素的数据类型
name	可选。给创建的数据序列对象设置一个名称。默认值为None，表示没有名称
copy	可选。表示是否从参数data中复制数据。默认值为False，表示不复制
fastpath	可选。这是一个函数内部使用的参数，可忽略

注：（1）如果没有提供任何参数，则创建一个长度为0的空数据序列对象。此时元素数据类型为"float64"（当前版本），未来版本有可能变为"object"；
（2）序列对象一旦创建，其长度不能再改变

数据序列 Series 对象的主要属性是 data 和 index，它提供了基于索引的操作方法。下面我们按照参数 data 的不同类型，分别介绍创建 Series 对象的几种情况。

➤ 参数 data 为 NumPy 多维数组 ndarray 对象时，参数 index 的长度必须与 data 相同。如果没有设置参数 index，则会创建一个类型为 RangeIndex 的索引对象，其元素为 [0, …, len(data)−1]，即最后一个索引为 data 的长度减1。

➤ 参数 data 为 Python 的列表 list 对象时，如果没有设置参数 index，则会创建一个类型为 RangeIndex 的索引对象，其值为 [0, …, len(data)−1]，即最后一个索引为 data 的长度减1；如果设置了参数 index，则参数 index 的长度必须与 data 的长度相同。

➤ 参数 data 为 Python 的字典 dict 对象时，如果没有设置参数 index，则以字典的键值作为标签，且元素的顺序是元素插入字典 dict 对象的顺序；如果设置了参数 index，则只

返回键值与 index 中标签值相同的数据。

➤ 参数 data 为一个标量值时，参数 index 是必须设置的。此时，标量值会重复索引 index 的长度。

下面我们以实际例子展示上面的几种情况。

```
1.
2.   import numpy as np
3.   import pandas as pd
4.   from pandas import Series
5.
6.   # 创建一个空的对象，不设置dtype，则默认元素类型float64
7.   print("空的序列对象：")
8.   emptySeries = pd.Series()
9.   print(emptySeries)
10.  print("*"*30);
11.  print()
12.
13.
14.  # 从一个numpy.ndarray中创建对象。提供索引参数。索引长度必须和data长度相同
15.  print("从numpy.ndarray对象创建序列对象，并设置索引参数：")
16.  npArray = np.random.randn(5)   # 长度为5的随机数一维数组
17.  rnds = pd.Series(npArray, index=['a', 'b', 'c', 'd', 'e'])
18.  print(rnds)
19.  print("*"*30);
20.  print()
21.
22.  # 从一个列表list中创建对象。不提供索引参数，索引从0开始...
23.  print("从列表对象创建序列对象，不设置索引参数：")
24.  dataList = [81., 77., 99.]
25.  s = pd.Series(dataList)
26.  print(s)
27.  print("-"*15);
28.
29.  # 从一个列表list中创建对象。提供索引
30.  print("从列表对象创建序列对象，设置索引参数：")
31.  scores = Series(data=[81., 77., 99.], index = ['Math','English','Chines
     e'])
32.  print(scores)
33.  print("*"*30);
```

```
34.  print()
35.
36.
37.  # 从字典dict对象创建Series对象
38.  print("从字典对象创建序列对象，不设置索引参数：")
39.  dataDict = {'Math' : 81., 'English' : 77., 'Chinese' : 99.}
40.  scores = pd.Series(dataDict)
41.  print(scores)
42.  print("-"*15);
43.  print("从字典对象创建序列对象，设置索引参数：")
44.  subScores= pd.Series(dataDict,index=['English','Chinese'])
45.  print(subScores)
46.  s = pd.Series(5)
47.  print("*"*30);
48.  print()
49.
50.
51.  # 从一个标量值创建对象
52.  print("从一个标量值创建序列对象，不设置索引参数：")
53.  s = pd.Series(5)      # 创建一个元素的序列对象
54.  print(s)
55.  print("-"*15);
56.  # 创建元素个数与index长度相等的对象，元素值均初始化为标量值。这里是5
57.  print("从一个标量值创建序列对象，设置索引参数：")
58.  s = pd.Series(5, index=[1,2,3,4,5])   # 创建索引长度个数的元素的序列对象
59.  print(s)
60.
```

运行后，输出结果如下（在Python自带的IDLE环境下）：

```
1.   空的序列对象：
2.   Series([], dtype: float64)
3.   ******************************
4.
5.   从numpy.ndarray对象创建序列对象，并设置索引参数：
6.   a    -1.311382
7.   b     1.227771
8.   c     0.372518
9.   d    -2.332864
10.  e     0.430178
```

```
11.  dtype: float64
12.  ****************************
13.
14.  从列表对象创建序列对象，不设置索引参数：
15.  0     81.0
16.  1     77.0
17.  2     99.0
18.  dtype: float64
19.  ---------------
20.  从列表对象创建序列对象，设置索引参数：
21.  Math      81.0
22.  English   77.0
23.  Chinese   99.0
24.  dtype: float64
25.  ****************************
26.
27.  从字典对象创建序列对象，不设置索引参数：
28.  Math      81.0
29.  English   77.0
30.  Chinese   99.0
31.  dtype: float64
32.  ---------------
33.  从字典对象创建序列对象，设置索引参数：
34.  English   77.0
35.  Chinese   99.0
36.  dtype: float64
37.  ****************************
38.
39.  从一个标量值创建序列对象，不设置索引参数：
40.  0     5
41.  dtype: int64
42.  ---------------
43.  从一个标量值创建序列对象，设置索引参数：
44.  1     5
45.  2     5
46.  3     5
47.  4     5
48.  5     5
49.  dtype: int64
```

（2）序列 Series 的操作

在 Python 语言和 NumPy 模块中经常使用的索引操作符"[]"和属性操作符"."同样适用于序列对象 Series，这两个操作符提供了快速、方便地访问 Series 和 DataFrame 的方法。除此之外，Pandas 还提供了更为方便的方法。

请读者参考下面的例子（注意注释）：

```
1.
2.  import pandas as pd
3.
4.
5.  # 创建一个序列对象
6.  ps = pd.Series([11, 21, 31, 41, 51], index=["a", "b", "c", "d", "e"])
7.  print(ps)
8.  print("*"*30, "\n")
9.
10. # 通过索引直接取值
11. print("ps[\"d\"]:", ps["d"])
12. # 通过位置取值(从0开始)
13. print("ps[3]   :", ps[3])
14. print("-"*30, "\n")
15.
16. # 切片:
17. # 取位置连续的值
18. print("ps[1:4]:")
19. print(ps[1:4])   # 也可以指定步长，不包括结束位置的元素
20. print()
21.
22. # 取位置不连续的值
23. print("ps[[1,3]]")
24. print(ps[[1,3]])
25. print()
26.
27. # 也可以通过索引取多个值
28. print(ps[["b","d"]])
29. print("-"*30, "\n")
30.
31. # 切片: iloc  loc
```

```
32. print('ps.loc["a":"c"]:')
33. print(ps.loc["a":"c"])      # 包括结束位置的元素
34. print()
35. print('ps.iloc[1:3]:')
36. print(ps.iloc[1:3])         # 不包括结束位置的元素
37. print("-"*30, "\n")
38.
39. # 布尔索引
40. # Series类型也支持bool索引。
41. print("ps[ps>30]")
42. print(ps[ps>30])
43. print()
44.
45. # 条件重赋值
46. ps[ps>30] = 0
47. print(ps)
48. print("-"*30, "\n")
49.
```

运行后，输出结果如下（在Python自带的IDLE环境下）：

```
1.  a     11
2.  b     21
3.  c     31
4.  d     41
5.  e     51
6.  dtype: int64
7.  ****************************
8.
9.  ps["d"]: 41
10. ps[3]  : 41
11. ------------------------------
12.
13. ps[1:4]:
14. b     21
15. c     31
16. d     41
17. dtype: int64
```

```
18.
19.  ps[[1,3]]
20.  b      21
21.  d      41
22.  dtype: int64
23.
24.  b      21
25.  d      41
26.  dtype: int64
27.  -----------------------------
28.
29.  ps.loc["a":"c"]:
30.  a      11
31.  b      21
32.  c      31
33.  dtype: int64
34.
35.  ps.iloc[1:3]:
36.  b      21
37.  c      31
38.  dtype: int64
39.  -----------------------------
40.
41.  ps[ps>30]
42.  c      31
43.  d      41
44.  e      51
45.  dtype: int64
46.
47.  a      11
48.  b      21
49.  c       0
50.  d       0
51.  e       0
52.  dtype: int64
53.  -----------------------------
```

序列Series的方法很多，这里不再一一举例说明。表2-22展示了序列Series的所有属性和方法。

表2-22　序列Series的属性和方法

属性	说明
index	Series的索引对象
array	Series包含的数据对象（PandasArray），此属性对索引对象Index同样适用
values	以ndarray或类似ndarray的形式表示的Series数据
dtype	Series元素的数据类型（dtype）
shape	底层数据的形状shape
nbytes	底层数据所占用的字节数
ndim	底层数据的维度数
size	底层数据所包含的元素项数
T	返回底层数据的转置
memory_usage([index, deep])	返回给定条件下的内存占用量
hasnans	如果序列包含了缺失值，则返回True；否则返回False
empty	如果序列尚没有初始化，则返回True；否则返回False
dtypes	返回底层数据项的数据类型
name	序列的名称
转换方法	说明
astype(dtype, copy, errors)	把序列转换了dtype指定的数据类型
convert_dtypes(infer_objects, …)	把序列转换成支持Pandas.NA的最可能类型
infer_objects( )	试图推导出序列数据的最佳类型
copy(deep)	返回序列数据的一个拷贝。如果deep=True，则进行深拷贝；否则为浅拷贝
bool( )	返回单一布尔元素序列的值
to_numpy([dtype, copy, na_value])	把序列转换为一个NumPy数组
to_period([freq, copy])	把一个序列从DatetimeIndex索引序列转换为PeriodIndex索引序列
to_timestamp([freq, how, copy])	把DatetimeIndex索引转换为时间戳
to_list( )	返回一个序列值的Python列表对象
__array__([dtype])	返回一个序列值的NumPy数组对象

索引/迭代	说明
get(key[, default])	获取给定key对应的元素
at	获取给定行列标签确定的位置的一个元素
iat	获取由整数指定行列位置的一个元素
loc	获取由标签或布尔序列指定位置的行和列
iloc	返回以整数（列表）为索引位置的元素
__iter__( )	返回一个遍历元素的迭代器
items( )	返回形式为(index, value)的元组可迭代对象
iteritems( )	与items( )功能一致
keys( )	返回索引的别名
pop(item)	从序列中返回一个元素，同时从序列中删除
item( )	以python标量的形式返回序列数据的第一个元素
xs(key[, axis, level])	返回一个横截面视图的数据
二元操作方法	**说明**
add(other[, level, fill_value, …])	返回两个序列的和（元素对元素，二元操作符为add） 注意加法顺序为self+other
sub(other[, level, fill_value, …])	返回两个序列的差（元素对元素，二元操作符为sub） 注意加法顺序为self-other
mul(other[, level, fill_value, …])	返回两个序列的积（元素对元素，二元操作符为mul） 注意加法顺序为self*other
div(other[, level, fill_value, …])	返回两个序列的浮点数商（元素对元素，二元操作符为div） 注意加法顺序为self/other
truediv(other[, level, …])	与div( )功能一样
floordiv(other[, level, …])	返回两个序列的整数商（元素对元素，二元操作符为floordiv） 注意加法顺序为self//other
mod(other[, level, fill_value, …])	返回两个序列的模（元素对元素，二元操作符为mod） 注意加法顺序为self %other
pow(other[, level, fill_value, …])	返回两个序列的指数幂（元素对元素，二元操作符为pow） 注意加法顺序为self**other
radd(other[, level, …])	返回两个序列的和（元素对元素，二元操作符为radd） 注意加法顺序为other+self
rsub(other[, level, …])	返回两个序列的差（元素对元素，二元操作符为rsub） 注意加法顺序为other-self

续表

二元操作方法	说明
rmul(other[, level, …])	返回两个序列的积（元素对元素，二元操作符为rmul） 注意顺序为other*self
rdiv(other[, level, …])	返回两个序列的浮点数商（元素对元素，二元操作符为rdiv） 注意顺序为other/self
rtruediv(other[, level, …])	与rdiv( )功能一样（元素对元素，二元操作符为rtruediv）
rfloordiv(other[, level, …])	返回两个序列的整数商（元素对元素，二元操作符为rfloordiv） 注意顺序为other//self
rmod(other[, level, …])	返回两个序列的模（元素对元素，二元操作符为rmod） 注意顺序为other%self
rpow(other[, level, …])	返回两个序列的指数幂（元素对元素，二元操作符为rpow） 注意顺序为other**self
combine(other, func[, fill_value])	按照自定义函数结合两个序列
combine_first(other)	结合两个序列，首先选取调用者的序列值
round([decimals])	按照给定小数位对每个元素进行四舍五入
lt(other[, level, fill_value, axis])	判断序列是否小于另外一个序列，与二元操作符lt相同
gt(other[, level, fill_value, axis])	判断序列是否大于另外一个序列，与二元操作符gt相同
le(other[, level, fill_value, axis])	判断序列是否小于等于另外一个序列，与二元操作符le相同
ge(other[, level, fill_value, axis])	判断序列是否大于等于另外一个序列，与二元操作符ge相同
ne(other[, level, fill_value, axis])	判断两个序列是否不全等，与二元操作符ne相同
eq(other[, level, fill_value, axis])	判断两个序列是否全等，与二元操作符eq相同
product([axis, skipna, level, …])	计算给定轴元素的乘积
dot(other)	计算两个序列之间的点积
功能应用、分组和窗口方法	说明
apply(func[, convert_dtype, args])	执行函数func，并把序列数据作为输入传递给函数
agg(func[, axis])	沿给定轴进行一个或多个汇总操作，并返回结果
aggregate(func[, axis])	与函数agg( )一样
transform(func[, axis])	执行函数func，并把序列数据作为输入传递给函数进行转换，生成一个新的序列
map(arg[, na_action])	用于将系列中的每个值替换为另一个值，该值可能来自函数、字典或另一个系列
groupby([by, axis, level])	对序列数据进行分组处理

续表

功能应用、分组和窗口方法	说明
rolling(window[, min_periods, …])	执行滑动窗口计算
expanding([min_periods, …])	执行扩展的计算
ewm([com, span, halflife, …])	执行指数加权滑动计算
pipe(func, *args, **kwargs)	链式函数调用
计算法/描述性统计方法	**说明**
abs( )	对序列中每个元素值进行取绝对值操作并返回
all([axis, bool_only, skipna, …])	判断序列的元素值是否全部为真
any([axis, bool_only, skipna, …])	判断序列的元素值是否存在真值
autocorr([lag])	计算滞后N周期的自相关系数
between(left, right[, inclusive])	判断序列中元素值是否在一定范围内
clip([lower, upper, axis])	对序列原始值进行修剪，即限定在一定范围内
corr(other[, method, min_periods])	计算两个序列之间的相关系数（排除缺失值）
count([level])	返回序列中元素值为非NA/null的个数
cov(other[, min_periods])	计算两个序列之间的协方差（排除缺失值）
cummax([axis, skipna])	依次给出前1、2、…、n个数的最大值
cummin([axis, skipna])	依次给出前1、2、…、n个数的最小值
cumprod([axis, skipna])	依次给出前1、2、…、n个数的积
cumsum([axis, skipna])	依次给出前1、2、…、n个数的和
describe([percentiles, …])	生成描述性的统计信息
diff([periods])	返回差分计算的结果
factorize([sort, na_sentinel])	把序列编码成一个枚举类型或分类型变量
kurt([axis, skipna, level, …])	返回基于给定轴的无偏峰度系数。峰度系数是表示元素取值分布形态陡缓程度的统计量
mad([axis, skipna, level])	返回沿给定轴的平均绝对离差
max([axis, skipna, level, …])	返回沿给定轴的最大值
mean([axis, skipna, level, …])	返回沿给定轴的平均值
median([axis, skipna, level, …])	返回沿给定轴的中位数
min([axis, skipna, level, …])	返回沿给定轴的最小数
mode([dropna])	返回序列的众数

续表

计算法/描述性统计方法	说明
nlargest([n, keep])	返回序列中前n个最大数
nsmallest([n, keep])	返回序列中前n个最小数
pct_change([periods, …])	计算当前元素和前periods指定元素之间的百分比变化
prod([axis, skipna, level, …])	返回沿给定轴的个元素乘积
quantile([q, interpolation])	返回给定分位数的元素值
rank([axis])	计算沿给定轴每个元素的顺序位置（1~n）
sem([axis, skipna, level, …])	返回沿给定轴的平均值的无偏标准误差
skew([axis, skipna, level, …])	返回沿给定轴的无偏偏度系数。偏度系数是表示元素取值分布形态对称性的统计量
std([axis, skipna, level, …])	返回沿给定轴的标准差
sum([axis, skipna, level, …])	返回沿给定轴的元素值之和
var([axis, skipna, level, …])	返回沿给定轴的无偏方差
kurtosis([axis, skipna, level, …])	与函数kurt( )功能一样
unique( )	返回序列中独立元素值组成的数组
nunique([dropna])	返回序列中独立元素值的个数
is_unique	属性，说明序列中的元素值是否都是唯一的
is_monotonic	属性，说明序列中的元素值是否是单调递增的
is_monotonic_increasing	属性，说明序列中的元素值是否是单调递增的
is_monotonic_decreasing	属性，说明序列中的元素值是否是单调递减的
value_counts([normalize, sort, …])	对序列中不同取值进行计数统计
索引重置/选择/标签操作	说明
align(other[, join, axis, …])	使用指定的连接方法将两个对象沿轴对齐
drop([labels, axis, index, …])	返回一个移除指定索引标签的序列对象
drop_duplicates([keep, inplace])	返回删除了重复数据的序列对象
duplicated([keep])	指示序列值是否重复
equals(other)	判断两个序列是否相等（元素对元素）
first(offset)	针对时间序列，获取前面offset周期的子集
head(n)	返回前面n行数据
idxmax([axis, skipna])	返回最大值的索引

续表

索引重置/选择/标签操作	说明
idxmin([axis, skipna])	返回最小值的索引
isin(values)	判断给定值集合或列表是否包含在序列对象中
last(offset)	针对时间序列，获取最后offset周期的子集
reindex([index])	按照新索引值重置序列索引
reindex_like(other, method, …)	返回与other索引匹配的other元素值作为新序列元素值。
rename([index, axis, copy, …])	重新命名序列索引的标签
rename_axis([mapper, index, …])	重新命名序列轴的标签
reset_index([level, drop, …])	利用重置的索引生成新的序列对象
sample([n, frac, replace, …])	沿给定轴进行随机采样
set_axis(labels[, axis, inplace])	重新设置序列的索引
take(indices[, axis, is_copy])	返回给定索引位置的元素
tail(n)	返回最后n行数据
truncate([before, after, axis])	对序列进行按条件截断，只保留before和after之间的元素
where(cond[, other, inplace, …])	替换条件为假的元素值
mask(cond[, other, inplace, …])	替换条件为真的元素值
add_prefix(prefix)	给标签添加前缀
add_suffix(suffix)	给标签添加后缀
filter([items, axis])	按照指定的索引标签获取序列对象的一个子集
缺失值处理	**说明**
isna( )	判断序列元素值是否为缺失值
notna( )	判断序列元素值是否是非缺失值，与isna( )相反
dropna([axis, inplace, how])	返回一个没有缺失值的新序列
fillna([value, method, axis, …])	使用指定的方法替换序列中的NA/NaN值
interpolate([method, axis, …])	根据不同的方法插值
形状重置、排序	**说明**
argsort([axis, kind, order])	对序列值（升序）排序后返回排序后结果的原索引序列
argmin([axis, skipna])	返回第一个最小值的索引
argmax([axis, skipna])	返回第一个最大值的索引

续表

形状重置、排序	说明
reorder_levels(order)	使用输入顺序重新排列索引级别
sort_values([axis, ascending, …])	按照序列元素值进行排序
sort_index([axis, level, …])	按照序列元素索引进行排序
swaplevel([i, j, copy])	对层次型轴索引进行层级交换
unstack([level, fill_value])	将具有MultiIndex索引的序列（也称为枢轴）进行扩展（取消堆积）以生成DataFrame
explode( )	把序列中类似列表的元素展开，引重复索引值
searchsorted(value[, side, sorter])	查找正确的索引位置以便掺入值，且能保证原有排序
ravel([order])	返回元素数据为一个NumPy数组
repeat(repeats[, axis])	重复每个元素值，并返回新的序列
squeeze([axis])	将一维序列对象转变为标量
view([dtype])	创建序列对象的一个视图
组合/连接/整合	说明
append(to_append[, …])	链接两个或多个序列
replace([to_replace, value, …])	用给定值替换序列中的某些元素值
update(other)	更新序列中的元素值
时间序列相关	说明
asfreq(freq[, method, fill_value])	把时间序列数据转换为频率形式的序列
asof(where[, subset])	返回在where指定的时间之前的最后一条没有NaN的数据 注：默认日期时间索引是升序排序过的
shift([periods, freq, axis, …])	按照periods指定的数量移动索引，默认为按照行方向
first_valid_index( )	返回第一条非NAN/null数据的索引
last_valid_index( )	返回最后一条非NAN/null数据的索引
resample(rule[, axis, loffset, …])	按照规则对时间序列重采样
tz_convert(tz[, axis, level])	转换时区相关的时间轴为目标时区
tz_localize(tz[, axis, level, …])	把序列时区相关的索引本地化
at_time(time, asof[, axis])	选择每天中特定时间点的数据
between_time(start_time, …[, …])	选择每天中特定时间段的数据
tshift(periods[, freq, axis])	基于日期时间的索引偏移periods指定的数量
slice_shift(periods[, axis])	与shift( )功能一样，但是没有拷贝数据

续表

画图	说明
plot([kind, ax, figsize, ….])	基于序列值进行绘制图像的存取器（accessor）
plot.area([x, y])	以序列数据为输入，绘制堆叠面积图
plot.bar([x, y])	以序列数据为输入，绘制垂直条形图
plot.barh([x, y])	以序列数据为输入，绘制水平条形图
plot.box([by])	以序列数据为输入，绘制箱型图
plot.density([bw_method, ind])	以序列元素值为输入，生成高斯核密度估计图
plot.hist([by, bins])	绘制序列某一列的直方图
plot.kde([bw_method, ind])	与density( )功能一样
plot.line([x, y])	以序列元素值为输入，绘制直线图
plot.pie(**kwargs)	以序列元素值为输入，绘制饼形图
hist([by, ax, grid, …])	以序列元素值为输入，使用matplotlib绘制直方图
序列化	说明
to_pickle(path, compression, …)	把序列写入Pickle文件(序列化)
to_csv(path_or_buf, …)	把序列对象写入逗号分隔的CSV文件
to_dict([into])	把序列转换为字典形式，以标签为键，元素值为值
to_excel(excel_writer[, …])	把一下序列对象写入Excel文件中
to_frame([name])	把一个序列对象转换为数据库对象
to_xarray( )	返回序列对象的xarray形式
to_hdf(path_or_buf, key, mode, …)	把序列对象写入HDF5文件中
to_sql(name, con[, schema, …])	把序列对象写入关系型数据库
to_json(path_or_buf, …)	把序列对象转换为JSON字符串形式
to_string([buf, na_rep, …])	把序列对象转换为字符串形式
to_clipboard(excel, sep, …)	把序列对象拷贝到系统剪贴板中
to_latex([buf, columns, …])	将对序列象渲染为LaTeX表格、长表格或嵌套表格/表格形式
to_markdown(buf, …)	把序列元素输出为Markdown格式 注：Markdown是一种轻量级标记语言

除了上面的属性和方法外，序列Series结构还很多提供了与数据类型相关的方法，这些特殊的方法通过不同的存取器（accessor）来划分，不同的存取器对应着不同的数据类型，如表2-23所示。

表2-23　序列Series的各种存取器

数据类型	存取器（accessor）
Datetime、Timedelta、Period	dt
String	str
Categorical	cat
Sparse	sparse

表2-24展示了每个存取器对应的方法。

表2-24　存取器的方法

Datetime属性类型	说明
Series.dt.date	表示序列的Python的datetime.date对象的NumPy数组（不包含时区信息）
Series.dt.time	表示序列的Python的datetime.time对象的NumPy数组（不包含时区信息）
Series.dt.timetz	表示序列的Python的datetime.time对象的NumPy数组（包含时区信息）
Series.dt.year	表示序列的Python的datetime的年部分
Series.dt.month	表示序列的Python的datetime的月部分（一月=1,12月=12）
Series.dt.day	表示序列的Python的datetime的日部分
Series.dt.hour	表示序列的Python的datetime的小时部分
Series.dt.minute	表示序列的Python的datetime的分钟部分
Series.dt.second	表示序列的Python的datetime的秒部分
Series.dt.microsecond	表示序列的Python的datetime的微秒部分
Series.dt.nanosecond	表示序列的Python的datetime的纳秒部分
Series.dt.week	表示一年中的第几周
Series.dt.weekofyear	表示一年中的第几周
Series.dt.dayofweek	表示每周的第几天（周一=0，周日=6）
Series.dt.weekday	表示每周的第几天（周一=0，周日=6）
Series.dt.dayofyear	表示一年中的第几天
Series.dt.quarter	表示一年中的第几个季节
Series.dt.is_month_start	表示当前是不是每个月的第一天
Series.dt.is_month_end	表示当前是不是每个月的最后一天
Series.dt.is_quarter_start	表示当前是不是每个季节的第一天
Series.dt.is_quarter_end	表示当前是不是每个季节的最后一天
Series.dt.is_year_start	表示当前是不是每年的第一天

Datetime属性类型	说明
Series.dt.is_year_end	表示当前是不是每年的最后一天
Series.dt.is_leap_year	表示当前年份是否是闰年
Series.dt.daysinmonth	表示当前月份有多少天
Series.dt.days_in_month	表示当前月份有多少天
Series.dt.tz	表示时区信息（如果有）
Series.dt.freq	表示时间序列频率（如果有）
Datetime方法类型	**说明**
Series.dt.to_period(*args, **kwargs)	转换序列DatetimeArray索引对象为PeriodArray对象
Series.dt.to_pydatetime( )	返回序列数据为一个Python的datetime对象的数组
Series.dt.tz_localize(*args, **kwargs)	把一个不包含时区信息的Datetime索引对象转换为包含时区信息的索引
Series.dt.tz_convert(*args, **kwargs)	把包含一个时区信息的Datetime索引对象转换为包含另一个时区信息的索引
Series.dt.normalize(*args, **kwargs)	把日期时间的时间部分转换为午夜时刻，即00:00:00。这在时间无关紧要的情况下很有用。长度不变，时区不受影响
Series.dt.strftime(*args, **kwargs)	把日期时间索引转换为指定格式的字符串
Series.dt.round(*args, **kwargs)	对指定频率的数据执行四舍五入取整操作
Series.dt.floor(*args, **kwargs)	对指定频率的数据执行向下取整操作
Series.dt.ceil(*args, **kwargs)	对指定频率的数据执行向上取整操作
Series.dt.month_name(*args, **kwargs)	返回具有指定语言环境的DateTimeIndex的月份名称
Series.dt.day_name(*args, **kwargs)	返回具有指定语言环境的DateTimeIndex的日期名称
Period属性类型	**说明**
Series.dt.qyear	表示序列日期时间元素值中年份
Series.dt.start_time	表示序列日期时间元素值开始时间
Series.dt.end_time	表示序列日期时间元素值结束时间

续表

Timedelta属性类型	说明
Series.dt.days	每个元素值表示的持续时间（以日为单位）
Series.dt.seconds	每个元素值表示的持续时间（以秒为单位）
Series.dt.microseconds	每个元素值表示的持续时间（以微秒为单位）
Series.dt.nanoseconds	每个元素值表示的持续时间（以纳秒为单位）
Series.dt.components	由Timedeltas对象各个组成成分的数据框对象

Timedelta方法类型	说明
Series.dt.to_pytimedelta( )	返回datetime.timedelta对象的数组
Series.dt.total_seconds(*args, **kwargs)	返回每个元素值表示的持续时间（以秒为单位）

String方法类型	说明
Series.str.capitalize( )	将序列/索引中字符串的第一个字母变成大写,其他字母变小写
Series.str.casefold( )	与lower( )类似，把字符串全部转为小写，但是此函数支持UNICODE编码
Series.str.cat([others, sep, na_rep, join])	以指定的分割符连接序列/索引中的字符串元素
Series.str.center(width[, fillchar])	填充序列/索引中的字符串到指定宽度，使初始的字符串居中
Series.str.contains(pat[, case, …])	判断序列/索引的字符串中是否存在某种模式
Series.str.count(pat[, flags])	计算序列/索引的字符串某种模式存在的次数
Series.str.decode(encoding[, errors])	以指定的编码格式解码序列/索引中的每个字符串
Series.str.encode(encoding[, errors])	以指定的编码格式编码序列/索引中的每个字符串
Series.str.endswith(pat[, na])	判断每个字符串是否以指定的模式结束
Series.str.extract(pat[, flags, expand])	从序列每个元素的字符串值中找出符合正则表达式的第一个子字符串
Series.str.extractall(pat[, flags])	从序列每个元素的字符串值中找出所有符合正则表达式的子字符串
Series.str.find(sub[, start, end])	返回子字符串在序列/索引中每个字符串的第一个索引
Series.str.findall(pat[, flags])	查找出序列/索引的字符串中所有指定的模式
Series.str.get(i)	从序列/索引中的每个字符串的指定位置提取字符
Series.str.index(sub[, start, end])	返回子字符串在序列/索引中每个字符串的第一个索引
Series.str.join(sep)	以指定的分隔符连接序列/索引中元素为字符串列表的元素

续表

String方法类型	说明
Series.str.len( )	计算序列/索引中的每个字符串的长度
Series.str.ljust(width[, fillchar])	在序列/索引中的每个字符串的前面用指定的字符串填充，使之达到指定的宽度
Series.str.lower( )	将序列/索引中的字符串全部变为小写
Series.str.lstrip([to_strip])	去除前导指定的字符
Series.str.match(pat[, case, flags, na])	判断序列/索引中的每个字符串是否与指定的正则表达式匹配
Series.str.normalize(form)	返回序列/索引中的字符串的UNICODE标准化形式
Series.str.pad(width[, side, fillchar])	将序列/索引中的字符串填充到指定的宽度
Series.str.partition([sep, expand])	以分隔字符第一次出现的位置划分字符串
Series.str.repeat(repeats)	重复序列/索引中的字符串
Series.str.replace(pat, repl[, n, …])	替换序列/索引的字符串中符合指定模式的子字符串
Series.str.rfind(sub[, start, end])	返回子字符串在序列/索引中每个字符串的最高索引
Series.str.rindex(sub[, start, end])	返回子字符串在序列/索引中每个字符串的最高索引
Series.str.rjust(width[, fillchar])	在序列/索引中的每个字符串的后面用指定的字符串填充，使之达到指定的宽度
Series.str.rpartition([sep, expand])	以分隔字符最后一次出现的位置划分字符串
Series.str.rstrip([to_strip])	去除后导指定的字符
Series.str.slice([start, stop, step])	对序列/索引中每个元素的字符串进行切片
Series.str.slice_replace([start, …])	用指定的字符串替换序列/索引中每个字符串的特定位置的子字符串（切片字符串）
Series.str.split([pat, n, expand])	从字符串开始处开始，按指定分隔符进行字符串分割
Series.str.rsplit([pat, n, expand])	从字符串结尾处开始，按指定分隔符进行字符串分割
Series.str.startswith(pat[, na])	判断每个字符串是否以指定的模式开始
Series.str.strip([to_strip])	去除前导和后导指定的字符
Series.str.swapcase( )	将序列/索引字符串的大写转换为小写，小写转换为大写
Series.str.title( )	将序列/索引字符串中的每个单词第一个字母变成大写,其他字母变小写
Series.str.translate(table)	使用映射表，映射字符串中的所有字符

续表

String方法类型	说明
Series.str.upper( )	将序列/索引中的字符串全部变为大写
Series.str. wrap(width, **kwargs)	将序列/索引中的长字符串包装成长度小于给定宽度的段落格式
Series.str.zfill(width)	以字符"0"在序列/索引中的字符串前面填充使之达到指定的宽度
Series.str.isalnum( )	检查每个字符串中的所有字符是否都是字母或数字
Series.str.isalpha( )	检查每个字符串中的所有字符是否都是字母
Series.str.isdigit( )	检查每个字符串中的所有字符是否都是数字，包括Unicode数字、byte数字（单字节）、全角数字（双字节）、罗马数字
Series.str.isspace( )	检查每个字符串中的所有字符是否都是空白字符
Series.str.islower( )	检查每个字符串中的所有字符是否都是小写的
Series.str.isupper( )	检查每个字符串中的所有字符是否都是大写的
Series.str.istitle( )	检查每个单词第一个字母变成大写,其他字母变小写
Series.str.isnumeric( )	检查每个字符串中的所有字符是否都是数字，包括Unicode数字，全角数字（双字节），罗马数字，汉字数字
Series.str.isdecimal( )	检查每个字符串中的所有字符是否为十进制数字，包括Unicode数字，全角数字（双字节）
Series.str.get_dummies([sep])	以指定的分隔符分割字符串，然后返回一个以0/1为元素值的DataFrame对象
Categorical类型	说明
Series.cat.categories	表示categorical对象的元素类别值
Series.cat.ordered	表示categorical对象的元素类别值是排序的
Series.cat.codes	表示代码序列以及索引
Series.cat.rename_ categories(*args, …)	对元素类别值重新命名
Series.cat.reorder_ categories(*args, …)	重新对元素类别值进行排序
Series.cat.add_ categories(*args, …)	添加新的元素类别值
Series.cat.remove_ categories(*args, …)	清除指定的元素类别值
Series.cat.remove_unused_ categories(…)	清除没有用到的元素类别值
Series.cat.set_ categories(*args, …)	设置指定的元素类别值为新的类别值
Series.cat.as_ ordered(*args, **kwargs)	设置categorical对象为排序的
Series.cat.as_ unordered(*args, **kwargs)	设置categorical对象为未排序的

Sparse类型	说明
Series.sparse.npoints	序列元素值中非填充值的元素个数
Series.sparse.density	序列元素值中非填充值的元素占比（十进制小数表示）
Series.sparse.fill_value	表示没有被存储的填充值作为元素值的元素
Series.sparse.sp_values	包含非填充值的数组
Series.sparse.from_coo(A[, dense_index])	从scipy.sparse.coo_matrix稀疏矩阵中创建一个序列对象
Series.sparse.to_coo([row_levels, …])	从具有MultiIndex索引的序列对象中创建一个scipy.sparse.coo_matrix稀疏矩阵

2.2.1.3 数据框 DataFrame

数据框 DataFrame 是一个带有标签的二维数据结构，并带有包含不同类型数据的列。它非常类似于一个关系型数据库的表，或者序列对象 Series 的字典。与序列 Series 一样，数据库 DataFrame 可以接受多种数据类型的输入：

➤ Python 的字典对象，其中键值可以是 NumPy 一维数组、Python 的列表 list、字典 dict 或 Pandas 的序列对象 Series；
➤ NumPy 二维数组；
➤ 结构化的 NumPy 数组；
➤ 一个 Pandas 序列对象；
➤ 其他数据框 DataFrame。

在构建数据框 DataFrame 对象时，也可以同时传递一个索引对象 Index，作为行标签；一个参数 columns，作为列标签。与序列 Series 对象不同的是，数据框 DataFrame 的大小是可以改变的。

（1）数据框 DataFrame 的构建

创建一个 DataFrame 对象最基本的方法是调用其构造函数。表2-25列出了 DataFrame 类的构造函数及其各参数含义。

表2-25　数据框DataFrame类的构造函数及各参数含义

pandas.DataFrame类的构造函数	
DataFrame(data=None, index:Union[Collection, NoneType] = None, columns: Union[Collection, NoneType] = None, dtype: Union[str, numpy.dtype, ForwardRef('ExtensionDtype'), NoneType] = None, copy: bool = False)	
data	可选。可以是一个NumPy多维数组ndarray（包含结构化或同类型数据）、可迭代对象Iterable、字典dict对象或者一个数据框DataFrame对象。如果为字典dict对象，则字典dict可以包含序列Series对象、数组对象、常量或类似列表的对象。默认值为None，表示不设置此参数

续表

index	可选。应用于结果对象的pandas.Index索引对象。默认值为None，表示索引值（标签）为RangeIndex(0,1,2,…)
columns	可选。表示列标签。默认值为None，表示使用RangeIndex对象为索引
dtype	可选。结果对象的元素数据类型。默认值为None，表示自动从参数data的内容中推导得到元素的数据类型
copy	可选。表示是否从参数data中复制数据。默认值为False，表示不复制

注：（1）如果没有提供任何参数，则创建一个长度为0的空数据框对象；

（2）如果没有显示提供行索引或列标签（统称为轴标签），则行索引或列标签由参数data的内容推导而来；

（3）如果参数data是一个字典对象，且没有提供columns参数，则在Python版本大于等于3.6，且Pandas版本大于等于0.23时，数据框对象的列标签将按照字典对象的元素插入顺序构建；否则，数据框对象的列标签将按照字典键值字符串的字典顺序构建

如果以序列对象Series或以Python字典为内容的字典对象作为输入参数构建数据框DataFrame对象，结果数据框对象中的索引将是所有序列对象的索引的并集；如果内嵌了字典对象，则首先将字典对象转换为序列对象。这种情况下，如果没有提供参数columns，则列标签将由字典的键值组成，其顺序为字典键值出现的先后顺序；如果设置了参数columns，则列标签以参数columns的值为准（如果字典中的键值与此不同，则忽略不一样的键值对）。

下面我们以实际例子展示DataFrame对象的构建，请读者仔细阅读代码。

```
1.
2.  import pandas as pd
3.  import numpy as np
4.
5.
6.  print("创建一个数据框对象：From dict of Series or dicts")
7.  data = {'one': pd.Series([1., 2., 3.], index=['a', 'b', 'c']),
8.          'two': pd.Series([1., 2., 3., 4.], index=['a', 'b', 'c', 'd'])}
9.
10. df = pd.DataFrame(data)
11. print(df)
12. print("-"*15, "\n")
13.
14. df = pd.DataFrame(data, index=['d', 'b', 'a'])
15. print(df)
16. print("-"*15, "\n")
17.
18. df = pd.DataFrame(data, index=['d', 'b', 'a'], columns=['two', 'three'])
```

```
19.  print(df)
20.  print("*"*30, "\n")
21.
22.
23.  print("创建数据框对象: From dict of ndarrays/list")
24.  data = {'one': [1., 2., 3., 4.], 'two': [4., 3., 2., 1.]}
25.
26.  df = pd.DataFrame(data)
27.  print(df)
28.  print("-"*15, "\n")
29.
30.  df = pd.DataFrame(data, index=['a', 'b', 'c', 'd'])
31.  print(df)
32.  print("*"*30, "\n")
33.
34.
35.  print("创建数据框对象: From structured or record array")
36.  data = np.zeros( (3, ), dtype=[('A', 'i4'), ('B', 'f4'), ('C', 'a10')] )
37.  data[:] = [(1, 2., 'Hello'), (2, 3., "World"), (3, 4., "Laugh") ]
38.  df = pd.DataFrame(data)
39.  print(df)
40.  print("-"*15, "\n")
41.
42.  df = pd.DataFrame(data, index=['first', 'second', 'third'])
43.  print(df)
44.  print("-"*15, "\n")
45.
46.  df = pd.DataFrame(data, columns=['C', 'A', 'B'])
47.  print(df)
48.  print("*"*30, "\n")
49.
50.
51.  print("创建数据框对象: From a list of dicts")
52.  data = [{'a': 1, 'b': 2}, {'a': 5, 'b': 10, 'c': 20}]
53.  df = pd.DataFrame(data)
54.  print(df)
55.  print("-"*15, "\n")
56.
57.  df = pd.DataFrame(data, index=['first', 'second'])
```

```
58. print(df)
59. print("-"*15, "\n")
60.
61.
62. df = pd.DataFrame(data, columns=['a', 'b'])
63. print(df)
64. print("*"*30, "\n")
65.
66.
67. print("创建数据框对象：From a dict of tuples")
68. print("此时自动创建的索引类型为：MultiIndex")
69. df = pd.DataFrame({('a', 'b'): {('A', 'B'): 1, ('A', 'C'): 2},
70.                    ('a', 'a'): {('A', 'C'): 3, ('A', 'B'): 4},
71.                    ('a', 'c'): {('A', 'B'): 5, ('A', 'C'): 6},
72.                    ('b', 'a'): {('A', 'C'): 7, ('A', 'B'): 8},
73.                    ('b', 'b'): {('A', 'D'): 9, ('A', 'B'): 10}})
74. print(df)
75. print(type(df.index))
76. print("*"*30, "\n")
77.
78.
79. print("创建数据框对象：From a Series")
80. print("此时，数据框对象的索引与序列对象Series的索引一致。")
81. ps = pd.Series([1,2,3], index=['one','two', 'three'])
82. print(ps)
83. print("-"*15, "\n")
84. df = pd.DataFrame(ps, columns=['colName']);
85. print(df)
86. print("*"*30, "\n")
87.
```

运行后，输出结果如下（在Python自带的IDLE环境下）：

```
1.  创建一个数据框对象：From dict of Series or dicts
2.      one  two
3.  a  1.0  1.0
4.  b  2.0  2.0
5.  c  3.0  3.0
6.  d  NaN  4.0
7.  ---------------
```

```
8.
9.      one   two
10. d   NaN   4.0
11. b   2.0   2.0
12. a   1.0   1.0
13. ---------------
14.
15.      two  three
16. d   4.0   NaN
17. b   2.0   NaN
18. a   1.0   NaN
19. ****************************
20.
21. 创建数据框对象：From dict of ndarrays/list
22.      one   two
23. 0   1.0   4.0
24. 1   2.0   3.0
25. 2   3.0   2.0
26. 3   4.0   1.0
27. ---------------
28.
29.      one   two
30. a   1.0   4.0
31. b   2.0   3.0
32. c   3.0   2.0
33. d   4.0   1.0
34. ****************************
35.
36. 创建数据框对象：From structured or record array
37.      A    B        C
38. 0   1   2.0   b'Hello'
39. 1   2   3.0   b'World'
40. 2   3   4.0   b'Laugh'
41. ---------------
42.
43.          A    B        C
44. first    1   2.0   b'Hello'
45. second   2   3.0   b'World'
46. third    3   4.0   b'Laugh'
47. ---------------
48.
49.          C    A     B
50. 0   b'Hello'   1   2.0
```

```
51.  1  b'World'  2  3.0
52.  2  b'Laugh'  3  4.0
53.  ****************************
54.
55.  创建数据框对象：From a list of dicts
56.     a   b    c
57.  0  1   2   NaN
58.  1  5  10  20.0
59.  ---------------
60.
61.          a   b    c
62.  first   1   2   NaN
63.  second  5  10  20.0
64.  ---------------
65.
66.     a   b
67.  0  1   2
68.  1  5  10
69.  ****************************
70.
71.  创建数据框对象：From a dict of tuples
72.  此时自动创建的索引类型为：MultiIndex
73.          a               b
74.          b    a    c    a     b
75.  A B   1.0  4.0  5.0  8.0  10.0
76.    C   2.0  3.0  6.0  7.0   NaN
77.    D   NaN  NaN  NaN  NaN   9.0
78.  <class 'pandas.core.indexes.multi.MultiIndex'>
79.  ****************************
80.
81.  创建数据框对象：From a Series
82.  此时，数据框对象的索引与序列对象Series的索引一致。
83.  one      1
84.  two      2
85.  three    3
86.  dtype: int64
87.  ---------------
88.
89.          colName
90.  one           1
91.  two           2
92.  three         3
93.  ****************************
```

除了表2-25所示的数据框DataFrame的构造函数外，DataFrame还提供了 from_dict( )和 from_records( )函数，直接从Python字典对象和列表对象中生成数据框，详见表2-26。

表2-26　from_dict()和from_records()函数

pandas.DataFrame.from_dict( )：按照列或按照索引（行），从Python字典对象中生成数据框对象	
from_dict(data, orient='columns', dtype=None, columns=None)	
data	必选。一个字典对象，形式为：{field : array-like} 或者 {field : dict}
orient	可选。指定参数data的方向，取值范围{'columns', 'index'}： 当取值'columns'时，输入字典对象data的键值作为数据框对象的列标签； 当取值'index'时，输入字典对象data的键值作为数据框对象的行标签（索引）； 默认值为'columns'
dtype	可选。显示指定数据框的对象的元素数据类型。默认值为None，表示自动从参数data的内容中推导得到元素的数据类型
columns	可选。一个Python列表list对象，指定数据框对象的列标签。默认值为None，自动生成一个RangeIndex对象作为列标签
注：当orient='columns'时，如果设置了参数columns，则会引发ValueError异常	
pandas.DataFrame.from_records( )：从NumPy多维数组等结构化的数据中创建数据框对象	
from_records(data, index=None, exclude=None, columns=None, coerce_float=False, nrows=None)	
data	必选。NumPy多维数组、Python元组tuple列表、字典，或者一个数据框对象
index	可选。一个字符串，或者字段列表，或者数组类型的对象，指定用作索引（行）的列表。默认值为None
exclude	可选。需要排除的列标签序列。默认值为None
columns	可选。一个序列对象，如列表list等，指定数据框对象的列标签
coerce_float	可选。一个布尔值。指定是否对data中的数据强制转换为浮点数（对SQL结果集有意义）。默认值为False
nrows	可选。一个整数，表示当参数data是一个可迭代对象时，需要读取数据的行数。默认值为None

注：（1）如果参数data中没有列标签，则参数columns即为数据框的列标签；
（2）如果参数data中有列标签，则参数columns指定了列标签的顺序（在data中没有出现的字符名称将变为NA列标签）

下面我们以实际例子展示这两个函数构建DataFrame对象的过程，请读者仔细阅读代码。

```
1.
2.  import pandas as pd
3.  import numpy as np
4.
```

```
5.  print("创建一个数据框对象: from_dict()")
6.  df = pd.DataFrame.from_dict(dict([('A', [1, 2, 3]), ('B', [4, 5, 6])]))
7.  print(df)
8.  print("-"*15, "\n")
9.
10. df = pd.DataFrame.from_dict(dict([('A', [1, 2, 3]), ('B', [4, 5, 6])]),
11.                    orient='index', columns=['one', 'two', 'three'])
12. print(df)
13. print("*"*30, "\n")
14.
15.
16. print("创建一个数据框对象: from_records()")
17. data = np.zeros((2, ), dtype=[('A', 'i4'), ('B', 'f4'), ('C', 'a10')])
18. data[:] = [(1, 2., 'Hello'), (2, 3., "World")]
19. df = pd.DataFrame.from_records(data)
20. print(df)
21. print("-"*15, "\n")
22.
23. df = pd.DataFrame.from_records([(1, 3, 7, 0, 3, 6), (3, 1, 4, 1, 5, 9)],
24.             columns=list('abcABC'), index=list('abc'))
25. print(df)
26.
```

运行后，输出结果如下（在 Python 自带的 IDLE 环境下）：

```
1.  创建一个数据框对象: from_dict()
2.     A  B
3.  0  1  4
4.  1  2  5
5.  2  3  6
6.  ---------------
7.
8.     one  two  three
9.  A   1    2     3
10. B   4    5     6
11. ******************************
12.
13. 创建一个数据框对象: from_records()
14.    A   B      C
15. 0  1  2.0  b'Hello'
```

```
16. 1  2  3.0  b'World'
17. ---------------
18.
19.        A   B   C
20. a b c
21. 1 3 7  0  3  6
22. 3 1 4  1  5  9
```

（2）数据框DataFrame的操作

可以把数据框DataFrame看作是带有索引的序列对象Series的字典对象，所以对数据框对象列标签的访问、设置和删除的操作非常类似于Python字典对象的操作。另外，数据框对象还提供了一个assign( )函数，可以很方便地增加一列。

```
1.
2.  import pandas as pd
3.  import numpy as np
4.
5.
6.  data = {'one': pd.Series([1., 2., 3.], index=['a', 'b', 'c']),
7.          'two': pd.Series([1., 2., 3., 4.], index=['a', 'b', 'c', 'd'])}
8.
9.  df = pd.DataFrame(data)
10. print("初始数据框对象：")
11. print(df)
12. print("-"*15, "\n")
13.
14. print("添加了两列：")
15. df['three'] = df['one']*df['two']
16. df['flag'] = df['one'] > 2
17. print("添加了两列之后的数据框对象：")
18. print(df)
19. print("-"*15, "\n")
20.
21. print("删除两列：")
22. del df['two']      # 与操作Pyhon的字典dict非常类似
23. df.pop("three")    # 与操作Pyhon的字典dict非常类似
24. print(df)
25. print("-"*15, "\n")
26.
```

```
27.  print("通过添加一个标量，添加一列（标量自动按列填充）")
28.  df['foo'] = 'bar'
29.  print(df);
30.  print("-"*15, "\n")
31.
32.  print("可通过insert()函数，在特定位置添加一列：");
33.  df.insert(1, 'bar', df['one'])
34.  print(df)
35.  print("*"*30, "\n")
36.
37.  print("行数据的访问")
38.  print("loc()函数：返回指定行索引（标签）的行数据。");
39.  ps = df.loc['b']
40.  print(ps)
41.  print("-"*15, "\n")
42.
43.  print("iloc()函数：返回指定位置的行数据。");
44.  ps = df.iloc[2]
45.  print(ps)
46.  print("*"*30, "\n")
47.
```

运行后，输出结果如下（在Python自带的IDLE环境下）：

```
1.   初始数据框对象：
2.       one  two
3.   a   1.0  1.0
4.   b   2.0  2.0
5.   c   3.0  3.0
6.   d   NaN  4.0
7.   ---------------
8.
9.   添加了两列：
10.  添加了两列之后的数据框对象：
11.      one  two  three   flag
12.  a   1.0  1.0    1.0  False
13.  b   2.0  2.0    4.0  False
14.  c   3.0  3.0    9.0   True
15.  d   NaN  4.0    NaN  False
16.  ---------------
17.
```

```
18. 删除两列:
19.     one    flag
20. a  1.0  False
21. b  2.0  False
22. c  3.0   True
23. d  NaN  False
24. ---------------
25.
26. 通过添加一个标量,添加一列(标量自动按列填充)
27.     one    flag   foo
28. a  1.0  False  bar
29. b  2.0  False  bar
30. c  3.0   True  bar
31. d  NaN  False  bar
32. ---------------
33.
34. 可通过insert()函数,在特定位置添加一列:
35.     one   bar    flag   foo
36. a  1.0  1.0  False  bar
37. b  2.0  2.0  False  bar
38. c  3.0  3.0   True  bar
39. d  NaN  NaN  False  bar
40. *****************************
41.
42. 行数据的访问
43. loc()函数:返回指定行索引(标签)的行数据。
44. one          2
45. bar          2
46. flag      False
47. foo         bar
48. Name: b, dtype: object
49. ---------------
50.
51. iloc()函数:返回指定位置的行数据。
52. one          3
53. bar          3
54. flag       True
55. foo         bar
56. Name: c, dtype: object
57. *****************************
```

除了上面代码中的loc( )、iloc( )函数外，数据框DataFrame还提供了其他对于索引的操作。表2-27显示了对行标签（索引）的常用操作。

表2-27　数据框对象对（行/列）标签的常用操作（df为一个数据框对象）

操作	语法	结果类型
选择一列	df[col]	Series
按照行标签（索引label）选择行数据	df.loc[label]	Series
按照行的位置（整数loc）选择行数据	df.iloc[loc]	Series
行切片	df[5:10]	DataFrame
根据布尔向量（bool_vec）选择行数据	df[bool_vec]	DataFrame

数据框DataFrame的方法很多，这里不再一一举例说明。请参考表2-28，里面展示了DataFrame的所有属性和方法。

表2-28　数据框DataFrame的属性和方法

属性	注释
index	数据框的行标签（索引）
columns	数据框的列标签（索引）
dtypes	数据框中的数据类型，是一个序列对象
select_dtypes([include,exclude])	表示符合指定列数据类型的子集
values	数据框的NumPy数组的表示形式
axes	表示数据框轴的列表对象
ndim	表示数据框的维度个数
size	表示数据框中元素个数
shape	一个表示数据框的形状shape的元组对象
memory_usage([index,deep])	表示数据框每列内存使用量（以字节为单位）
empty	判断数据框是否为空
转换方法	**注释**
astype(dtype,copy,errors)	把数据框转换成指定数据类型
convert_dtypes(…)	把列元素转换成Pandas最可能支持的数据类型
infer_objects( )	试图推导出列元素最可能支持的数据类型
copy(deep)	拷贝数据框
isna( )	检测数据框的元素是否为缺失值
notna( )	检测数据框的元素是否为非缺失值
bool( )	判断数据框是否是一个单元素的布尔变量值

续表

索引（行标签）和迭代访问	注释
head(n)	返回数据框的前n行
at	返回给定行/列标签的单个元素值
Iat	返回给定行/列位置（整数值）的单个元素值
Loc	根据标签或布尔值数组访问一组行列元素
iloc	基于整数表示位置的一组行列元素
insert(loc,column,value[,…])	在给定位置插入一列
__iter__( )	关于列轴的元信息
items( )	迭代数据框架列，返回列名和内容为序列的元组对，即(column name,Series)对
iteritems( )	迭代数据框架列，返回列名和内容为序列的元组对，即(column name,Series)对
keys( )	返回数据框列标签的信息
iterrows( )	迭代数据框架行，返回行名和内容为序列的元组对，即(index,Series)对
itertuples([index,name])	迭代数据框行，使行内容成为命名元组
lookup(row_labels,col_labels)	根据行列标签查找元素
pop(item)	返回指定的列，并在数据框对象中删除此列
tail(n)	返回数据框对象的最后n行
xs(key[,axis,level])	返回数据框的横截面视图
get(key[,default])	根据指定的key获取元素
isin(values)	判断数据框的每个元素值是否在指定的values范围内
where(cond[,other,…])	替换条件为False的元素
mask(cond[,other,inplace,…])	替换条件为True的元素
query(expr[,inplace])	返回布尔条件为真的列
二元操作方法	注释
add(other[,axis,level,…])	返回两个数据框的和（元素对元素，二元操作符为add） 注意顺序为self+other
sub(other[,axis,level,…])	返回两个数据框的差（元素对元素，二元操作符为sub） 注意顺序为self-other
mul(other[,axis,level,…])	返回两个数据框的积（元素对元素，二元操作符为mul） 注意顺序为self*other
div(other[,axis,level,…])	返回两个数据框的浮点数商（元素对元素，二元操作符为div） 注意顺序为self/other
truediv(other[,axis,…])	与div( )功能一样
floordiv(other[,axis,…])	返回两个数据框的整数商（元素对元素，二元操作符为floordiv） 注意顺序为self//other

二元操作方法	注释
mod(other[,axis,level,…])	返回两个数据框的模（元素对元素，二元操作符为mod） 注意顺序：self%other
pow(other[,axis,level,…])	返回两个数据框的指数幂（元素对元素，二元操作符为pow） 注意顺序：self**other
dot(other)	Compute the matrix multiplication between the DataFrame and other
radd(other[,axis,level,…])	返回两个数据框的和（元素对元素，二元操作符为radd） 注意顺序：other+self
rsub(other[,axis,level,…])	返回两个数据框的差（元素对元素，二元操作符为rsub） 注意顺序：other-self
rmul(other[,axis,level,…])	返回两个数据框的积（元素对元素，二元操作符为rmul） 注意顺序：other*self
rdiv(other[,axis,level,…])	返回两个数据框的浮点数商（元素对元素，二元操作符为rdiv） 注意顺序：other/self
rtruediv(other[,axis,…])	与rdiv( )功能一样（元素对元素，二元操作符为rtruediv）
rfloordiv(other[,axis,…])	返回两个数据框的整数商（元素对元素，二元操作符为rfloordiv） 注意顺序：other//self
rmod(other[,axis,level,…])	返回两个数据框的模（元素对元素，二元操作符为rmod） 注意顺序：other%self
rpow(other[,axis,level,…])	返回两个数据框的指数幂（元素对元素，二元操作符为rpow） 注意顺序：other**self
lt(other[,axis,level])	判断数据框是否小于另外一个数据框，与二元操作符lt相同
gt(other[,axis,level])	判断数据框是否大于另外一个数据框，与二元操作符gt相同
le(other[,axis,level])	判断数据框是否小于等于另外一个数据框，与二元操作符le相同
ge(other[,axis,level])	判断数据框是否大于等于另外一个数据框，与二元操作符ge相同
ne(other[,axis,level])	判断两个数据框是否不全等，与二元操作符ne相同
eq(other[,axis,level])	判断两个数据框是否全等，与二元操作符eq相同
combine(other,func[,…])	按照自定义函数结合两个序列
combine_first(other)	结合两个序列，首先选取调用者的序列值
函数应用/分组/窗口操作	注释
apply(func[,axis,raw,…])	执行函数func，并把数据框一列作为输入传递给函数
applymap(func)	将自定义函数作用于DataFrame的所有元素
pipe(func,*args,**kwargs)	链式函数调用
agg(func[,axis])	沿给定轴进行一个或多个汇总操作，并返回结果
aggregate(func[,axis])	与函数agg( )一样

续表

函数应用/分组/窗口操作	注释
transform(func[,axis])	执行函数func，并把数据框作为输入传递给函数进行转换，生成一个新的数据框对象
groupby([by,axis,level])	对数据框数据进行分组处理
rolling(window[,…])	执行滑动窗口计算
expanding([min_periods,…])	执行扩展的计算
ewm([com,span,halflife,…])	执行指数加权滑动计算
数学计算/描述性统计信息	注释
abs( )	对数据框中每个元素值进行取绝对值操作，并返回
all([axis,bool_only,…])	判断数据框的元素值是否全部为真
any([axis,bool_only,…])	判断数据框的元素值是否存在真值
clip([lower,upper,axis])	对数据框原始值进行修剪，即限定在一定范围内
corr([method,min_periods])	计算两个数据框的列与列之间的相关系数（排除缺失值）
corrwith(other[,axis,…])	计算数据框中行与行或者列与列之间的相关性。
count([axis,level,…])	计算每列/每行中非NA的元素数目
cov([min_periods])	计算列与列之间的协方差
cummax([axis,skipna])	沿给定轴，依次给出前1、2……n个数的最大值
cummin([axis,skipna])	沿给定轴，依次给出前1、2……n个数的最小值
cumprod([axis,skipna])	沿给定轴，依次给出前1、2……n个数的积
cumsum([axis,skipna])	沿给定轴，依次给出前1、2……n个数的和
describe([percentiles,…])	生成描述性统计信息
diff([periods,axis])	沿给定轴，返回差分计算的结果
eval(expr[,inplace])	针对列，验证描述操作的字符串表达式，并运行
kurt([axis,skipna,level,…])	返回基于给定轴的无偏峰度系数。峰度系数是表示元素取值分布形态陡缓程度的统计量
kurtosis([axis,skipna,…])	与函数kurt( )一样
mad([axis,skipna,level])	返回沿给定轴的平均绝对离差
max([axis,skipna,level,…])	返回沿给定轴的最大值
mean([axis,skipna,level,…])	返回沿给定轴的平均值
median([axis,skipna,…])	返回沿给定轴的中位数
min([axis,skipna,level,…])	返回沿给定轴的最小数
mode([axis,numeric_only,…])	返回序列的众数
pct_change([periods,…])	计算当前元素和前periods指定元素之间的百分比变化
prod([axis,skipna,level,…])	返回沿给定轴的个元素乘积

续表

数学计算/描述性统计信息	注释
product([axis,skipna,…])	返回沿给定轴的个元素乘积
quantile([q,axis,…])	返回沿给定轴特定分位数的元素值
rank([axis])	计算沿给定轴每个元素的顺序位置（1~n）
round([decimals])	按照给定小数位对每个元素进行四舍五入
sem([axis,skipna,level,…])	返回沿给定轴的平均值的无偏标准误差
skew([axis,skipna,level,…])	返回沿给定轴的无偏偏度系数。偏度系数是表示元素取值分布形态对称性的统计量
sum([axis,skipna,level,…])	返回沿给定轴的元素值之和
std([axis,skipna,level,…])	返回沿给定轴的标准差
var([axis,skipna,level,…])	返回沿给定轴的无偏方差
nunique([axis,dropna])	返回沿给定轴中独立元素值的个数
索引重置/选择/标签操作	注释
add_prefix(prefix)	给标签添加前缀
add_suffix(suffix)	给标签添加后缀
align(other[,join,axis,…])	使用指定的连接方法将两个对象沿轴对齐
at_time(time,asof[,axis])	选择每天中特定时间点的数据
between_time(start_time,…)	选择每天中特定时间段的数据
drop([labels,axis,index,…])	返回一个移除指定索引标签的数据框对象
drop_duplicates(subset,…)	返回删除了重复数据的数据框对象
duplicated(subset,…)	返回布尔序列指明重复的行
equals(other)	判断两个数据框对象是否相等（元素对元素）
filter([items,axis])	按照指定的索引标签获取数据框对象的行子集或列子集
first(offset)	返回初始日期偏移量的数据子集
head(n)	返回前n行
idxmax([axis,skipna])	返回沿给定轴的元素最大值第一次出现的索引
idxmin([axis,skipna])	返回沿给定轴的元素最小值第一次出现的索引
last(offset)	返回最后日期偏移值的行数
reindex([labels,index,…])	按照新索引值重置数据框索引
reindex_like(other,method,…)	返回与other索引匹配的other元素值作为新数据框对象的元素值。
rename([mapper,index,…])	修改命名数据框对象的行/列标签
rename_axis([mapper,index,…])	重新命名数据框对象的行/列标签
reset_index(level,…)	重置索引
sample([n,frac,replace,…])	返回沿给定轴的随机采样

续表

索引重置/选择/标签操作	注释
set_axis(labels[,axis,inplace])	对行/列索引分配新的名称
set_index(keys[,drop,…])	使用其他数据框对象的索引更新数据框对象的索引
tail(n)	返回最后n行
take(indices[,axis])	返回沿给定轴特定索引位置的元素
truncate([before,after,axis])	对序列进行按条件截断，只保留before和after之间的元素
缺失值处理	**注释**
dropna([axis,how,thresh,…])	去除所有缺失值元素
fillna([value,method,…])	使用指定的方法替换序列中的NA/NaN值
replace([to_replace,value,…])	用给定值替换序列中的某些元素值
interpolate([method,axis,…])	根据不同的方法插值
形状重置/排序/转置	**注释**
droplevel(level[,axis])	返回删除了指定的索引/列级别的数据框对象
pivot([index,columns,values])	返回按照给定的索引/列重新组织的数据框
pivot_table([values,index,…])	将电子表格样式的数据透视表创建为数据框架
reorder_levels(order[,axis])	按照给定顺序重新整理索引（行）
sort_values(by[,axis,…])	沿某个轴对元素值进行排序
sort_index([axis,level,…])	沿某个轴根据标签进行排序
nlargest(n,columns[,keep])	在按列降序排序中，返回前面n行数据
nsmallest(n,columns[,keep])	在按列升序排序中，返回前面n行数据
swaplevel([i,j,axis])	在某一轴上，对层次型轴索引进行层级交换
stack([level,dropna])	将初始的列索引转成了最内层的行索引
unstack([level,fill_value])	函数stack( )的逆操作
swapaxes(axis1,axis2[,copy])	用来做轴（行列）交换。如果行列交换就相当于 DataFrame.T
melt([id_vars,value_vars,…])	将数据框从宽格式转换为长格式，必要时可以选择保留标识符集
explode(column,Tuple)	把数据框中类似列表的元素展开，引重复索引值。
squeeze([axis])	将一维数据框对象转变为标量
to_xarray( )	从数据框对象返回xarray对象
T	表示数据框的行列转置
transpose(*args,copy)	表示数据框的行列转置

续表

组合/连接/合并	注释
append(other[,…])	把另外一个数据框的各行添加在数据框对象的尾部，并返回一个新的数据框对象
assign(**kwargs)	对数据框对象添加新的列
join(other[,on,how,…])	连接另外一个数据框的各列
merge(right[,how,on,…])	与数据库表风格一致的对象进行合并
update(other[,join,…])	利用另外一个数据框对象的非NA值更新数据框
时间序列相关	**注释**
asfreq(freq[,method,…])	把时间序列数据转换为频率形式的序列
asof(where[,subset])	返回在where指定的时间之前的最后一条没有NaN的数据 注：默认日期时间索引是升序排序过的
shift([periods,freq,axis,…])	按照periods指定的数量移动索引，默认为按照行方向
slice_shift(periods[,axis])	与shift( )功能一样，但是没有拷贝数据
tshift(periods[,freq,axis])	基于日期时间的索引偏移periods指定的数量
first_valid_index( )	返回第一条非NAN/null数据的索引
last_valid_index( )	返回最后一条非NAN/null数据的索引
resample(rule[,axis,…])	按照规则对时间序列重采样
to_period([freq,axis,copy])	把一个数据框从DatetimeIndex索引序列转换为PeriodIndex索引序列
to_timestamp([freq,how,…])	把DatetimeIndex索引转换为时间戳
tz_convert(tz[,axis,level])	把包含一个时区信息的Datetime索引对象转换为包含另一个时区信息的索引
tz_localize(tz[,axis,…])	把一个不包含时区信息的Datetime索引对象转换为包含时区信息的索引
绘图	**注释**
plot([x,y,kind,ax,….])	即数据框（DataFrame）绘图存取器，也是一种绘图方法
plot.area([x,y])	绘制堆积面积图
plot.bar([x,y])	绘制垂直条形图
plot.barh([x,y])	绘制水平条形图
plot.box([by])	绘制箱型线图
plot.density([bw_method,ind])	绘制高斯核密度估计图
plot.hexbin(x,y[,C,…])	绘制六边形分箱图
plot.hist([by,bins])	绘制数据框某一列的直方图
plot.kde([bw_method,ind])	与函数density( )功能一样
plot.line([x,y])	绘制折线图
plot.pie(**kwargs)	绘制饼形图
plot.scatter(x,y[,s,c])	绘制散点图
boxplot([column,by,ax,…])	绘制箱型线图
hist(data[,column,by,grid,…])	绘制数据框某一列的直方图

续表

Sparse存取器（特定于稀疏数据类型的方法和属性）	注释
sparse.density	抽密度，表示非稀疏元素个数与总元素个数的比例
sparse.from_spmatrix(data[,…])	从一个SciPy稀疏矩阵生成一个数据框对象
sparse.to_coo( )	把一个稀疏数据框的内容转换为SciPy的COO稀疏矩阵的形式
sparse.to_dense( )	把一个稀疏形式的数据框转换为稠密形式
序列化/IO/转换	注释
from_dict(data[,orient,dtype,…])	从字典对象或类数组形式的字典对象中创建数据框对象
from_records(data[,index,…])	从结构化的NumPy数组中创建数据框对象
info([verbose,buf,…])	输出数据框对象的信息
to_parquet(path[,engine,…])	输出数据框对象为一个二进制的parquet格式的文件
to_pickle(path,compression,…)	把数据框对象序列化到（pickle）一个指定的文件
to_csv(path_or_buf,…)	输出数据框对象为CSV文件
to_hdf(path_or_buf,key,…)	输出数据框对象为HDF5文件(.h5, .hdf5)。HDF（Hierarchical Data Format）是一种层次数据格式的文件，由美国超级计算中心与应用中心研发，用以存储和组织大规模数据
to_sql(name,con[,schema,…])	输出数据框对象中的数据到一个关系型数据框中（支持SQL语言的数据库）
to_dict([orient,into])	转换数据框对象为Python字典对象
to_excel(excel_writer[,…])	输出数据框对象为一个Excel表单
to_json(path_or_buf,…)	转换数据框对象为JSON字符串
to_html([buf,columns,…])	渲染并输出数据框对象为HTML表格
to_feather(path)	以二进制feature格式输出数据框内容
to_latex([buf,columns,…])	渲染数据框对象为LaTeX表格，或长表，或者嵌入式表格格式。
to_stata(path[,…])	输出数据框对象为Stata的dta格式的文件
to_gbq(destination_table[,…])	输出数据框对象为一个Google BigQuery表
to_records([index,…])	转换数据框对象为一个NumPy记录数组
to_string(buf,pathlib.Path,…)	渲染并输出数据框对象为一个命令行窗口友好的表格形式
to_clipboard(excel,sep,…)	拷贝数据框对象的内容到系统剪切板中
to_markdown(buf,…)	以Markdown形式输出数据框内容 注：Markdown是一种轻量级标记语言
style	返回一个Styler对象（Styler是格式化显示数据框对象的样式类）

2.2.1.4 时间序列Series

在Pandas中，时间序列是序列Series的一种特殊形式，是以时间为索引的数据序列。为此，Pandas通过使用NumPy的datetime64和timedelta64时间类型，整合了其他Python库中的许多功能，例如scikits.timeseries，并提供了大量用于处理时间序列数据的新功能。

首先明确下面几个概念：

◇ 时间戳(time stamp)：代表某一个时间点，例如2015年7月4日上午7:00整。对于时间戳，Pandas 提供了类 Timestamp 表示（基于numpy.datetime64），与其相关的索引类是 DatetimeIndex。

◇ 时间间隔（time interval）：代表特定时间起点和终点之间的时间长度，例如：2015年，是指从2015年1月1日到2015年12月31日之间的时间长度。

◇ 时间周期（time period）：时间周期是时间间隔的一种特殊情况，其中每个时间间隔长度一致，且互相不重叠。例如每天长度为24小时的周期。对于时间周期，Pandas 提供了类 Period 表示（基于numpy.datetime64），它封装了固定频率的时间间隔，与其相关的索引类是 PeriodIndex。

◇ 时间增量（time delta）或持续时间（time duration）：代表一段准确长度的时间增量。例如持续时间为22.56秒。对于时间增量或持续时间，Pandas 提供了类 Timedelta 表示（基于numpy.datetime64），与其相关的索引类是 TimedeltaIndex。

◇ 日期偏移量（date offset）：针对日历运算的时间偏移量，Pandas 提供了类 DateOffset 来表示。

Pandas 的时间序列工具非常适合用来处理带时间戳的索引数据。这里通过代码仅做简单的介绍，不做深入探讨。请看下面创建时间序列的代码：

```
1.
2.  import pandas as pd
3.  import numpy as np
4.  from datetime import datetime      # datetime是Python自带的日期时间处理模块
5.
6.  # 通过函数to_datetime()创建DatetimeIndex索引
7.  print("创建DatetimeIndex索引: ")
8.  dti = pd.to_datetime([datetime(2015,7,3),'4th of July,2015','2015-
    Jul-6',
9.                        '07-07-2015','20150708'])
10. print(dti)
11. print("*"*30,"\n")
12.
13. # 通过函数date_range()创建DatetimeIndex索引，并应用于时间序列的创建
14. print("创建以DatetimeIndex为索引的时间序列: ")
15. idx = pd.date_range('2018-01-01',periods=5,freq='H')
16. print(idx)
17. print("-"*15)
18. ts = pd.Series(range(len(idx)),index=idx)
```

```
19.  print(ts)
20.  print("*"*30,"\n")
21.
22.  # 序列Series和数据框DataFrame也支持以时间作为数据内容
23.  print("序列Series和数据框DataFrame也支持以时间作为数据内容")
24.  ts = pd.Series(pd.date_range('2000',freq='D',periods=5))
25.  print(ts)
26.  print("-"*15,"\n")
27.
```

运行后，输出结果如下（在Python自带的IDLE环境下）：

```
1.  创建DatetimeIndex索引：
2.  DatetimeIndex(['2015-07-03','2015-07-04','2015-07-06','2015-07-07',
3.                  '2015-07-08'],
4.              dtype='datetime64[ns]',freq=None)
5.  ******************************
6.
7.  创建以DatetimeIndex为索引的时间序列：
8.  DatetimeIndex(['2018-01-01 00:00:00','2018-01-01 01:00:00',
9.                  '2018-01-01 02:00:00','2018-01-01 03:00:00',
10.                 '2018-01-01 04:00:00'],
11.             dtype='datetime64[ns]',freq='H')
12.  ---------------
13.  2018-01-01 00:00:00    0
14.  2018-01-01 01:00:00    1
15.  2018-01-01 02:00:00    2
16.  2018-01-01 03:00:00    3
17.  2018-01-01 04:00:00    4
18.  Freq: H,dtype: int64
19.  ******************************
20.
21.  序列Series和数据框DataFrame也支持以时间作为数据内容
22.  0    2000-01-01
23.  1    2000-01-02
24.  2    2000-01-03
25.  3    2000-01-04
26.  4    2000-01-05
27.  dtype: datetime64[ns]
28.  ---------------
```

下面再举一个例子，利用时间序列对象统计水果销售情况（数据随机生成）。代码如下：

```
1.
2.  import numpy as np
3.  import pandas as pd
4.
5.
6.  # 创建一个时间序列：某段时间（20天内），某水果店每天苹果的销量（公斤）。
7.  # 首先创建一个时间索引  freq='D' 表示按天
8.  dateIndex = pd.date_range(start='6/1/2018',periods=20,freq='D')
9.  # 然后生成对应的销售数据（随机生成）
10. dataSale = np.random.randint(12,19,20)
11. # 创建时间序列数据
12. tsSale = pd.Series(dataSale,index=dateIndex)
13. print(tsSale)
14. print("-"*37)
15.
16. # 计算每天售卖数量的频率
17. valCount = tsSale.value_counts(ascending=True)
18. print(valCount)
19. print("-"*37)
20.
21. # 显示序列数据的统计特征
22. stat = tsSale.describe()
23. print(stat)
24.
```

运行后，输出结果如下（在Python自带的IDLE环境下）：

```
1.  2018-06-01     16
2.  2018-06-02     14
3.  2018-06-03     17
4.     ...         ..
5.     ...         ..
6.  2018-06-19     16
7.  2018-06-20     16
8.  Freq: D,dtype: int32
9.  -----------------------------------
10. 12      1
```

```
11. 13      1
12. 18      3
13. 14      5
14. 16      5
15. 17      5
16. dtype: int64
17. -------------------------------------
18. count    20.000000
19. mean     15.700000
20. std       1.780006
21. min      12.000000
22. 25%      14.000000
23. 50%      16.000000
24. 75%      17.000000
25. max      18.000000
26. dtype: float64
```

针对时间序列，数据框对象或序列对象提供了很多实用的功能，如重采样 resample( )、窗口滚动 rolling( )、位置移动 shift( ) 等等，本书不再做深入的说明。有需要的读者请到 Pandas 的网站查找，或者寻找相关资料。

2.2.2　Pandas顶层函数

Pandas 提供了读取各种文件的接口及丰富的操作函数。表 2-29 列出了 Pandas 顶层命名空间包含的函数。详细知识读者可到 Pandas 的网站查阅或查看其他书籍。

表2-29　Pandas顶层命名空间包含的函数

功能	函数（方法）
输入/输出（Input/Output）类	
序列化(Pickling)	read_pickle( )
平面文件(Flat File)	read_table( )、read_csv( )、read_fwf( )、read_msgpack( )
剪贴板(Clipboard)	read_clipboard( )
Excel文件	read_excel( )、ExcelFile.parse( )
JSON文件	read_json( )、json_normalize( )、build_table_schema( )
HTML文件	read_html( )
层次数据格式HDFStore: PyTables (HDF5)	read_hdf( )、HDFStore.put( )、HDFStore.append( )、HDFStore.get( )、HDFStore.select( )、HDFStore.info( )、HDFStore.keys( )
Feather格式文件	read_feather( )

续表

功能	函数（方法）
输入/输出（Input/Output）类	
Parquet	read_parquet( )
SAS	read_sas( )
SQL	read_sql_table( )、read_sql_query( )、read_sql( )
Google BigQuery	read_gbq( )
STATA	read_stata( )、StataReader.data( )、StataReader.data_label( )、StataReader.value_labels( )、StataReader.variable_labels( )、StataWriter.write_file( )
通用类（General functions）	
数据操纵 (Data manipulations)	melt( )、pivot( )、pivot_table( )、crosstab( )、cut( )、qcut( )、merge( )、merge_ordered( )、merge_asof( )、concat( )、get_dummies( )、factorize( )、unique( )、wide_to_long( )
缺失值探测 (missing data)	isna( )、isnull( )、notna( )、notnull( )
类型转换 (conversions)	to_numeric( )
时间日期处理 (datetimelike)	to_datetime( )、to_timedelta( )、date_range( )、bdate_range( )、period_range( )、timedelta_range( )、infer_freq( )
间隔处理 (intervals)	interval_range( )
表达式计算 (evaluation)	eval( )
测试 (Testing)	test( )

2.2.3　Pandas应用举例

从前面的内容可以看出，Pandas 提供了实现数据高效操作的丰富功能，例如数据智能对齐、缺失值处理、形状 shape 重整、数据集之间的合并连接、类似 SQL 语句的 group by（分组计算）功能等，另外还具有完善的时间序列数据处理的功能。本节将再列举几个例子简要说明其功能。

2.2.3.1　向量间相关系数

```
1.
2. import pandas as pd
3.
4. # Series
```

```
5.  print("数据序列对象Series");
6.  Sx = pd.Series(range(10,20))
7.  print("Variable Sx=")
8.  print(Sx)
9.  print("-"*15)
10.
11. Sy = pd.Series([2,1,4,5,8,12,18,25,96,48])
12. print("Variable Sy=")
13. print(Sy)
14. print("-"*15,'\n')
15.
16. RPxy = Sx.corr(Sy)                      # Pearson's r
17. print("Pearson相关系数RPxy=",RPxy)
18. RPyx = Sy.corr(Sx)
19. print("Pearson相关系数RPyx=",RPyx)
20. print("-"*15,'\n')
21.
22. RSxy = Sx.corr(Sy,method='spearman')   # Spearman's rho
23. print("Spearman相关系数RSxy=",RSxy)
24. print("-"*15,'\n')
25.
26. RKxy = Sx.corr(Sy,method='kendall')    # Kendall's tau
27. print("Kendall相关系数RKyx=",RKxy)
28. print("-"*15,'\n')
29.
30. # DataFrame
31. print("数据框对象DataFrame");
32. # 从Excel表中读取数据（Sheet1表单中有x、y两列数据）
33. df = pd.read_excel('foo.xlsx','Sheet1',index_col=None,na_values=['NA'])
34. print(df)
35.
36. #Rdf = df.corr()       # 默认值为Pearson相关系数
37. print("-"*15)
38. Rxy = df.corr(method='pearson')
39. print("Pearson相关系数：")
40. print(Rxy)
41.
```

运行后，输出结果如下（在Python自带的IDLE环境下）：

```
1.   数据序列对象Series
2.   Variable Sx=
3.   0    10
4.   1    11
5.   2    12
6.   3    13
7.   4    14
8.   5    15
9.   6    16
10.  7    17
11.  8    18
12.  9    19
13.  dtype: int64
14.  ---------------
15.  Variable Sy=
16.  0     2
17.  1     1
18.  2     4
19.  3     5
20.  4     8
21.  5    12
22.  6    18
23.  7    25
24.  8    96
25.  9    48
26.  dtype: int64
27.  ---------------
28.
29.  Pearson相关系数RPxy= 0.7586402890911867
30.  Pearson相关系数RPyx= 0.7586402890911866
31.  ---------------
32.
33.  Spearman相关系数RSxy= 0.9757575757575757
34.  ---------------
35.
36.  Kendall相关系数RKyx= 0.911111111111111
37.  ---------------
```

```
38.
39. 数据框对象DataFrame
40.    x   y
41. 0  1  2.0
42. 1  3  4.0
43. 2  2  3.0
44. 3  4  4.9
45. ---------------
46. Pearson相关系数：
47.           x           y
48. x  1.000000  0.999681
49. y  0.999681  1.000000
```

2.2.3.2 数据集分组处理

在做数据统计分析的过程中，经常会需要把样本数据按照一定条件进行分组，进而对分组数据进行处理、分析的情况，这也是 Pandas 非常重要的功能之一。在 Pandas 中，这个功能是通过数据框 DataFrame 对象的 groupby( ) 函数实现的。表 2-30 展示了 groupby( ) 函数的详细信息。

表2-30 数据框DataFrame对象的groupby()函数

pandas.DataFrame.groupby( )：分组函数提供了标签到分组名称的映射	
groupby(by=None,axis=0,level=None,as_index: bool = True,sort: bool = True,group_keys: bool = True,squeeze: bool = False,observed: bool = False)	
by	可选。提供确定分组的依据，可以为一个标签或标签系列，也可以使一个函数。当设置为一个函数时，函数将以数据框对象的索引为输入参数。默认值为None，表示不提供
axis	可选。指定是沿行还是列进行分组。其中0或'index'表示沿行分组，1或' columns'表示沿列分组。默认值为0
level	可选。对于层次型轴索引MultiIndex对象，按照指定的水平或水平序列进行分组。可以为一个整数（或序列）、一个水平名称（或序列），默认值为None，表示按照所有水平进行分组
as_index	可选。对于具有汇总结果的分组，把标签名称作为输出的行索引。默认值为True
sort	可选。是否对分组标签进行排序。默认值为True。注意：这个参数设置不会影响数据框对象中数据记录的顺序
group_keys	可选。在把某个方法应用于分组数据时，是否把分组的名称（标签）添加到结果中。默认值为True
squeeze	可选。指定如果可能，是否对结果进行降维处理。默认值为False
observed	可选。只针对Categorical类型的分组，如果为True，仅仅显示笛卡尔乘积组合中可见（有值）的数据，否则不显示。默认值为False

注：参数by和参数level不能同时为None，必须至少提供一个

　　函数 groupby( ) 的作用是对数据集进行有条件地分组，分成不同的数据子集，然后进一步对分组数据子集进行运算，并对运算结果进行合并。也就是下面三个步骤：

➤ 数据分割：按照一定规则把数据拆分成不同的组；

➤ 应用计算：对每一个数据分组分别进行某种运算，如汇总、转换等；

➤ 结果整合：重新组织计算后的结果，组织为一个数据框对象。

　　实际上，Pandas 的分组功能非常类似于应用于关系型数据库上的 SQL GROUP BY 子语句功能。对 SQL 语句比较熟悉的读者，可以很快掌握 Pandas 的分组功能。

　　在应用计算阶段，可以使用下面的方法进行数据集的计算：

　　① 汇总：计算每个分组数据子集的统计量，例如：总和、平均值、数据量（记录数）等；

　　② 转换：对每个分组数据子集进行某种转换，例如：标准化（规范化，ZScore，3σ等）、缺失值处理等；

　　③ 过滤：对分组数据子集按照某个评估条件进行取舍，将评估条件为 False 的分组过滤掉。例如去掉只有很少个数数据的分组、按照分组的均值或总和过滤掉不符合条件的分组；

　　④ 以上方法的组合：借助不同的组合转换手段，可以实现复杂的数据处理。

　　函数 groupby( ) 的返回结果是一个 DataFrameGroupBy 对象，这是一个包含了分组信息的数据对象。

　　下面我们举一个例子说明其主要用法，请看代码：

```
1.
2.  import pandas as pd
3.  import numpy as np
4.
5.  df = pd.DataFrame([('bird',   'Falconiformes', 389.0),
6.                     ('bird',   'Psittaciformes',24.0),
7.                     ('mammal','Carnivora',     80.2),
8.                     ('mammal','Primates',       np.nan),
9.                     ('mammal','Carnivora',      58.0)],
10.                    index=['falcon','parrot','lion','monkey','leopard'],
11.                    columns=('class','order','max_speed'))
12. print(df)
13. print("-"*15,'\n')
14.
15. # default is axis=0
16. print("按照class分组：")
17. grouped = df.groupby('class')
18. print(grouped.sum())
```

```
19.  print("-"*15,'\n')
20.
21.  print("按照order分组：")
22.  grouped = df.groupby('order',axis='columns')
23.  print(grouped.sum())
24.  print("-"*15,'\n')
25.
26.  print("按照class和order分组：")
27.  grouped = df.groupby(['class','order'])
28.  print(grouped.sum())
29.  print("*"*30,'\n')
30.
31.  # 对于层次型轴索引MultiIndex（可按不同水平进行分组）
32.  arrays = [['Falcon','Falcon','Parrot','Parrot'],
33.            ['Captive','Wild','Captive','Wild']]
34.  index = pd.MultiIndex.from_arrays(arrays,names=('Animal','Type'))
35.  df = pd.DataFrame({'Max Speed': [390.,350.,30.,20.]},index=index)
36.  print(df)
37.  print("-"*15,'\n')
38.  grouped = df.groupby(level=0).mean()
39.  print(grouped)
40.  print(df)
41.  print("-"*15,'\n')
42.
43.  grouped = df.groupby(level="Type").mean()
44.  print(grouped)
45.  print("-"*15,'\n')
46.
```

运行后，输出结果如下（在Python自带的IDLE环境下）：

```
1.            class          order     max_speed
2.  falcon    bird    Falconiformes      389.0
3.  parrot    bird    Psittaciformes      24.0
4.  lion      mammal      Carnivora       80.2
5.  monkey    mammal       Primates        NaN
6.  leopard   mammal      Carnivora       58.0
7.  ---------------
8.
9.  按照class分组：
```

```
10.          max_speed
11. class
12. bird        413.0
13. mammal      138.2
14. ---------------
15.
16. 按照order分组：
17. Empty DataFrame
18. Columns: []
19. Index: [falcon,parrot,lion,monkey,leopard]
20. ---------------
21.
22. 按照class和order分组：
23.                     max_speed
24. class   order
25. bird    Falconiformes      389.0
26.         Psittaciformes      24.0
27. mammal Carnivora          138.2
28.         Primates             0.0
29. ****************************
30.
31.                 Max Speed
32. Animal Type
33. Falcon Captive     390.0
34.        Wild        350.0
35. Parrot Captive      30.0
36.        Wild         20.0
37. ---------------
38.
39.          Max Speed
40. Animal
41. Falcon      370.0
42. Parrot       25.0
43.                 Max Speed
44. Animal Type
45. Falcon Captive     390.0
46.        Wild        350.0
47. Parrot Captive      30.0
48.        Wild         20.0
```

```
49. ---------------
50.
51.          Max Speed
52. Type
53. Captive        210.0
54. Wild           185.0
55. ---------------
```

Pandas 提供的方法众多，功能丰富，这里不一一介绍了。

2.3 SciPy库

SciPy库，即 SciPy library，是基于 NumPy 构建的高级数学计算工具库，它提供了更为丰富和高级的功能扩展，在统计、优化、插值、数值积分、信号处理和图像处理、常微分方程求解和其他科学与工程中常用的计算等方面提供了大量的功能，基本覆盖了基础科学计算所有相关的问题。NumPy 和 SciPy库协同工作，可使 Python 成为半个 MATLAB。同 NumPy 一样，SciPy库也是开源、可商业使用的（BSD许可证，可自由修改）。

SciPy库也是 SciPy 生态系统的核心模块之一。2001 年，Travis Oliphant（NumPy 发起人）、Eric Jones 和 Pearu Peterson 整合了他们所编写的科学计算方面的代码，试图创建一个完整的科学和技术计算环境，并将其称为 SciPy 软件包，也就是现在的 SciPy库。目前它已经成为一个开源社区驱动的项目。SciPy库目前最新的稳定版本是 1.5.0（2020 年 6 月，需要 NumPy 版本大于等于 1.14.5），本节的内容即以此版本为基础进行讲述。注意：本书不对 SciPy库的全部内容进行描述，而只是对与后续章节相关的内容进行概述。需要对 SciPy库全面掌握的读者，请参考相关书籍或资料。

SciPy库的主要特点是：

◇ 基于广泛使用的 NumPy，直接操作 NumPy 的多维数组 ndarray；

◇ 借助 SciPy库，Python 成为可与 MATLAB、IDL（Interactive Data Language）、Octave、R-Lab 和 SciLab 等系统相媲美的数据处理和原型制作的环境；

◇ 提供了丰富，且用户友好的高效数值计算功能子模块，例如线性代数、常微分方程数值求解、信号处理、图像处理、稀疏矩阵等等，涵盖面广。

SciPy库与 NumPy、Pandas 等协同工作，已经成为 Python 语言中科学计算和机器学习最重要的工具包。

SciPy库的官方网址：https://scipy.org/scipylib/。

SciPy库的源代码网址：https://github.com/scipy/scipy/。

安装 Scipy 库的最好方式是使用 pip 工具，使用命令如下：

```
1.  pip install scipy
2.  # 或者
3.  pip install -U scipy   # 直接安装最新的版本
```

在程序中使用SciPy库之前，首先要将其导入。由于大部分常用的模块都位于子模块中，而子模块不会自动导入，所以SciPy库的导入要给出具体的子模块。例如，要导入scipy.stats、scipy.optimize子模块，导入方法如下：

```
1.  import scipy as sp   # 可访问顶层函数、常量等
2.
3.  import scipy.stats as stats
4.  import scipy.optimize as optimize
5.  # 或者
6.  from scipy import stats   # 也可添加 as 字句
7.  from scipy import optimize   # 也可添加 as 字句
```

2.3.1 SciPy库基础知识

SciPy库包含的子模块内容非常丰富，为开发者提供了各种便利的接口，实现了聚类、傅立叶变换、插值和平滑样条、线性代数等等。具体请见表2-31。

表2-31 SciPy库子包列表

子包名称	说明
cluster	聚类算法（Clustering algorithms）
constants	物理和数学上的常数（Physical and mathematical constants）
fftpack	快速傅立叶变换（Fast Fourier transform routines）
integrate	积分和常微分方程求解器（Integration and ordinary differential equation solvers）
interpolate	插值和平滑样条（Interpolation and smoothing splines）
io	输入和输出（Input and output）
linalg	线性代数（Linear algebra）
ndimage	N维图像处理（N-dimensional image processing）
odr	正交距离回归（Orthogonal distance regression）
optimize	优化与根搜索（Optimization and root-finding routines）
signal	信号处理（Signal processing）
sparse	稀疏数值矩阵及其相关处理（Sparse matrices and associated routines）
spatial	空间数据结构和算法（Spatial data structures and algorithms）
special	特殊函数的实现（Special functions）
stats	统计分布（Statistical distributions and functions）

在 Scikit-learn 中，使用 NumPy 多维数组表示密集数据，使用 SciPy 稀疏矩阵表示稀疏数据。本节重点讲述一下 SciPy 的 sparse 模块。

2.3.2 稀疏矩阵及其处理

在一个矩阵中，如果数值为0的元素数量远远多于非0元素的数量，并且非0元素的分布没有规律，则称该矩阵为稀疏矩阵。由于大多数元素为0，所以从存储方式、处理效率等方面考虑，都需要特殊的表达方式来存储和处理。

SciPy 中处理稀疏矩阵的模块是 scipy.sparse，它可以处理七种稀疏矩阵，这七种矩阵类有一个共同的基类：scipy.sparse.spmatrix。类 spmatrix 是一个虚拟基类，不能被实例化。绝大多数矩阵处理函数都是由不同的子类实现的。这七种稀疏矩阵类分别是：bsr_matrix，coo_matrix，csc_matrix，csr_matrix，dia_matrix，dok_matrix，lil_matrix。下面我们分别进行说明。

2.3.2.1 坐标式稀疏矩阵 COO

坐标式稀疏矩阵（COO, sparse matrix in coordinate format）是以两个长度为 K（非零元素的个数）的整数数组分别表示行列位置（定位非零元素），用一个长度为 K 的实数数组表示非零矩阵元素。由于需要三个长度相等的数组来表示这种稀疏矩阵，所以也称为"ijv"方式，或者"三元组（triplet）"方式。

例如下面的矩阵 A：

$$A = \begin{bmatrix} 1 & 0 & 3 & 0 & 6 & 9 \\ 0 & 0 & 0 & 0 & 1 & 0 \\ 0 & 0 & 5 & 0 & 8 & 8 \\ 12 & 0 & 16 & 0 & 0 & 9 \end{bmatrix}$$

矩阵 A 中非零元素的行、列、值三个数值可以形成一个列表（行、列均以0开始计算），如表2-32所示。

表2-32 矩阵 A 中非零元素的行、列、值

行(row)	列(col)	非零元素值(val)
0	0	1
0	2	3
0	4	6
0	5	9
1	4	1
2	2	5
2	4	8
2	5	8
3	0	12
3	2	16
3	5	9

在SciPy中，使用类coo_matrix表示坐标式稀疏矩阵COO。请看下面的代码：

```
1.
2.  import numpy as np
3.  from scipy.sparse import coo_matrix
4.
5.  # 构造一个矩阵
6.
7.  # 非零元素的行坐标
8.  row  = np.array([0,0,0,0,1,2,2,2,3,3,3])
9.  # 非零元素的列坐标
10. col  = np.array([0,2,4,5,4,2,4,5,0,2,5])
11. # 非零元素的值
12. data = np.array([1,3,6,9,1,5,8,8,12,16,9])
13.
14. # 构造稀疏矩阵
15. cooMtrx  = coo_matrix( (data,(row,col)), shape=(4,6) )
16. print("根据行、列、元素值构建稀疏矩阵：")
17. print(type(cooMtrx))
18. print(cooMtrx)
19. print("-"*15,'\n')
20.
21. print("以NumPy多维数组的形式显示：")
22. print( cooMtrx.toarray() )
23.
```

运行后，输出结果如下（在Python自带的IDLE环境下）：

```
1.  根据行、列、元素值构建稀疏矩阵：
2.  <class 'scipy.sparse.coo.coo_matrix'>
3.    (0,0)    1
4.    (0,2)    3
5.    (0,4)    6
6.    (0,5)    9
7.    (1,4)    1
8.    (2,2)    5
9.    (2,4)    8
10.   (2,5)    8
11.   (3,0)    12
12.   (3,2)    16
```

```
13.   (3,5)      9
14.  ----------------
15.
16.  以NumPy多维数组的形式显示：
17.  [[ 1   0   3   0   6   9]
18.   [ 0   0   0   0   1   0]
19.   [ 0   0   5   0   8   8]
20.   [12   0  16   0   0   9]]
```

坐标式稀疏矩阵COO的优点：

➢ 可以在不同稀疏矩阵格式间快速转换；

➢ 允许行、列组合的重复输入；

➢ 与CSR/CSC格式间的转换最为高效。

坐标式稀疏矩阵的缺点是不能直接支持算术运算和切片，不过可以先转换为CSR/CSC格式，然后再进行各种算术运算。

2.3.2.2　行压缩稀疏矩阵CSR

上面讲述的坐标式稀疏矩阵COO是一种最为直观的稀疏矩阵表达方式，具有简单明了、易于理解的特点。但是通过表2-32也可以看出，对于一个大型稀疏矩阵来说，其行（row）值会有很多重复的数值，也就是说每一行有很多非零元素时，这些元素都对应着同样的行号，这样也会造成大量的空间浪费，需要另外一种稀疏矩阵的存储方式。

行压缩稀疏矩阵CSR（Compressed Sparse Row matrix）是对COO格式的一种改进。对于每一行，不再需要记录所有元素的行索引，可以对重复的行号（row）进行压缩，只需要一个指针记录每行开头和结尾非零元素的位置；而列号（col）还是保持不变。我们仍然以上述矩阵*A*为例进行说明，如图2-6所示。

图2-6展示了行压缩稀疏矩阵CSR的原理，它也是需要三个一维数组来表示，不过其中只有两个数组是等长度的，这与坐标式稀疏矩阵COO不同。CSR是按行存储一个稀疏矩阵的，其中指针ptr中相邻元素之差代表稀疏矩阵中某一行中非零元素的个数。例如这里指针ptr为[0,4,5,8,11]，表示索引[0,4)为第一行的数据（共4个），索引[4, 5)为第二行的数据（共1个），索引[5, 8)为第三行的数据（共3个），索引[8, 11)为第四行的数据（共3个）；而列号（col）中的数据则代表矩阵中对应行的列索引，例如这里列号

图2-6　CSR格式存储原理图

（col）为[0,2,4,5,4,2,4,5,0,2,5]，结合非零元素值（val），可以推断出在矩阵中的第0行第0列对应的非零元素值为1（注意行列均以0位起始值），第0行第2列对应的非零元素值为3，第0行第4列对应的非零元素值为6，第0行第5列对应的非零元素值为9，第1行第4列对应的非零元素值为1……依次类推，就可以构建出一个完整的稀疏矩阵。

注意：指针ptr的最后一个元素（这里为11）实际上就是非零元素的个数。

在SciPy中，使用类csr_matrix表示行压缩稀疏矩阵CSR。请看下面的代码：

```
1.
2.  import numpy as np
3.  from scipy.sparse import csr_matrix
4.
5.  # 构造一个矩阵
6.
7.  # 非零元素的值
8.  data    = np.array([1,3,6,9,1,5,8,8,12,16,9])
9.  # 列坐标序列
10. indices = np.array([0,2,4,5,4,2,4,5,0,2,5])
11. # 行偏移量序列
12. indptr  = np.array([0,4,5,8,11])
13.
14. # 构造稀疏矩阵
15. csrMtrx  = csr_matrix( (data,indices,indptr), shape=(4,6) )
16. print("根据列索引、行偏移量、元素值构建稀疏矩阵：")
17. print(type(csrMtrx))
18. print(csrMtrx)
19. print("-"*15,'\n')
20.
21. print("以NumPy多维数组的形式显示：")
22. print( csrMtrx.toarray() )
23.
```

运行后，输出结果如下（在Python自带的IDLE环境下）：

```
1.  根据列索引、行偏移量、元素值构建稀疏矩阵：
2.  <class 'scipy.sparse.csr.csr_matrix'>
3.    (0,0)    1
4.    (0,2)    3
5.    (0,4)    6
6.    (0,5)    9
7.    (1,4)    1
```

```
8.      (2,2)    5
9.      (2,4)    8
10.     (2,5)    8
11.     (3,0)    12
12.     (3,2)    16
13.     (3,5)    9
14.   ----------------
15.
16.   以NumPy多维数组的形式显示：
17.   [[ 1  0  3  0  6  9]
18.    [ 0  0  0  0  1  0]
19.    [ 0  0  5  0  8  8]
20.    [12  0 16  0  0  9]]
```

行压缩稀疏矩阵CSR的优点：

> 高效的矩阵间的算术运算，可计算CSR+CSR,CSR*CSR等；

> 高效的行切片实现；

> 快速矩阵向量的乘积。

行压缩稀疏矩阵CSR的缺点是矩阵修改时的成本较大，另外虽然可以实现列切片，但是与下面要讲述的列压缩稀疏矩阵CSC相比，性能较差。

2.3.2.3 列压缩稀疏矩阵CSC

与行压缩稀疏矩阵CSR类似，列压缩稀疏矩阵CSC（Compressed Sparse Column matrix）也是对COO格式的一种改进。对于每一列，不再需要记录所有元素的列索引，可以对重复的列号（col）进行压缩，只需要一个指针记录每列开头和结尾非零元素的位置；而行号（row）还是保持不变。我们仍然以上述矩阵 *A* 为例进行说明，如图2-7所示。

图2-7展示了列压缩稀疏矩阵CSC的存储原理，它也是需要三个一维数组来表示，不过其中只有两个数组是等长度的，这与坐标式稀疏矩阵COO不同。CSC是按列存储一个稀疏矩阵的，其中指针ptr中相邻元素之差代表稀疏矩阵中某一列中非零元素的个数。例如这里指针ptr为[0,2,2,5,5,8,11]，表示索引[0, 2)为第一列的数据（共2个），索引[2, 2)为第二列的数据（共0个），索引[2, 5)为第三列的数据（共3个），索引[5, 5)为

图2-7 CSC存储原理图

第四列的数据（共0个）……依次类推；而行号（row）中的数据则代表矩阵中对应列的行索引，例如这里行号（row）为[0,3,0,2,3,0,1,2,0,2,3]，结合非零元素值（val），可以推断出，在矩阵中的第0列第0行对应的非零元素值为1，第0行第3列对应的非零元素值为12，第1列中没有非零元素（此列所有元素为0），第2列第0行对应的非零元素值为3，第2列第3行对应的非零元素值为5……依次类推，构建出一个完整的稀疏矩阵。

　　注意：指针ptr的最后一个元素（这里为11）实际上就是非零元素的个数。

　　在SciPy中，使用类csc_matrix表示列压缩稀疏矩阵CSC。请看下面的代码：

```
1.
2.  import numpy as np
3.  from scipy.sparse import csc_matrix
4.
5.  # 构造一个矩阵
6.
7.  # 非零元素的值
8.  data    = np.array([1,12,3,5,16,6,1,8,9,8,9])
9.  # 行坐标序列
10. indices = np.array([0,3,0,2,3,0,1,2,0,2,3])
11. # 列偏移量序列
12. indptr  = np.array([0,2,2,5,5,8,11])
13.
14. # 构造稀疏矩阵
15. cscMtrx  = csc_matrix( (data,indices,indptr), shape=(4,6) )
16. print("根据行索引、列偏移量、元素值构建稀疏矩阵：")
17. print(type(cscMtrx))
18. print(cscMtrx)
19. print("-"*15,'\n')
20.
21. print("以NumPy多维数组的形式显示：")
22. print( cscMtrx.toarray() )
23.
```

　　运行后，输出结果如下（在Python自带的IDLE环境下）：

```
1.  根据行索引、列偏移量、元素值构建稀疏矩阵：
2.  <class 'scipy.sparse.csc.csc_matrix'>
3.    (0,0)    1
4.    (3,0)    12
5.    (0,2)    3
6.    (2,2)    5
```

```
7.    (3,2)     16
8.    (0,4)     6
9.    (1,4)     1
10.   (2,4)     8
11.   (0,5)     9
12.   (2,5)     8
13.   (3,5)     9
14.   ---------------
15.
16.   以NumPy多维数组的形式显示：
17.   [[ 1  0  3  0  6  9]
18.    [ 0  0  0  0  1  0]
19.    [ 0  0  5  0  8  8]
20.    [12  0 16  0  0  9]]
```

列压缩稀疏矩阵CSC的优点：

➤ 高效的矩阵间的算术运算，可计算CSC+CSC,CSC*CSC等；

➤ 高效的列切片实现；

➤ 快速矩阵向量的乘积。

列压缩稀疏矩阵CSC的缺点是矩阵修改时的成本较大，另外虽然可以实现行切片，但是与行压缩稀疏矩阵CSR相比，性能较差。

2.3.2.4 行块压缩稀疏矩阵BSR

行块压缩稀疏矩阵BSR（Block Sparse Row matrix）是一种特殊的稀疏矩阵存储方式，这类稀疏矩阵的特点是可以均匀分块，并且非零元素恰好分布在块上。如果把这些均匀分布的子块看作一个元素，那么我们可以按照行压缩稀疏矩阵CSR原理进行基于行的压缩，进行存储。

需要注意的是，该方法要求稀疏矩阵的维度恰好是子矩阵维度的整数倍。例如下面的矩阵A就是一个可以使用行块压缩的稀疏矩阵。

$$A = \begin{bmatrix} 0 & 1 & 0 & 0 & 2 & 3 \\ 2 & 1 & 0 & 0 & 4 & 4 \\ 0 & 0 & 3 & 7 & 0 & 0 \\ 0 & 0 & 0 & 5 & 0 & 0 \\ 0 & 0 & 0 & 0 & 8 & 8 \\ 0 & 0 & 0 & 0 & 8 & 9 \end{bmatrix}$$

这里可以设置子块的大小为2。

行块压缩稀疏矩阵BSR和行压缩稀疏矩阵CSR的原理类似，所以两者的构造也非常接近。在SciPy中，使用类bsr_matrix表示行块压缩稀疏矩阵BSR。请看下面的代码：

```
1.
2.  import numpy as np
3.  from scipy.sparse import bsr_matrix
4.
5.  # 构造一个矩阵
6.
7.  # 非零元素的值
8.  data = np.array([1,2,3,4,5,6]).repeat(4).reshape(6,2,2)
9.
10. # 列坐标序列
11. indices = np.array([0,2,2,0,1,2])
12. # 行偏移量序列
13. indptr = np.array([0,2,3,6])
14.
15. print("data=\n",data)
16. print("-"*15,'\n')
17.
18. # 构造稀疏矩阵
19. bsrMtrx = bsr_matrix((data,indices,indptr),shape=(6,6))
20. print("根据列索引、行偏移量、子块值构建稀疏矩阵: ")
21. print(type(bsrMtrx))
22. print(bsrMtrx)
23. print("-"*15)
24.
25. print("以NumPy多维数组的形式显示: ")
26. print( bsrMtrx.toarray() )
27.
```

运行后，输出结果如下（在Python自带的IDLE环境下）：

```
1.  data=
2.  [[[1 1]
3.   [1 1]]
4.
5.  [[2 2]
6.   [2 2]]
7.
8.  [[3 3]
9.   [3 3]]
10.
```

```
11.   [[4 4]
12.    [4 4]]
13.
14.   [[5 5]
15.    [5 5]]
16.
17.   [[6 6]
18.    [6 6]]]
19. ---------------
20.
21. 根据列索引、行偏移量、子块值构建稀疏矩阵：
22. <class 'scipy.sparse.bsr.bsr_matrix'>
23.    (0,0)      1
24.    (0,1)      1
25.    (1,0)      1
26.    (1,1)      1
27.    (0,4)      2
28.    (0,5)      2
29.    (1,4)      2
30.    (1,5)      2
31.    (2,4)      3
32.    (2,5)      3
33.    (3,4)      3
34.    (3,5)      3
35.    (4,0)      4
36.    (4,1)      4
37.    (5,0)      4
38.    (5,1)      4
39.    (4,2)      5
40.    (4,3)      5
41.    (5,2)      5
42.    (5,3)      5
43.    (4,4)      6
44.    (4,5)      6
45.    (5,4)      6
46.    (5,5)      6
47. ---------------
48. 以NumPy多维数组的形式显示：
49. [[1 1 0 0 2 2]
50.  [1 1 0 0 2 2]
```

```
51.    [0 0 0 0 3 3]
52.    [0 0 0 0 3 3]
53.    [4 4 5 5 6 6]
54.    [4 4 5 5 6 6]]
```

2.3.2.5　对角线稀疏矩阵DIA

对角线稀疏矩阵DIA（Sparse matrix with DIAgonal storage）适用于方阵，它是由两个数组来表示：一个是二维数组data，存储了对角线（包括主对角线和各个次对角线）的元素值，另外一个是一维数组offset，存储了各对角线相对于主对角线的偏移量（或者说对角线的索引）。其中偏移量数组offset的长度必须和二维数组data在第一维度（0轴）的长度相等。

偏移量数组offset中的每一个元素值offset[i]对应着一条对角线（i从0到offset的长度-1），而这条对角线上的元素值来自data[i,:]。

关于对角线相对于主对角线的偏移量，有如下规则：

➤ 0：表示主对角线（即从左上角到右下角的斜线）；

➤ 整数：表示对角线在主对角线的上方。1表示主对角线上方的第一条次对角线，2表示主对角线上方的第二条次对角线，依次类推；

➤ 负数：表示对角线在主对角线的下方。-1表示主对角线下方的第一条次对角线，-2表示主对角线下方的第二条次对角线，依次类推。

每条对角线（包括主对角线和次对角线）上的元素值由下面的规则导出：

设K = offset[i]，其中i在0到offset的长度-1之间，作为offset的下标；设N为方阵阶数（即方阵的行数或列数）。

◇ 如果K＝0，则表示此条对角线为主对角线，此时主对角线上的元素值为data[i,0:N]；

◇ 如果K＞0，则表示此条对角线为处于主对角线上方的次对角线，此时这条次对角线上的元素值为data[i,K:N]；

◇ 如果K＜0，则表示此条对角线为处于主对角线下方的次对角线，此时这条次对角线上的元素值为data[i,0:N+K]。注意：此时K为负数。

在SciPy中，使用类dia_matrix表示对角线稀疏矩阵DIA。下面用实例说明上面的规则，为了验证规则，在下面的代码中同时给出了dia_matrix构造的对角线稀疏矩阵DIA和对角线元素值的规则输出。

```
1.
2.  import numpy as np
3.  from scipy.sparse import dia_matrix
4.
```

```
5.   # 构造一个矩阵
6.
7.   # 非零元素的值
8.   data = np.array([ [1,2,3,4],[4,2,3,8],[7,2,4,5],[6,7,8,9]])
9.
10.  # 偏移量序列，长度必须和data在第一维度（0轴）的长度相等
11.  offsets = np.array([0,-2,2,-1])
12.
13.  print("data=\n",data)
14.  print("-"*15,'\n')
15.
16.  # 构造稀疏矩阵
17.  diaMtrx = dia_matrix((data,offsets),shape=(4,4))
18.  print("根据对角线值构建稀疏矩阵: ")
19.  print(type(diaMtrx))
20.  print(diaMtrx)
21.  print("-"*15)
22.
23.  print("以NumPy多维数组的形式显示: ")
24.  print( diaMtrx.toarray() )
25.
26.  print("*"*30,"\n")
27.
28.  print("验证每条对角线的元素值: ")
29.  N = diaMtrx.get_shape()[0]        # 方阵的阶数
30.  for i in range(offsets.shape[0]):
31.      K = offsets[i]
32.      #d = data[i]
33.
34.      if(K>=0) :
35.          print( "i=%d; K=%2d   " %(i,K),data[i,K:N])       # K为正数
36.      else :
37.          print( "i=%d; K=%2d   " %(i,K),data[i,0:N+K])     # K为负数
38. # end of for
39.
```

运行后，输出结果如下（在Python自带的IDLE环境下）：

```
1.   data=
2.   [[1 2 3 4]
3.    [4 2 3 8]
4.    [7 2 4 5]
5.    [6 7 8 9]]
6.   ---------------
7.
8.   根据对角线值构建稀疏矩阵:
9.   <class 'scipy.sparse.dia.dia_matrix'>
10.    (0,0)      1
11.    (1,1)      2
12.    (2,2)      3
13.    (3,3)      4
14.    (2,0)      4
15.    (3,1)      2
16.    (0,2)      4
17.    (1,3)      5
18.    (1,0)      6
19.    (2,1)      7
20.    (3,2)      8
21.   ---------------
22.   以NumPy多维数组的形式显示:
23.   [[1 0 4 0]
24.    [6 2 0 5]
25.    [4 7 3 0]
26.    [0 2 8 4]]
27.   **************************
28.
29.   验证每条对角线的元素值:
30.   i=0; K= 0   [1 2 3 4]
31.   i=1; K=-2   [4 2]
32.   i=2; K= 2   [4 5]
33.   i=3; K=-1   [6 7 8]
```

2.3.2.6　字典式稀疏矩阵DOK

字典式稀疏矩阵DOK（Dictionary Of Keys based sparse matrix）是一种基于字典键值的稀疏矩阵表达方式。它采用字典保存稀疏矩阵中非零元素：字典的键是一个保存元素(行,列)信息的元组，表示非零元素在矩阵中的行列位置信息，而键值则表示非零元素值。

　　显然字典式的稀疏矩阵非常适合单个元素的添加、删除和存取操作，这是一种非常有效的增量（递进式）构建稀疏矩阵的方法。待构建完成后，可以转换成其他格式，以便能够快速运算。

　　在 SciPy 中，使用类 dok_matrix 表示字典式稀疏矩阵 DOK。请看下面的代码：

```
1.
2.  import numpy as np
3.  from scipy.sparse import dok_matrix
4.
5.  # 构造一个空的字典式稀疏矩阵
6.  print("构造一个空的字典式稀疏矩阵：")
7.  dokMtrx = dok_matrix((4,4),dtype=np.float32)
8.
9.  # 更新元素值
10. dokMtrx[0,0] = 6.6;
11. dokMtrx[1,3] = 4.4;
12. dokMtrx[2,1] = 3.3;
13. dokMtrx[2,3] = 2.2;
14. dokMtrx[3,2] = 5.5;
15.
16. print(type(dokMtrx))
17. print(dokMtrx)
18. print("-"*15)
19.
20. print("以NumPy多维数组的形式显示：")
21. print( dokMtrx.toarray() )
22.
```

　　运行后，输出结果如下（在 Python 自带的 IDLE 环境下）：

```
1.  构造一个空的字典式稀疏矩阵：
2.  <class 'scipy.sparse.dok.dok_matrix'>
3.    (0,0)    6.6
4.    (1,3)    5.5
5.    (2,1)    4.4
6.    (2,3)    3.3
7.    (3,2)    2.2
8.  ---------------
9.  以NumPy多维数组的形式显示：
```

```
10. [[6.6 0.  0.  0. ]
11.  [0.  0.  0.  5.5]
12.  [0.  4.4 0.  3.3]
13.  [0.  0.  2.2 0. ]]
```

字典式稀疏矩阵DOK的优点：

➤ 高效的递进构建稀疏矩阵的方法，原理直观明了；

➤ 访问性能高，能以O(1)性能访问单个元素；

➤ 一旦构建完毕，可以快速与坐标式稀疏矩阵COO格式相转换。

2.3.2.7 基于行列表式稀疏矩阵LIL

基于行列表式稀疏矩阵LIL（row-based list of lists sparse matrix）使用两个列表list表示一个稀疏矩阵。其中一个列表保存矩阵中每行的非零元素，另外一个列表list保存非零元素所在的列索引。与字典式稀疏矩阵DOK类似，这种结构非常适合递进式构建一个稀疏矩阵。由于使用列表list，所以在最坏的情况下，插入一个元素的时间成本是线性的。在构建这种稀疏矩阵时，最好每行元素的值事先按照列索引进行排序。

在SciPy中，使用类lil_matrix表示基于行列表的列表式稀疏矩阵LIL。请看下面的代码：

```python
1.
2.  import numpy as np
3.  from scipy.sparse import lil_matrix
4.
5.  # 构造一个空的基于行列表的列表式稀疏矩阵
6.  print("构造一个空的基于行列表的列表式稀疏矩阵：")
7.  lilMtrx = lil_matrix((4,5),dtype=np.float32)
8.
9.  # 随机生成一组数据
10. data = np.round( np.random.rand(2,3),2)
11.
12. # 更新元素值
13. lilMtrx[:2,[1,2,3]] = data
14.
15. print(type(lilMtrx))
16. print(lilMtrx)
17. print("-"*15)
18.
19. print("以NumPy多维数组的形式显示：")
20. print( lilMtrx.toarray() )
21.
```

运行后，输出结果如下（在Python自带的IDLE环境下）：

```
1.  构造一个空的基于行列表的列表式稀疏矩阵：
2.  <class 'scipy.sparse.lil.lil_matrix'>
3.    (0,1)    0.8500000238418579
4.    (0,2)    0.3199999928474426
5.    (0,3)    0.36000001430511475
6.    (1,1)    0.12999999523162842
7.    (1,2)    0.46000000834465027
8.    (1,3)    0.6299999952316284
9.  ---------------
10. 以NumPy多维数组的形式显示：
11. [[0.   0.85 0.32 0.36 0.   ]
12.  [0.   0.13 0.46 0.63 0.   ]
13.  [0.   0.   0.   0.   0.   ]
14.  [0.   0.   0.   0.   0.   ]]
```

基于行列表式稀疏矩阵LIL的优点：

➢ 支持灵活的数据切片功能；
➢ 具有高效的稀疏结构变化性能。

基于行列表式稀疏矩阵LIL的缺点是矩阵的算术运算效率不高，但可以先转换为CSR或CSC，然后再进行快速的算法运算。

2.3.3　SciPy库应用举例

由于SciPy库的子包众多，每个子包下的模块功能更是丰富多彩，限于篇幅，本节通过实例讲解SciPy库的基本统计和回归功能，读者可以据此举一反三，灵活运用其他功能。

2.3.3.1　随机变量及假设检验

SciPy库的stats子包提供了强大的数理统计功能，可对八十多种连续随机变量和十几种离散随机变量的分布函数进行计算。引入stats子包的语句格式如下：

```
1.  from scipy import stats
2.  #如果要引入某个具体模块，如标准正态分布norm
3.  from scipy.stats import norm
```

对于连续随机变量，主要方法有：

- rvs( )，生成随机变量的函数；
- pdf( )，概率密度函数；
- cdf( )，累积分布函数；
- sf( )，生存函数（1-cdf）；
- ppf( )，百分点函数（cdf的反转）；
- isf( )，逆生存函数（df的逆）；
- stats( )，计算均值、方差、Fisher偏度或Fisher峰度函数；
- moment( )，计算分布的非中心矩函数。

下面我们创建一个t分布的样本数列，样本数为99。然后计算最小值、最大值、方差等基本统计数据，展示假设检验的步骤。代码如下：

```
1.
2.  import numpy as np
3.  from scipy import stats
4.  from scipy.stats import t
5.
6.
7.  # 设置随机数种子
8.  np.random.seed(123456)
9.
10. # 创建一个t分布，自由度为10，样本数99，返回的是NumPy数组
11. x = t.rvs(10,size=99,scale=1)
12. print(x)
13. print("-"*37)
14.
15. # 计算出最小值、最大值、平均值和方差
16. print("min :",x.min())      # == np.min(x)
17. print("max :",x.max())      # == np.max(x)
18. print("mean:",x.mean())     # == np.mean(x)
19. print("var :",x.var())      # == np.var(x))
20.
21. # 计算标准t分布及样本的各种分布参数
22. # moments中，
       'm' = mean,'v' = variance,'s' = Fisher's skew,'k' = Fisher's kurtosis.
23. m,v,s,k = t.stats(10,moments='mvsk')
24. n,(smin,smax),sm,sv,ss,sk = stats.describe(x)
25. # 输出各个参数
```

```
26. sstr = '%-8s mean = %6.4f,variance = %6.4f,skew = %6.4f,kurtosis = %6.4f'
27. print(sstr % ('标准t分布参数:',m,v,s ,k))
28. print(sstr % ('样本对应的参数:',sm,sv,ss,sk))
29. print()
30. print("-"*37)
31.
32.
33. # 进行假设检验，这里是单样本t检验。判断x样本来自的总体均值，是否与某个值有显
      著的差异
34. # 下面sm 就是样本的平均值，所以样本所来自的总体的均值应该与sm是没有显著差异的
35. # 设置显著性水平alpha为0.05
36. testAlpha = 0.05
37. t1,p1 = stats.ttest_1samp(x,sm)  # 假设检验的计算
38. print('t-statistic = %6.3f pvalue = %6.4f' % (t1,p1) )
39. if(p1>testAlpha):
40.     print("假设成立，样本所来自的总体的均值可以认为是",sm)
41. else:
42.     print("假设不成立，样本所来自的总体的均值不可以认为是",sm)
43. print("-"*37)
44.
45. # 任取一个值测试
46. jz = 1.0
47. t2,p2 = stats.ttest_1samp(x,jz)
48. print('t-statistic = %6.3f pvalue = %6.4f' % (t2,p2) )
49. if(p2>testAlpha):
50.     print("假设成立，样本所来自的总体的均值可以认为是",jz)
51. else:
52.     print("假设不成立，样本所来自的总体的均值不可以认为是",jz)
53. print("-"*37)
54.
```

运行后，输出结果如下（在Python自带的IDLE环境下）：

```
1.
2.  [ 0.51919552 -1.05738533  0.16060051 -1.14307882 -0.40721314  0.36719053
3.   -0.38788455  1.08742669 -1.36156504 -0.41817962 -0.51542176 -0.48314067
4.      ...         ...          ...           ...          ...          ...
5.    1.83120137 -0.54242176  1.55432365 -0.12644997 -1.01492233  0.73333687
6.    0.45969086 -0.6628467   0.64876129]
```

```
7.    --------------------------------------
8.    min : -2.410491113357856
9.    max : 3.4068262784555867
10.   mean: 0.22357387563063005
11.   var : 1.1763256504788735
12.   标准t分布参数: mean = 0.0000,variance = 1.2500,skew = 0.0000,kurtosis
      = 1.0000
13.   样本对应的参数: mean = 0.2236,variance = 1.1883,skew = 0.2331,kurtosis
      = -0.0191
14.
15.   --------------------------------------
16.   t-statistic =  0.000 pvalue = 1.0000
17.   假设成立，样本所来自的总体的均值可以认为是 0.22357387563063005
18.   --------------------------------------
19.   t-statistic = -7.087 pvalue = 0.0000
20.   假设不成立，样本所来自的总体的均值不可以认为是 1.0
21.   --------------------------------------
22.
```

有一定统计数学基础的读者可能会发现，在输出结果中，第11行的方差var结果与第13行的方差variance结果不同，同样一个样本数列，同样的分布，却出现偏差，这主要是由于SciPy库的stats.describe( )方法在计算方差时用的是无偏估计，而NumPy中的numpy.var( )用的是有偏估计。

2.3.3.2　线性回归

SciPy库的optimize子包可实现线性回归计算。下面通过optimize子包中leastsq函数实现线性回归（拟合）和二次曲线回归（多项式拟合），最后绘出拟合曲线图（绘图使用了Matplotlib扩展包，将在下节描述），展现计算结果。

```python
1.
2.    from scipy.optimize import leastsq
3.    import numpy as np
4.    import matplotlib.pyplot as plt
5.
6.
7.    # 试验数据
8.    tx = np.array([1.0,2.5,3.5,4.0,1.1,1.8,2.2,3.7])
9.    ty = np.array([6.008,15.722,27.130,33.772,5.257,9.549,11.098,28.828])
10.
11.   #1
```

```
12. #-----------------------------------------------------------
13. # 线性回归
14. #-----------------------------------------------------------
15. # 线性回归 y = a*x + b,tpl包含拟合参数
16. def funcLine(tpl,xs):
17.     x = xs
18.     val = tpl[0]*x + tpl[1]
19.     return val
20.
21. # 误差函数ErrorFunc：与y实际值之间的差
22. def ErrorLine(tpl,x):
23.     val = funcLine(tpl,x) - ty
24.     return val
25.
26. #
27. tpl01 = [1.0,2.0]
28. tpl01,success = leastsq(ErrorLine,tpl01,tx)
29. print("线性拟合参数:",tpl01)
30. xx1 = np.linspace(tx.min(),tx.max(),50)
31. yy1 = funcLine(tpl01,xx1)
32.
33.
34. #2
35. #-----------------------------------------------------------
36. # 多项式回归
37. #-----------------------------------------------------------
38. # 线性回归 y = a*x**2 + b*x + b,tpl包含拟合参数
39. def funcQuad(tpl,xs):
40.     x = xs
41.     val = tpl[0]*x**2 + tpl[1]*x + tpl[2]
42.     return val
43.
44. # 误差函数ErrorFunc：与y实际值之间的差
45. def ErrorQuad(tpl,x):
46.     val = funcQuad(tpl,x) - ty
47.     return val
```

```
48.
49. #
50. tpl02 = [1.0,2.0,3.0]
51. tpl02,success = leastsq(ErrorQuad,tpl02,tx)
52. print("二次曲线拟合:",tpl02)
53. xx2=xx1
54. #xx2 = np.linspace(tx.min(),tx.max(),50)
55. yy2 = funcQuad(tpl02,xx1)
56.
57. # 绘制图形
58. plt.plot(xx1,yy1,'r-',tx,ty,'bo',xx2,yy2,'g-')
59. plt.show()
60.
```

运行后，输出结果如下（在 Python 自带的 IDLE 环境下），绘图结果见图2-8。

```
1.
2.  线性拟合参数: [ 9.43854354 -6.18989527]
3.  二次曲线拟合: [ 2.10811829 -1.06889652   4.40567418]
4.
```

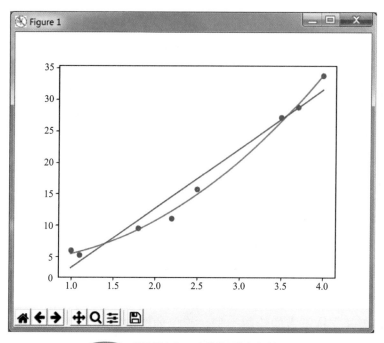

图2-8　线性回归和二次曲线回归运行结果图

SciPy库提供的方法众多，功能丰富，这里不一一介绍了。

2.4 Matplotlib

Matplotlib 是基于 NumPy 和 SciPy 库等扩展包构建的绘制数据图像的图形库，它可以产生印刷级品质的二维和三维图形，并且提供跨平台的交互环境。它既可以应用于 Python 程序中，也可以用在 Web 服务器（动态生成图片）上，还提供了 GUI 界面的工具包。

图 2-9 为 Matplotlib 绘制的图形示例。

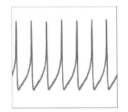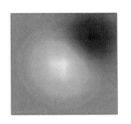

图2-9 Matplotlib绘制图形示例

通过 Matplotlib，只需几行代码即可生成直方图、功率谱图、条形图、误差图、散点图等图形，并可通过面向对象的一组函数控制线型、字体属性、轴属性等。同 NumPy 一样，Matplotlib 也是开源、可商业使用的（BSD 许可证，可自由修改）。

Matplotlib 也是 SciPy 生态系统的核心模块之一。2002年，神经生物学家 John D. Hunber 受 MATLAB 软件的启发，开发了 Matplotlib，并于 2003 年发布了 0.1 版本，目前它已经成为一个开源社区驱动的项目。Matplotlib 目前最新的稳定版本是 3.2.2（2020 年 6 月，需要 Python 3.0 以上），本节的内容即以此版本为基础进行讲述。本书不对 Matplotlib 的全部内容进行描述，只对与后续章节相关的内容进行讲述。需要对 Matplotlib 全面掌握的读者，请参考相关书籍或资料。

Matplotlib 的主要特点是：

◇ 跨平台应用，支持 Linux、Windows、Mac OS X 与 Solaris；
◇ 支持的图形丰富多彩，包括折线图、饼图、散点图、直方图、功率谱图、条形图、误差图、散点图以及各种图形组合，并且还支持图形事件处理；
◇ 支持交互式和非交互式绘图，可将图像保存成 PNG、PS 等多种图像格式；
◇ 与 MATLAB 相似的界面，简单易用而不失高效，提供印刷级品质图形；
◇ 支持 LaTeX 的公式插入等等。

Matplotlib 因其支持丰富的绘图类型、简单的绘图方式以及完善的接口文档，已经成为众多企业和科研机构首选的的图表绘制工具。

Matplotlib 的官方网址：https://matplotlib.org/。
Matplotlib 的源代码网址：https://github.com/matplotlib/matplotlib。

安装Matplotlib的最好方式是使用pip工具，使用命令如下：

```
pip install matplotlib
或者：
pip install -U matplotlib   # 直接安装最新的版本
```

在程序中使用Matplotlib之前首先要将其导入。由于大部分常用的模块都位于子模块中，而子模块不会自动导入，所以Matplotlib的导入要给出具体的子模块。例如，要导入matplotlib.pyplot、matplotlib.gridspec子模块，导入方法如下：

```
1.   import matplotlib as mpl   # 可访问顶层函数、常量等
2.
3.   import matplotlib.pyplot as plt
4.   import matplotlib.gridspec as gridspec
```

或者：

```
1.   from matplotlib import pyplot   # 也可添加 as 字句
2.   from matplotlib import gridspec  # 也可添加 as 字句
```

2.4.1 Matplotlib基础知识

Matplotlib的出色表现是基于众多子模块提供的丰富功能。在目前版本中，Matplotlib包含了表2-33所示的子模块。

表2-33　Matplotlib的子模块

子模块	子模块说明
matplotlib.afm	Adobe Font Metrics文件的Python接口
matplotlib.animation	创建动画的接口
matplotlib.artist	绘图元件及其容器接口，包括primitives(图形元素）和containers(容器）。其中primitives指需要加入图片的元素，如Line2D，Rectangle，Text，AxesImage等，而容器是放置这些元素的地方，比如Axis,Axes和Figure
matplotlib.axes	坐标系区域对象，即以坐标系x轴、y轴表示数据的区域。一个figure对象可以包含多个axes对象，所以它也称为子图
matplotlib.axis	坐标轴接口（x、y坐标轴）
matplotlib.backend_bases	渲染器和图形上下文环境必须实现的图形元素抽象基类，用作Matplotlib底层（后端）支撑
matplotlib.backend_managers	底层（后端）各种工具的管理器
matplotlib.backend_tools	定义了底层（后端）工具所对应的图形元素的抽象基类，这些工具由matplotlib.backend_managers.ToolManager所使用
matplotlib.backends	定义底层（后端）支撑的帮助类的集合

续表

子模块	子模块说明
matplotlib.blocking_input	定义了使用阻塞方式进行图形交互时的类
matplotlib.category	提供了字符串形式的类别变量的绘制接口
matplotlib.cbook	包含实用功能函数和类的集合
matplotlib.cm	内置彩色图以及彩色图处理工具
matplotlib.collections	针对具有大部分相同属性的图形元素的优化绘制类的集合
matplotlib.colorbar	带有两个类和一个函数的Colorbar工具包
matplotlib.colors	把数值转换为RGB或者RGBA的接口
matplotlib.container	图形元素的容器
matplotlib.contour	对Axes对象进行等高线绘制和标签绘制
matplotlib.dates	日期打印功能接口
matplotlib.dviread	读取dvi文件的接口
matplotlib.figure	图形对象，是所有绘图元素的顶层容器，包含了所有的绘图元素。实际上它是artist的一个子类
matplotlib.font_manager	跨平台搜索、管理和使用字体的接口
matplotlib.fontconfig_pattern	生成和解析字体配置文件的接口
matplotlib.gridspec	在网格状模式下部署多个子图的功能接口
matplotlib.image	提供图形导入、显示等功能的接口
matplotlib.legend	图例接口
matplotlib.legend_handler	图例处理例程接口
matplotlib.lines	各种2D线接口，可以使用各种线型、标记和颜色绘制各种2D线
matplotlib.markers	图标处理接口
matplotlib.mathtext	解析TeX数学语法并进行绘制的接口
matplotlib.mlab	模拟MATLAB功能的接口
matplotlib.offsetbox	一个简单的图形元素的容器接口
matplotlib.patches	包含一系列绘图块元素的接口
matplotlib.path	处理路径的接口
matplotlib.patheffects	处理路径效果的接口
matplotlib.pyplot	Matplotlib的基于状态的接口
matplotlib.projections	投影接口
matplotlib.projections.polar	雷达图接口
matplotlib.quiver	矢量场绘制接口，目前包括Quiver和Barb两种
matplotlib.rcsetup	各种绘图资源的配置接口
matplotlib.sankey	绘制桑基图接口

子模块	子模块说明
matplotlib.scale	定义数据在数轴上的分布
matplotlib.sphinxext.plot_directive	在Sphinx文档中包含的Matplotlib绘图指令
matplotlib.spines	连接坐标轴刻度，并指定数据区域边界的接口
matplotlib.style	图形样式接口
matplotlib.table	图形中添加表格的接口
matplotlib.testing	测试验证功能接口
matplotlib.text	图形中添加文字的接口
matplotlib.textpath	从文字创建路径的接口
matplotlib.ticker	刻度定位和格式接口
matplotlib.tight_layout	子图布局调整接口
matplotlib.transforms	几何位置转换接口
matplotlib.tri	非结构化三角形网格接口
matplotlib.type1font	Adobe Type 1字体表示接口
matplotlib.units	单位换算功能接口
matplotlib.widgets	预定义的界面元素的底层组件生成接口

　　另外，Matplotlib还包括了一些工具包（toolkits），在某些应用中，这些工具包扩展了Matplotlib的功能。表2-34显示了各个工具包的信息。

表2-34　Matplotlib的扩展工具包

工具包	说明
mplot3d API	提供了基本的3D绘图功能（scatter,surf,line,mesh）
Matplotlib axes_grid1	可在Matplotlib中显示多个图像
Matplotlib axisartist	对matplotlib.axes的扩展
Matplotlib axes_grid	绘图区域对象axes的扩展

　　在Matplotlib中，所有的函数都希望以numpy.array或numpy.ma.masked_array为输入，其他类数组的数据类型，如Pandas的数据对象（Series或DataFrame）、numpy.matrix对象等都需要转换为numpy.array对象，然后才可以进行图形绘制。例如把pandas.DataFrame或者numpy.matrix转换为NumPy数组，可以采用下面的代码：

```
1.
2.  # pandas.DataFrame转换为NumPy多维数组
3.  a = pandas.DataFrame(np.random.rand(4,5),columns = list('abcde'))
```

```
4.   a_asarray = a.values
5.
6.   # numpy.matrix转换为NumPy多维数组
7.   b = np.matrix([[1,2],[3,4]])
8.   b_asarray = np.asarray(b)
9.
```

在一个图形中，Matplotlib 把数据绘制在一个图形对象 Figure 上，每一个图形对象 Figure 可包含一个或多个坐标系区域对象 Axes，所以 Axes 对象也称为子图。为了能够顺利地绘制图像，有必要清楚 Figure、Axes、Axis 及 Artist 之间的作用和关系。

➤ 图形对象 Figure：代表整个图形区域。图形对象 Figure 跟踪和记录所有的坐标系区域对象（子图）Axes、一些特殊的绘图元件 Artist（标题、图例等等），以及底层的画布 canvas。实际上画布 canvas 才是 Matplotlib 真正绘制各种绘图元件的地方，但是它对用户基本是不可见的。

➤ 坐标系区域对象 Axes：这是真正绘图的地方，也就是包含数据的区域，它是主要的绘图对象。一个图形对象 Figure 可以包含多个坐标系区域对象 Axes，但是一个区域对象 Axes 只能属于一个图形对象 Figure。一个坐标系区域对象 Axes 包含两个坐标轴对象 Axis（二维图形）或者三个坐标轴对象 Axis（三维图形）。每一个坐标区域对象 Axes 都有一个标题 title 和 X 轴标签、Y 轴标签。

➤ 坐标轴对象 Axis：代表坐标轴，它设置了绘图的界限、坐标轴上的刻度及刻度标签。其中刻度由一个 Locator 对象确定，刻度标签的格式由一个 Formatter 对象确定。

➤ 绘图元件对象 Artist：绘图原件 Artist 是所有绘图元素的基类，它是包括 Figure、Axes 和 Axis 在内的绘图元件的基类。它还包括 Text、Line2D、Patch 等等。可以说，图形上的所有元素都是绘图元件。当对 Figure 进行渲染时，所有的绘图元件都绘制在画布 canvas 上，从而可以输出显示。

Matplotlib 绘制图形是基于 Matplotlib 的模块 pyplot，它可以使 Matplotlib 像 MATLAB（美国 MathWorks 公司开发的商业数学软件）一样工作，在 matplotlib.pyplot 函数调用中保留各种状态，以便跟踪当前画布和绘图区域等，实现与图形的交互。绘制一个图形的流程可以分解为三个步骤：

① 创建 Figure 对象；

② 为每一个 Figure 对象添加一个或者多个 Axes 对象（在某张画布上划分不同的画图区域）；

③ 调用 Axes 对象的方法来创建各种简单类型的 Artist 对象（在某一个画图区域添加各种具体的元素）。

我们将在下一节中举例说明以上步骤。先了解一下组成一个图形的基本元素，如图 2-10 所示。

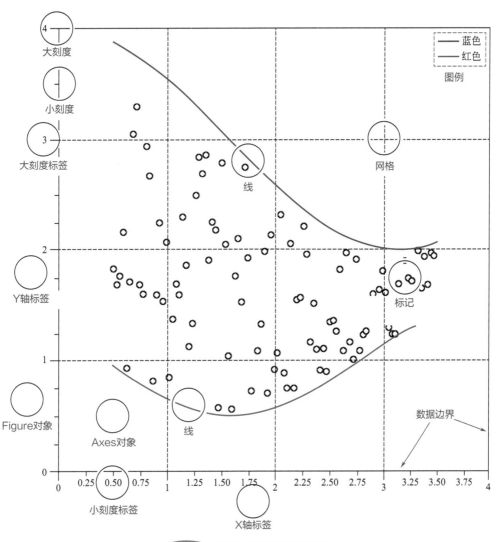

图2-10 组成一个图形的基本元素

2.4.2 Matplotlib应用举例

这里我们结合例子简要说明使用Matplotlib创建图形的流程。

2.4.2.1 二维图形实例

本实例展示某店铺商品2018年上半年销量走势。

```
1.
2.  import matplotlib.pyplot as plt
3.
4.  #0 使绘制图形支持中文和正负号
5.  plt.rcParams['font.sans-serif']    = ['SimHei']    #用来正常显示中文标签
```

```
6.   plt.rcParams['axes.unicode_minus'] = False      #用来正常显示负号
7.
8.   #1 创建并设置画布 Figure 的大小
9.   fig = plt.figure(figsize=(10,6))
10.
11.  #2 创建一个 Axes 对象
12.  ax = fig.add_subplot(111)
13.  ax.grid(True,linestyle="-.",color="r")
14.
15.
16.  #3 绘制图形所需数据
17.  monthList = ["1月","2月","3月","4月","5月","6月"]
18.  dmdSales = [13,10,27,33,30,45]      # 钻石销量
19.  pltSales = [1, 10, 7,26,20,25]      # 珀金销量
20.
21.  #4 绘制图形
22.  ax.plot(monthList,dmdSales,"-xb",label="钻石")
23.  ax.plot(monthList,pltSales,"--dr",label="铂金")
24.
25.  #5 设置其他组件 -- x,y坐标轴文字以及Title和图例
26.  ax.set_xlabel("月份")
27.  ax.set_ylabel("每月销量")
28.  ax.set_title("X店铺2018年上半年珠宝销量图")
29.  ax.legend(loc="upper left",title="提示")
30.
31.  #6 显示图形
32.  plt.show()
33.
```

输出结果如图2-11所示。

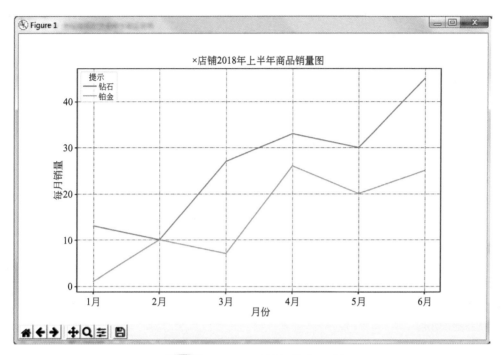

图2-11 Matplotlib绘制二维图形示例

2.4.2.2 多个子图实例

本实例展示如何在一个画布中绘制多个子图。

```
1.
2.  import matplotlib.pyplot as plt
3.
4.  #0 使绘制图形支持中文和正负号
5.  plt.rcParams['font.sans-serif']   = ['SimHei']    #用来正常显示中文标签
6.  plt.rcParams['axes.unicode_minus'] = False        #用来正常显示负号
7.
8.  #1 创建并设置画布 Figure 的大小
9.  fig = plt.figure(figsize=(10,6))
10.
11. #2 创建两个 Axes 对象
12. ax1 = fig.add_subplot(121)
13. ax2 = fig.add_subplot(122)
14.
15. #3 绘制图形
```

```
16. ax1.bar([1,2,3],[3,4,5])          # 柱状图
17. ax1.plot([1,2,3],[2,3,5],'ro',linestyle='dashed',linewidth=2,markersi
    ze=12)
18.
19. ax2.barh([0.5,1,2.5],[0,1,2]) # 水平柱状图
20.
21.
22. #4 设置其他组件 -- x,y坐标轴文字以及Title和图例
23. ax1.set_xlabel("x轴")
24. ax1.set_ylabel("y轴")
25. ax1.set_title("垂直柱状图")
26.
27. ax2.set_xlabel("x轴")
28. ax2.set_ylabel("y轴")
29. ax2.set_title("水平柱状图")
30.
31. # 显示图形
32. plt.show()
33.
```

输出结果如图2-12所示。

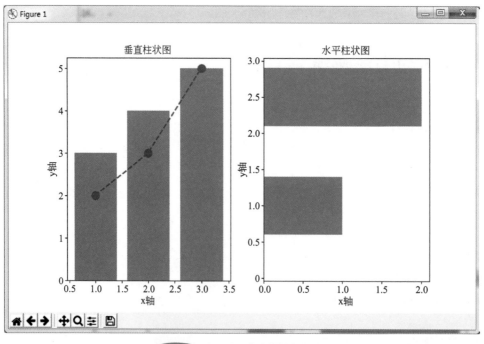

图2-12 在一个画布中绘制多个图形

2.4.2.3 坐标轴居中显示

默认情况下，Matplotlib 的坐标轴是由上、右、底、左四条坐标线组成。如果要实现常见的横纵坐标轴交叉居中显示的效果，可以通过把上、右两条坐标线隐藏，同时把底、右两条坐标线平移到图形的中间达到目的。

请看下面的代码：

```
1.
2.  from matplotlib import pyplot as plt
3.  import numpy as np
4.
5.  xAxis = np.linspace(-np.pi,np.pi,200,endpoint=True)
6.  yCos,ySin = np.cos(xAxis),np.sin(xAxis)
7.
8.  #0 使绘制图形支持中文和正负号
9.  plt.rcParams['font.sans-serif']    = ['SimHei']      # 用来正常显示中文标签
10. plt.rcParams['axes.unicode_minus'] = False           # 用来正常显示负号
11.
12. #1 创建并设置画布 Figure 的大小
13. fig = plt.figure(figsize=(10,6),dpi=80)
14.
15. #2 创建一个 Axes 对象
16. ax = fig.add_subplot(111)
17. ax.grid(True,linestyle="-.",color="r")
18.
19. #3 重置坐标轴边线位置，使之居中显示
20. #   首先，把上方和右方的边线设置为透明色，达到隐藏的目的
21. ax.spines['right'].set_color('none')
22. ax.spines['top'].set_color('none')
23.
24. # 然后通过 set_position() 移动左侧和下侧的边线
25. # 最后通过 set_ticks_position() 设置坐标轴的刻度线的显示位置
26. ax.spines['bottom'].set_position(('data',0))
27. ax.xaxis.set_ticks_position('bottom')
28.
29. ax.spines['left'].set_position(('data',0))
30. ax.yaxis.set_ticks_position('left')
31.
32. #4 设置坐标刻度的字体参数，增加半透明背景
33. for label in ax.get_xticklabels() + ax.get_yticklabels():
34.     label.set_fontsize(15)
35.     label.set_bbox( dict(facecolor='white',edgecolor='None',alpha=0.60) )
```

```
36.
37. #5  设置横纵坐标轴的刻度范围
38. ax.set_xbound(xAxis.min() * 1.1,xAxis.max() * 1.1)
39. ax.set_ybound(yCos.min() * 1.1 ,yCos.max() * 1.1)
40.
41. #6  设置横纵坐标轴的刻度和标签
42. ax.set_xticks((-np.pi,-np.pi/2,np.pi/2,np.pi))
43. ax.set_yticks([-1,-0.5,0,0.5,1])
44.
45. #7  画出余弦/正弦曲线，并设置线条颜色，宽度，样式
46. ax.plot(xAxis,yCos,color="red",linewidth=2.0,label="Cos余弦函数")
47. ax.plot(xAxis,ySin,color="blue",linewidth=2.0,label="Sin正弦函数")
48.
49. #8  图例设置在左上角
50. ax.legend(loc="upper right",title="提示")
51.
52. #9  显示图形
53. plt.show()
54.
```

输出结果如图2-13所示。

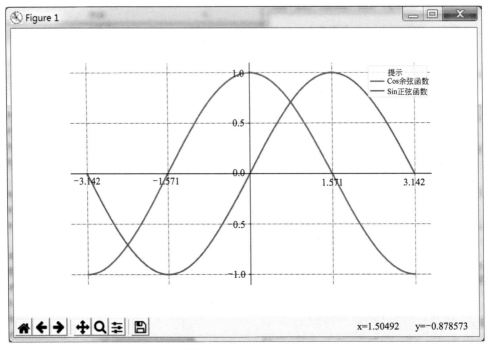

图2-13　坐标轴居中显示示意图

2.4.2.4　实用热力图绘制

热力图也称热图，通过不同的颜色来表示分析对象的行为表现，是一种具有良好视觉效果的数据表现形式。例如，可以展示不同地区的人口密度，观测用户在网站首页中的浏览和点击情况等等。下面我们通过代码来展示如何绘制热力图。

请看下面的代码：

```
1.
2.  import matplotlib
3.  import matplotlib.pyplot as plt
4.  import numpy as np
5.
6.
7.  """
8.  # 创建一个可重复使用的构造热力图的函数。
9.  # 输入参数包括绘制图形所需数据data 行列标签row_labels和col_labels
10. # 以及其他可以自行定制化的参数
11. """
12. def heatmap(data,row_labels,col_labels,ax=None,
13.             cbar_kw={},cbarlabel="",**kwargs):
14.     """
15.     Create a heatmap from a numpy array and two lists of labels.
16.
17.     Parameters
18.     ----------
19.     data
20.         A 2D numpy array of shape (N,M).
21.     row_labels
22.         A list or array of length N with the labels for the rows.
23.     col_labels
24.         A list or array of length M with the labels for the columns.
25.     ax
26.         A `matplotlib.axes.Axes` instance to which the heatmap is plotted.  If
27.         not provided,use current axes or create a new one.  Optional.
28.     cbar_kw
29.         A dictionary with arguments to `matplotlib.Figure.colorbar`.  Optional.
30.     cbarlabel
31.         The label for the colorbar.  Optional.
32.     **kwargs
33.         All other arguments are forwarded to `imshow`.
```

```
34.        """
35.
36.        if not ax:
37.            ax = plt.gca()
38.
39.        # Plot the heatmap
40.        im = ax.imshow(data,**kwargs)
41.
42.        # Create colorbar
43.        cbar = ax.figure.colorbar(im,ax=ax,**cbar_kw)
44.        cbar.ax.set_ylabel(cbarlabel,rotation=-90,va="bottom")
45.
46.        # We want to show all ticks...
47.        ax.set_xticks(np.arange(data.shape[1]))
48.        ax.set_yticks(np.arange(data.shape[0]))
49.        # ... and label them with the respective list entries.
50.        ax.set_xticklabels(col_labels)
51.        ax.set_yticklabels(row_labels)
52.
53.        # Let the horizontal axes labeling appear on top.
54.        ax.tick_params(top=True,bottom=False,
55.                       labeltop=True,labelbottom=False)
56.
57.        # Rotate the tick labels and set their alignment.
58.        plt.setp(ax.get_xticklabels(),rotation=-30,ha="right",
59.                rotation_mode="anchor")
60.
61.        # Turn spines off and create white grid.
62.        for edge,spine in ax.spines.items():
63.            spine.set_visible(False)
64.
65.        ax.set_xticks(np.arange(data.shape[1]+1)-.5,minor=True)
66.        ax.set_yticks(np.arange(data.shape[0]+1)-.5,minor=True)
67.        ax.grid(which="minor",color="w",linestyle='-',linewidth=3)
68.        ax.tick_params(which="minor",bottom=False,left=False)
69.
70.        return im,cbar
71.
72.
73.    """
74.    # 创建一个颜色棒，热力图的单元格颜色随着不同值而变化
```

```
75.  """
76.  def annotate_heatmap(im,data=None,valfmt="{x:.2f}",
77.                       textcolors=("black","white"),
78.                       threshold=None,**textkw):
79.      """
80.      A function to annotate a heatmap.
81.
82.      Parameters
83.      ----------
84.      im
85.          The AxesImage to be labeled.
86.      data
87.          Data used to annotate.  If None,the image's data is used.  Optional.
88.      valfmt
89.          The format of the annotations inside the heatmap.  This should either
90.          use the string format method,e.g. "$ {x:.2f}",or be a
91.          `matplotlib.ticker.Formatter`.  Optional.
92.      textcolors
93.          A pair of colors.  The first is used for values below a threshold,
94.          the second for those above.  Optional.
95.      threshold
96.          Value in data units according to which the colors from textcolors are
97.          applied.  If None (the default) uses the middle of the colormap as
98.          separation.  Optional.
99.      **kwargs
100.          All other arguments are forwarded to each call to `text` used to create
         the text labels.
101.          the text labels.
102.      """
103.
104.      if not isinstance(data,(list,np.ndarray)):
105.          data = im.get_array()
106.
107.      # Normalize the threshold to the images color range.
108.      if threshold is not None:
109.          threshold = im.norm(threshold)
110.      else:
111.          threshold = im.norm(data.max())/2.
112.
113.      # Set default alignment to center,but allow it to be
```

```
114.        # overwritten by textkw.
115.        kw = dict(horizontalalignment="center",
116.                  verticalalignment="center")
117.        kw.update(textkw)
118.
119.        # Get the formatter in case a string is supplied
120.        if isinstance(valfmt,str):
121.            valfmt = matplotlib.ticker.StrMethodFormatter(valfmt)
122.
123.        # Loop over the data and create a `Text` for each "pixel".
124.        # Change the text's color depending on the data.
125.        texts = []
126.        for i in range(data.shape[0]):
127.            for j in range(data.shape[1]):
128.                kw.update(color=textcolors[int(im.norm(data[i,j]) > thres
       hold)])
129.                text = im.axes.text(j,i,valfmt(data[i,j],None),**kw)
130.                texts.append(text)
131.
132.        return texts
133.
134.
135.
136.    # 主流程
137.    if(__name__ == "__main__") :
138.        vegetables = ["cucumber","tomato","lettuce","asparagus",
139.                      "potato","wheat","barley"]
140.        farmers = ["Farmer Joe","Upland Bros.","Smith Gardening",
141.                   "Agrifun","Organiculture","BioGoods Ltd.","Cornylee Corp."]
142.
143.        harvest = np.array([[0.8,2.4,2.5,3.9,0.0,4.0,0.0],
144.                            [2.4,0.0,4.0,1.0,2.7,0.0,0.0],
145.                            [1.1,2.4,0.8,4.3,1.9,4.4,0.0],
146.                            [0.6,0.0,0.3,0.0,3.1,0.0,0.0],
147.                            [0.7,1.7,0.6,2.6,2.2,6.2,0.0],
148.                            [1.3,1.2,0.0,0.0,0.0,3.2,5.1],
149.                            [0.1,2.0,0.0,1.4,0.0,1.9,6.3]])
150.
151.        fig,ax = plt.subplots()
152.
```

```
153.        # 绘制热力图
154.        im,cbar = heatmap(harvest,vegetables,farmers,ax=ax,
155.                              cmap="YlGn",cbarlabel="harvest [t/year]")
156.        texts = annotate_heatmap(im,valfmt="{x:.1f} t")
157.
158.        fig.tight_layout()   # 自动调整子图参数，使之填充整个图像区域。
159.
160.        # 显示图形
161.        plt.show()
162.
```

输出结果如图2-14所示。

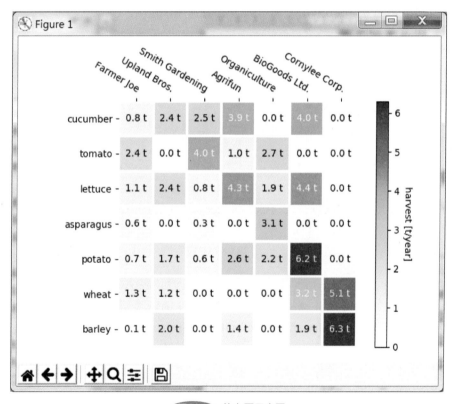

图2-14 热力图示意图

2.4.2.5 三维图形实例

这个实例展示了一个3D彩色图的绘制显示。

```
1.
2.  import numpy as np
3.  import matplotlib.pyplot as plt
```

```
4.  from matplotlib import cm
5.  from mpl_toolkits.mplot3d import Axes3D
6.  from matplotlib.ticker import LinearLocator,FormatStrFormatter
7.
8.  #0 使绘制图形支持中文和正负号
9.  plt.rcParams['font.sans-serif']    = ['SimHei']    #用来正常显示中文标签
10. plt.rcParams['axes.unicode_minus'] = False        #用来正常显示负号
11.
12. #1 创建并设置画布的大小，本实例使用了面向对象的接口
13. fig = plt.figure(figsize=(10,6))
14.
15. #2 创建一个 Axes 对象
16. ax = fig.gca(projection='3d')   # 获取当前的axes(必要时创建一个)
17.
18. #3 生产绘图需要的数据
19. X = np.arange(-5,5,0.25)
20. Y = np.arange(-5,5,0.25)
21. X,Y = np.meshgrid(X,Y)
22. R = np.sqrt(X**2 + Y**2)
23. Z = np.sin(R)
24.
25. #4 绘制图形
26. surf = ax.plot_surface(X,Y,Z,cmap=cm.coolwarm,linewidth=0,antialiased=False)
27.
28. #5 设置其他组件-- x,y坐标轴文字以及Title和图例
29. # 定制z 轴
30. ax.set_zlim(-1.01,1.01)
31. ax.zaxis.set_major_locator(LinearLocator(10))
32. ax.zaxis.set_major_formatter(FormatStrFormatter('%.02f'))
33.
34. #6 添加颜色条图
35. fig.colorbar(surf,shrink=0.5,aspect=5)
36.
37. #7 显示图形
38. plt.show()
39.
```

输出结果如图 2-15 所示。

Matplotlib 可以绘制一些相对简单的 3D 图形。如果读者需要绘制比较复杂的 3D 图形，建议使用功能更加强大的 Mayavi 模块，Mayavi 提供了交互式 3D 图形绘制的丰富功能。有需要的读者可查阅相关资料，这里不再赘述。

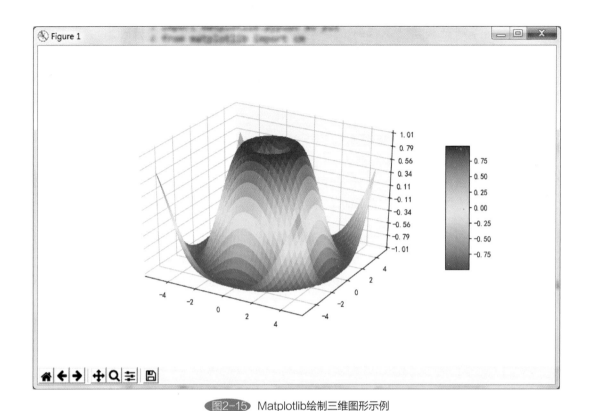

图2-15 Matplotlib绘制三维图形示例

Mayavi的官方网址：http://code.enthought.com/pages/mayavi-project.html。

本章小结

本章介绍了Scikit-learn的预备知识，主要内容是Scikit-learn中使用到的四个基础模块：NumPy、Pandas、SciPy库和Matplotlib，这也是SciPy开源生态系统中的四个核心模块，由于它们功能丰富，便于使用，目前已经广泛应用于数学、科学和工程领域，成为最受欢迎的Python扩展工具包。

本章重点内容如下：

➢ NumPy，处理多维数据的事实标准：NumPy是SciPy生态系统中最底层的核心模块，其他模块如Pandas、Matplotlib、SymPy、PyTables等等都以NumPy为基础。NumPy还可以用作高效的通用数据类型的多维容器，使NumPy能够无缝、快速地与各种数据库集成。

➢ Pandas，连接NumPy和SciPy库的工具：Pandas是一个基于NumPy的强大的分析结构化数据的工具集，用于数据挖掘和数据分析，同时也提供数据清洗功能。特别是Pandas提供了两个高效、灵活、富有表达力的数据结构：数据序列Series和数据框

DataFrame，并基于此提供了灵活的、类似关系型数据库一样的操作功能。

➤ SciPy库，高级数学计算的工具：SciPy库是基于NumPy构建的高级数学计算工具库，在统计、优化、插值、数值积分、信号处理和图像处理、常微分方程求解和其他科学与工程中常用的计算等方面提供了大量的可用功能，基本覆盖了基础科学计算所有的相关领域。

➤ Matplotlib，多功能数据图表的绘制工具：Matplotlib是基于NumPy和SciPy库等扩展包构建的绘制数据图表的图形库，它可以产生印刷级品质的二维和三维图形，并且提供跨平台的交互环境，既可以应用于Python程序中，也可以用在Web服务器（动态生成图片）上，还提供了GUI界面的工具包。

除了本章介绍的NumPy、Pandas、SciPy库、Matplotlib四个基础模块外，在Scikit-learn中的某些子模块中也会使用其他扩展包，例如scikit-image（图像处理）、joblib（模型持久化）、scikits-bootstrap（bootstrap置信水平算法）等等，在开发过程中遇到的时候，请读者自行查找相关资料。

下一章我们将介绍Scikit-learn的基础知识，包括机器学习的重要概念、术语解释、常用指标等等，这是我们深入学习Scikit-learn的重要入门知识。

3 Scikit-learn 基础应用

前面章节我们讲过，Scikit-learn 是基于 Python 语言的机器学习框架，其 API 的设计非常优秀，所有对象的接口简单易用，它提供了数十种内置的机器学习算法和模型，称为评估器（estimator），也称为预估器、估计器。每一个模型评估器都可以用它的拟合方法 fit( ) 来拟合训练数据，从而构建合适的模型。

为了能够深入了解和掌握 Scikit-learn，以便能够灵活地运用于实践，本章讲述正确使用 Scikit-learn 的基础，为后续章节的学习奠定基础。熟悉本章内容的读者可以忽略本章，直接进入下一章。

注意：目前版本的 Scikit-learn（0.23.0）需要 Python 3.5 或更新版本，已经不再支持 Python 3.4 以前的版本了（包括 3.4 版本）。

3.1　机器学习的算法和模型

在机器学习领域，无论是有监督学习，还是无监督学习，经常会遇到各种概念，理解和掌握这些概念是从事机器学习的第一步，也是灵活应用各种机器学习工具或框架的前提。本节将挑选 Scikit-learn 工具包中经常遇到的一些机器学习术语进行讲解，为后续的深入应用做好铺垫。

我们从一个有监督学习的工作流程开始，见图 3-1。

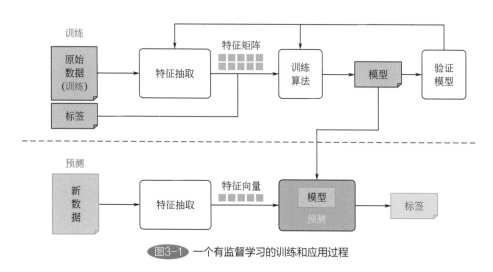

图3-1　一个有监督学习的训练和应用过程

很多初学者经常把算法（algorithm）和模型（model）等同起来，严格来说，这是两个不同的概念，两者是有较大区别的。算法是一种可以遵守以解决问题的方法或过程，是一套程式化的规则，或者简单地说，算法就是一个系数未知的方程式。在 Scikit-learn 中，评估器（estimator）实际上就代表着算法；而模型是通过利用大量业务数据对算法训练后，获得的面向业务应用的结果。算法经过训练，其中的参数获得具体值。在 Scikit-learn 中，评估器调用 fit( ) 函数返回的结果就是模型，或者简单点说，模型是一个系数已知的方程式。可以看出，从对数据的利用角度来看，模型是对算法的一种递进，两者的关系非常类似于面向对象编程OOP（Object Oriented Programming）中"类（class）"和"对象（object）"的关系：类是对象的抽象定义，对象是类的具体实例。算法和模型的关系如图3-2所示。

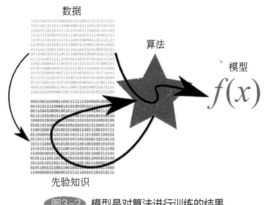

数据

算法

模型

$f(x)$

先验知识

图3-2 模型是对算法进行训练的结果

例如：要寻找因变量y和自变量x之间的线性关系，那么$y = ax+b$是一种算法，其中a、b是待确定的参数，这正是机器学习的任务。而$y = 2x+3$是一种模型，使用该模型，在给定自变量x之后，就可以计算（预测）出目标变量y的值。

虽然两者的区别比较明显，但是由于两者的关系紧密，所以在很多上下文中也可以不加区别，可以交换使用。本书即采用这种不严格区分的方式，请读者注意。

机器学习是一个开放的领域，针对一个具体问题，总会有一个或多个算法可以解决。不同类别的机器学习有不同的算法。

① 无监督学习：包括K-Means聚类算法、Mean Shift聚类算法、DBSCAN聚类算法、Apriori关联规则算法、FP-growth关联规则算法等；

② 分类（有监督学习）：包括神经网络、贝叶斯网络、支持向量机（SVM）、最近邻模型、随机森林树、随机梯度下降法、决策树等；

③ 回归（有监督学习）：包括最小二乘法、向量回归（SVR）、岭回归、Lasso等。

本章不对这些算法的原理进行介绍，在后续的章节中遇到具体算法时，我们再详细介绍。每一个机器学习算法，即使如上面的$y = ax+b$这样简单的算法，都包含了算法中的两个最基本概念：特征变量和目标变量。

3.1.1 特征变量和目标变量

（1）特征变量

特征变量是一个可量化的指标，是所研究对象的一个特征。例如，在研究信用卡欺诈问题时，交易金额就是信用卡交易的一个特征，它就是一个特征变量；在研究学生聚类问题时，学生的性别（可用0、1表示）是学生的一个特征，它就是一个特征变量。特征变量也称为自变量（independent variable），通常以 x 表示。

一个机器学习问题往往需要数十个甚至上百、上千个特征变量作为输入变量，这些特征变量是以样本数据的形式出现在数据集中的。我们经常把一个样本数据称为一个特征向量，通常以 X 表示。

（2）目标变量

在有监督机器学习问题中，除了特征变量外，还有一个或多个目标变量。从业务角度看，目标变量就是解决问题的目标。例如，预测一只股票的价格，则"价格"就是目标变量；判断一封邮件是否为垃圾邮件，则"是否为垃圾邮件"就是目标变量。在分类问题中，由于目标变量的取值往往是对应类别字符串的取值，是对研究对象"标签化"，所以目标变量也称为标签变量（label variable），或者直接称为标签；也称为事实变量（ground truth）。通常以 y 表示单个目标变量，而用 Y 表示所有的目标变量。

另外，由于目标变量的预测值取决于特征变量，所以它也称为依赖变量（dependent variable）或因变量，或称为输出变量（outcome variable）、响应变量（response variable）。

3.1.2 算法训练

一个算法只有经过大量数据的"锤炼"成为模型之后，才能发挥其魔幻般的作用。这个锤炼的过程就是我们所说的算法训练，它是基于选定的算法，利用获得的数据集，达到一个训练目标的过程。在这个过程中，训练目标通常是对一个目标函数（objective function）的优化。

目标函数是机器学习领域的核心基础，它是一个算法从理论框架到实践应用进行"蝶变"的唯一方法，它一定是算法参数的函数，正是在对目标函数的优化过程中，确定了算法的参数，使一个算法变成了可用的模型。可以说计算机是通过目标函数进行学习的，目标函数包括但不限于：

◇ 最大化后验概率（朴素贝叶斯算法）；
◇ 最大化适应度函数（遗传编程）；
◇ 最大化总奖励/价值函数（强化学习）；
◇ 最大化信息增益/最小化子节点不纯度（CART 决策树分类）；
◇ 最小化均方误差成本（或损失）函数（CART、决策树回归、线性回归、自适应线性神经元等）；
◇ 最大化对数似然率或最小化交叉熵损失（或成本）函数；
◇ 最小化 hinge 损失函数（支持向量机）。

从上面的优化目标可以看出，训练过程总是最大化或最小化目标函数。当实施最小化时，目标函数称为成本函数（cost function，也称为代价函数）、损失函数（loss function），或者误差函数（error function）。由于最大化与最小化实际上是等价的，所以这几个概念是可以互相交换使用的。

3.1.2.1 损失函数

从上面的定义可以看出，损失函数是评估一个算法在给定数据集的条件下构建模型能力的途径，用来计算模型对数据集的损失程度，即度量模型的预测值 $f(x)$ 与真实值 Y 的不一致程度，通常以 $L(Y, f(x))$ 表示。如果模型预测的结果与实际结果偏离太大，表示损失（代价）太大，或预测误差太大，则损失函数的结果也将会很大；如果模型预测的结果与实际结果吻合很好，表示损失（代价）比较小，或预测误差比较小，则损失函数的结果也将会很小。损失函数将优化决策映射到相关误差（损失），算法训练的目标就是尽量减少这种预测误差。

实际上，在机器学习中没有一种万能的、适用于所有算法的损失函数。针对一个具体问题，损失函数的选择涉及很多因素，例如：算法类型的确定、导数计算的难易程度、异常值在数据集中所占比例等等。根据机器学习任务的类型，损失函数可以分为两大类：回归损失和分类损失，分别对应着有监督学习的两大分支：回归和分类。在分类任务中，我们的目标是从一组有限的分类值（也称为标签）中预测输出，例如：给定一个手写数字图像的大型数据集（包含各种特征变量），将其分类为 $0 \sim 9$ 个数字之一（目标变量）；在回归任务中，预测的是连续值，例如给定房屋的地理位置、建筑面积、房间数量、房间大小等特征变量，预测房屋的价格（目标变量）。

下面我们讲述一下常用的损失函数。

（1）回归损失函数

一般线性回归的基本形式如下：

$$Y = \beta_0 + \beta_1 x_1 + \beta_2 x_2 + \ldots + \beta_n x_n + \varepsilon$$

式中，β_0、β_1、$\cdots$、β_n 为回归算法中的参数（截距和回归系数）；x_1、x_2、$\cdots$、x_n 为特征变量（自变量）；ε 为随机误差。图 3-3 展示了线性回归的一般示意图（只有一个特征变量）。

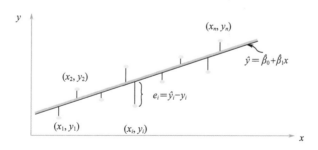

图3-3 线性回归算法示意图

回归损失函数应用于回归算法的训练过程中，根据损失函数的形式可以分为均方误差损失函数、平均绝对误差损失函数和胡贝尔损失函数三种。无论哪一种损失函数，最小化损失函数的值就是机器学习的目标。

① 均方误差损失函数 MSE（Mean Squared Error Loss Function）

一个训练样本上的损失（残差）等于目标变量 Y 的实际观测值与其预测值 $\hat{Y}$ 之间的差的平方。对于一般线性回归模型来说，它的均方误差损失函数是残差平方和的平均值，公式为：

$$L(Y, f(x)) = \frac{1}{N} \sum_{i=0}^{N} (y_i - \hat{y}_i)^2 = \frac{1}{N} \sum_{i=0}^{N} (y_i - (\beta_0 + \beta_1 x_{1i} + \beta_2 x_{2i} + \cdots + \beta_n x_{ni}))^2$$

式中，N 为训练样本数量。可以看出，损失函数是回归算法参数的函数。

均方误差损失函数由于放大了残差，所以对异常值比较敏感。不适于训练数据中异常值较多的情况。

② 平均绝对误差损失函数 MAE（Mean Absolute Error Loss Function）

一个训练样本上的损失（残差）等于目标变量 Y 的实际观测值与其预测值 $\hat{Y}$ 之间的差的绝对值。对于一般线性回归模型来说，它的平均绝对误差损失函数是残差绝对值和的平均值，公式为：

$$L(Y, f(x)) = \frac{1}{N} \sum_{i=0}^{N} |y_i - \hat{y}_i| = \frac{1}{N} \sum_{i=0}^{N} |y_i - (\beta_0 + \beta_1 x_{1i} + \beta_2 x_{2i} + \cdots + \beta_n x_{ni})|$$

式中，N 为训练样本数量。同样，这个损失函数是回归算法参数的函数。

与均方误差损失函数相比，平均绝对误差损失函数对于异常值较多的训练数据集而言，健壮性更强。

③ 胡贝尔损失函数（Huber Loss Function）

胡贝尔损失函数集成了上述两种损失函数的优点。对于一个训练样本上的胡贝尔损失 L_δ 而言，如果是较小的误差，则损失函数是二次方的；否则损失函数是线性的，并由 δ 参数标识。所以，胡贝尔损失函数又称为平滑平均绝对误差。单个样本的胡贝尔损失计算公式如下：

$$L_\delta = \begin{cases} \dfrac{1}{2}(y - f(x))^2 & |y - f(x)| \leq \delta \\ \delta|y - f(x)| - \dfrac{1}{2}\delta^2 & \text{其他情况} \end{cases}$$

最终的损失函数是所有训练样本上的胡贝尔损失 L_δ 之和的平均值。与其他两种损失函数相比，这种损失函数的健壮性更强。

（2）二分类损失函数

如果目标变量的取值范围只有两个类别值，如 0 和 1、正面和反面、良性和恶性、阳性和阴性等等，则称这种机器学习问题为二分类问题。图 3-4 为一个二分类的示意图。

二分类损失函数应用于二分类算法的训练过程中，根据损失函数的形式可以分为二

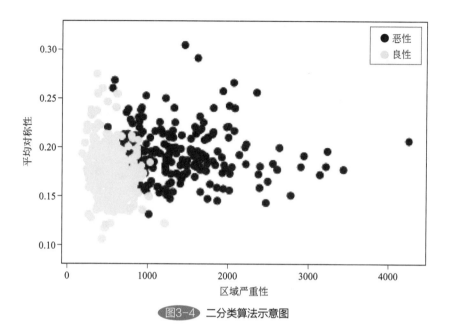

图3-4 二分类算法示意图

分类交叉熵损失函数和铰链损失函数两种。无论哪一种损失函数，最小化损失函数的值就是机器学习的目标。

① 二分类交叉熵损失函数（Binary Cross-Entropy Loss function）

在第2章我们讲过，熵是度量随机事件不确定性的量化指标，表示了随机事件的无序程度。所以，熵实现了信息的定量描述。

熵值越大，表示随机变量的分布越不确定，其分布越是无序；熵值越小，表示这个分布越是有序。这个特点使得熵适合作为二分类算法的损失函数，因为最小化损失函数的值就是算法训练的目标。

二分类交叉熵损失函数公式如下：

$$L(Y, P) = -\frac{1}{N} \sum_{i=0}^{N} \left(y_i \log(p_i) - (1-y_i) \log(1-p_i) \right)$$

式中，N 为训练样本数量，y_i 为输入变量 x_i 的真实类别（以0、1表示两个类别），p_i 为当预测输入变量取 x_i 值时属于类别1的概率（则属于类别0的概率就是 $1-p_i$）。可以看出，损失函数是算法参数的函数。

交叉熵损失函数又称为对数似然损失(Log-likelihood Loss)，关于熵的更多信息，我们将在后面章节中讲述。

② 铰链损失函数（Hinge Loss function）

铰链损失函数主要用于分类标签为-1和1的支持向量机SVM分类器（一种二分类方法）。铰链损失函数公式如下：

$$L(Y, f(x)) = \frac{1}{N} \sum_{i=0}^{N} \left(max(0, 1-y_i f(x_i)) \right)$$

式中，y_i是实际值(-1或1)。

（3）多分类损失函数

如果目标变量的取值范围多于两个类别值，如文档分类分为A/B/C/D四类，学生课外小组分为琴/棋/书/画四类等等，则称这种机器学习问题为多分类问题，它是二分类问题的扩展。图3-5为一个多分类的示意图。

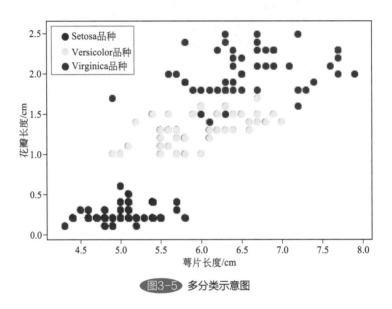

图3-5 多分类示意图

多分类损失函数应用于多分类算法的训练过程中，根据损失函数的形式可以分为多分类交叉熵损失函数和KL散度损失函数两种。无论哪一种损失函数，最小化损失函数的值就是机器学习的目标。

① 多分类交叉熵损失函数（Multi-class Cross Entropy Loss function）

多分类交叉熵损失函数是二分类交叉熵损失函数的扩展，对于输入特征变量X_i，对应的独热编码（One-Hot Encoding）目标变量Y_i的损失函数如下：

$$L(X_i, Y_i) = -\sum_{j=0}^{c} \left(y_{ij} \times \log(p_{ij}) \right)$$

式中：$y_{ij} = \begin{cases} 1 & 第i个样本属于第j个类别 \\ 0 & 其它情况 \end{cases}$;

$p_{ij} = f(X_i)$，为第i个样本属于第j个类别的概率。

② KL散度损失函数（Kullback Leibler Divergence Loss）

KL散度是度量一个概率分布与另一个概率分布的差异化程度的量化指标，KL散度等于0表示这两个分布是相同的。假设有两个概率分布P和Q，则P基于Q的KL散度损失函数的公式如下：

$$D_{KL}(P\|Q)=\begin{cases}-\sum_{x}P(x)\log\dfrac{Q(X)}{P(X)}=\sum_{x}P(x)\log\dfrac{P(X)}{Q(X)} & \text{离散分布}\\[4mm]-\int P(x)\log\dfrac{Q(X)}{P(X)}=\int P(x)\log\dfrac{P(X)}{Q(X)} & \text{连续分布}\end{cases}$$

注意：$D_{KL}(P\|Q)$不等于$D_{KL}(Q\|P)$。

3.1.2.2 训练过程

在解决实际问题时，我们首先会确定构建模型所使用的算法，明确由算法的所有参数组成的参数向量θ，进而能够确定算法对应的损失函数L。从上面的内容可知，损失函数L一定是算法参数向量θ的函数，我们的目标就是求解使损失函数L具有最小值的参数向量θ^*。

现在假定我们已经掌握了训练算法所需要的数据集，现以梯度下降（gradient descent）法作为优化策略，概述一下算法的训练步骤。

① 确定构建模型的算法$f(x)$，明确算法中的参数向量θ。这是训练任务的目标；
② 确定算法对应的损失函数L（一般是每个样本损失和的平均值）；
③ 推导出损失函数L对参数θ_i的偏导数，其中θ_i表示第i个参数；
④ 设置学习效率α、迭代次数阈值和微小误差ε（都是超参数），并初始化每个参数值；
⑤ 根据第三步、第四步的结果，对参数θ_i进行迭代更新，迭代计算损失函数值：

$$\theta_{i+1}=\theta_i-\alpha\frac{\partial L}{\partial\theta_i}\Big|_{\theta=\theta_i}$$

⑥ 对第五步循环迭代。在符合下面三个条件之一后停止迭代，确认参数向量θ：

◇ $|\theta_{i+1}-\theta_i|<\varepsilon$；
◇ 由偏导数组成的梯度向量接近于零向量；
◇ 迭代次数达到了设置的阈值。

3.1.2.3 数据集合

在利用上面的算法训练步骤生成模型的过程中，使用的是训练数据集，通常我们会把获得的原始数据集划分为两部分：训练数据集（training data set）和测试数据集（test data set），其中训练数据集用于损失函数优化，获得算法参数，构建一个完整的模型，测试数据集用于评估（score）模型的准确性，检验模型的泛化能力，代表了模型的最终性能。因此在比较两个模型性能的时候，应该基于相同的测试数据集进行比较才有意义。

在算法的训练过程实施前，需要确定算法的超参数。超参数是在开始学习过程之前需要设置的参数，而不是通过训练得到的参数数据。这个概念我们在第一章的"机器学习开发步骤"中讲过。

通常情况下，需要对超参数进行优化，为算法选择一组最优超参数，以提高模型的性能，特别是为了防止过拟合现象的出现（下一节会讲到过拟合）。这时就涉及另外一个数据集的概念：验证数据集（validation data set），我们知道，很多模型存在着超参数设置的问题，不同的超参数组合，就对应着不同的潜在模型，而验证数据集的目标就是为了能够从这一个可能的模型集合中挑选出在验证集上表现最好的一个模型，提供给测试集。

验证数据集来自训练数据集，也就是说训练数据集再次分为两部分：训练数据集和验证数据集，其中训练数据集仍然用于模型的构建。把第一次训练好的模型应用于验证数据集中，验证模型的效果，如果性能指标不好（如出现过拟合现象），就需要重新设置超参数，利用训练数据集再次进行训练，直到找到一组超参数，使得模型针对验证集来说是最优的，也就是说，验证数据集可以重复使用，应用于不同的超参数组合，以便能够选择最佳的模型。相对于测试数据集，验证数据集更像是一次次的高考前"模拟考试"，而测试数据集则是一次最终判断模型好坏的"高考"。

图3-6展示了这三种数据集的关系。

读者需要注意的是，训练数据集、验证数据集、测试数据集之间是没有交集的。另外，如果一个算法没有超参数，或超参数太多、太复杂，不容易调整优化，或者数据集

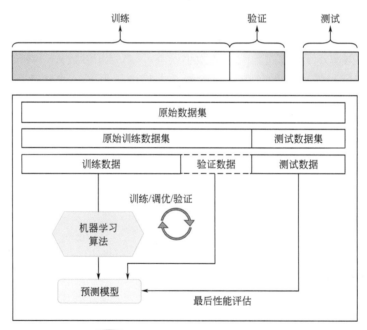

图3-6　三种数据集的划分及作用示意图

比较少，是可以不需要验证集的。

3.1.2.4　交叉验证

训练数据集、验证数据集以及测试数据集三者之间没有交集，也就是说，原始数据集一旦划分完毕，这三组数据集就已经确定了，这存在一个潜在的问题：最终训练后的模型有可能对验证数据集是过拟合的，即对验证数据集来说，看起来效果很好，但是由于此时只有一组验证数据集，一旦这一份验证集里出现问题，如异常值过多、分布与训

练数据集有较大差异等，则对具有最终效果判定的测试数据集来说，就有可能效果比较差，即最终的模型性能比较差。

为了解决这个潜在的问题，专家们提出了交叉验证CV（Cross Validation）。出现在构建模型阶段的交叉验证是一种广泛使用的重采样（resampling）技术，用于评估一个预测模型的泛化能力（应用于新数据的能力），以防止过拟合的发生。

顾名思义，交叉验证的意思就是同一部分数据在不同步骤中既可以用于训练模型，也可以用于验证模型，交叉使用。把初始训练集数据划分成K份，可以组合为不同的训练集和验证集，用训练集来训练模型，用验证集来评估模型的预测能力。采用这种方法，得到多组不同的训练集和验证集，某次训练集中的某个样本有可能成为下次某个验证集中的样本，即所谓"交叉"。注意：交叉验证只是发生在模型构建阶段。

图3-7示意性地展示了交叉验证中数据的使用方式，图中FOLD1、FOLD2……FOLD5表示第一组、第二组……第五组数据，即把训练数据集分成了五组（$K=5$）。

交叉验证可以用于超参数调优、特征选择等，实现的方法也有多种，包括K折交叉验证、留一法LOOCV、分层交叉验证等方式。下面我们以K折交叉验证方法概述一下交叉

图3-7 交叉验证中训练数据的使用方式

验证的步骤。

① 把所有数据划分为K组（如$K=5$）；

② 设置模型的超参数；

③ 选定第i组数据（$i=1 \sim K$）作为验证集，其他（$K-1$）组共同组成训练集；

④ 使用训练集，（随机）初始化模型参数，并进行模型构建；

⑤ 基于验证集，对构建的模型进行验证评估，获得并记录评估结果（主要指性能指标，如准确度、查全率、查准率等等），不再保留构建的模型；

⑥ 跳回步骤3，循环3～5步骤。

⑦ 这样共进行了K次"训练-验证"，获得K次评估结果。然后计算这K次评估结果的平均指标，判断平均指标是否满足期望。如果满足，说明设置的模型超参数是合适的，则进入下一个步骤；如果不满足，则跳回步骤2，重新设置模型的超参数，继续循环3～7步骤。

⑧ 到这一步说明已经获得了合适的模型超参数，使用此超参数，将所有K组数据组成一个完整的训练数据集，并进行模型训练，构建一个用于测试集的模型。至此，使用交叉验证方式构建模型的步骤结束。后面的步骤就是模型测试评估阶段了。

在极端情况下，在交叉验证过程中，如果一直没有满足期望性能的模型，则应该考虑更换其他算法（模型）。

可以看出，交叉验证与上一节讲述的标准验证数据集方式最大的不同就是，交叉验证方式循环利用了所有的原始训练数据集作为测试集，可以认为是标准验证数据集方式的扩展，这样可以最大程度地做到无偏估计，能够提升模型的泛化（普适）能力。

关于交叉验证的详细知识，我们会在后续相关章节中进行详细描述。

3.1.3　过拟合和欠拟合

拟合（fit）是在给定一个数据样本序列和某种设定规则下，寻找与所有数据样本最接近的函数曲线的过程。在机器学习中，数据样本序列就是训练数据集，而设定规则就是损失函数。所以，拟合的过程实际上就是基于训练数据集，以优化损失函数为目标，构建模型的过程。所以，在Scikit-learn中，每个评估器（代表一个算法）都有一个构建模型的方法fit( )。通过这个函数来拟合训练数据，构建最佳模型。

一个好的模型不仅对训练数据集有很好的拟合效果，同时对其他新数据（如测试数据）也应该有很好的拟合效果，这是我们所期望的结果，称为正常拟合（fitting）。但通常我们也会遇到另外两种情况：过拟合（overfitting）和欠拟合（underfitting），如图3-8所示。我们在第一章的"机器学习开发步骤"中提到过这两个概念，下面我们再分别介绍一下。

（1）过拟合

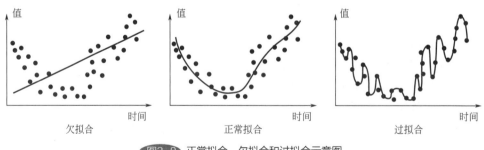

图3-8　正常拟合、欠拟合和过拟合示意图

过拟合是指训练获得的模型在训练集上表现很好，但是在测试集上表现不佳。模型过拟合时虽然对训练集的数据几乎都完美地预测到了，但是构造模型的目标并不是预测训练数据，而是预测新的数据（如测试数据等）。过拟合说明模型的泛化能力很差，普适性不够，所以可以通过减少模型的复杂度（如减少特征变量）、增加训练数据量，以及通过正则化（regularization）来解决。

正则化是一种通过附加约束来限制某些模型参数以降低过拟合的手段，我们会在后续的相关章节中详细讲述。

（2）欠拟合

欠拟合是指训练获得的模型在训练集（包括验证集）和测试集上均表现不佳。模型欠拟合的情况说明模型比较简单，复杂度不够，例如仅仅与一个或少量几个特征变量相关。所以可以通过增加模型的复杂度、增加特征变量和训练数据量等来解决。

关于过拟合和欠拟合的详细知识，我们会在后续相关章节中进行详细讲述。

3.1.4 模型性能度量

"没有测量，就没有科学"，这是俄国著名科学家门捷列夫的名言。在机器学习领域，这句话同样适用。在模型选择和训练验证过程中，只有通过计算不同模型的性能指标并进行对比，才能选择出科学、实用的模型。本小节将对无监督学习和有监督学习中最常见的模型评估指标进行讲述。

3.1.4.1 有监督学习

根据预测目标变量的性质，有监督学习可分为回归模型和分类模型两大类别，两者之间的性能度量指标是不同的，差别较大。下面我们分别概要介绍回归模型和分类模型常用的度量指标，在后续的章节中我们会讲到其他度量指标。

3.1.4.1.1 回归模型

回归算法常用的评估指标有平均绝对误差、均方误差（平均平方误差）、（调整）决定系数等。

（1）平均绝对误差 MAE（Mean Absolute Error）

平均绝对误差 MAE 表示预测值和实际值之间绝对误差的平均值，也就是预测值和实际值之间误差绝对值的期望值，其公式为：

$$MAE = \frac{1}{n}\sum_{i=1}^{n}|y_i - \hat{y_i}|$$

式中，n 是数据样本数量，y_i 是第 i 样本的目标变量实际值，$\hat{y_i}$ 是第 i 样本的目标变量预测值。

平均绝对误差 MAE 值越小，说明模型拟合测试数据具有更好的精确度。它也称为 L1 范数损失（L1-norm loss）。

（2）均方误差 MSE（Mean Squared Error）

均方误差 MSE 表示预测值和实际值之间误差平方和的平均值，也就是预测值和实际值之间误差平方的期望值。其公式为：

$$MSE = \frac{1}{n} \sum_{i=1}^{n} (y_i - \hat{y}_i)^2$$

式中，n 是数据样本数量，y_i 是第 i 样本的目标变量实际值，$\hat{y}_i$ 是第 i 样本的目标变量预测值。

均方误差 MSE 值越小，说明模型拟合测试数据具有更好的精确度。它也称为 L2 范数损失（L2-norm loss）。

（3）均方根误差 $RMSE$（Root Mean Square Error）

均方根误差 $RMSE$ 等于均方误差 MSE 的平方根，即：

$$RMSE = \sqrt{MSE} = \sqrt{\frac{1}{n} \sum_{i=1}^{n} (y_i - \hat{y}_i)^2}$$

（4）决定系数

决定系数也称为判定系数，或者拟合优度，即 R^2。它反映了目标变量的变化有多大比例是可以由特征变量来解释。其公式为：

$$R^2 = \frac{\sum_{i=0}^{n}(\hat{y}_i - \bar{y})^2}{\sum_{i=0}^{n}(y_i - \bar{y})^2} = 1 - \frac{\sum_{i=0}^{n}(y_i - \hat{y}_i)^2}{\sum_{i=0}^{n}(y_i - \bar{y})^2}$$

式中，n 是数据样本数量，y_i 是第 i 样本的目标变量实际值，$\hat{y}_i$ 是第 i 样本的目标变量预测值，$\bar{y}$ 是目标变量的平均值。

R^2 取值范围为 [0, 1]。R^2 越接近于 1，回归模型的拟合优度越高，表示特征变量对目标变量的解释程度越高，数据样本点在回归模型附近越密集，也就是模型性能更好；反之，R^2 越接近于 0，说明回归模型的拟合优度越低，即模型性能较差。通常 R^2 用于只有一个特征变量时的情况。

（5）调整决定系数

调整决定系数，也称为调整判定系数，或者调整拟合优度，即 $\bar{R}^2$，它消除了了样本数量和特征变量个数的影响。其公式为：

$$\bar{R}^2 = 1 - \frac{\dfrac{\sum_{i=0}^{n}(y_i - \hat{y_l})^2}{n-p-1}}{\dfrac{\sum_{i=0}^{n}(y_i - \bar{y})^2}{n-1}} = 1 - R^2 \times \frac{n-1}{n-p-1}$$

式中，n 是数据样本数量，p 是特征变量的个数，y_i 是第 i 样本的目标变量实际值，$\hat{y_l}$ 是第 i 样本的目标变量预测值，$\bar{y}$ 是目标变量的平均值。

$\bar{R}^2$ 取值范围为 [0, 1]。$\bar{R}^2$ 越接近于 1，回归模型的拟合优度越高，表示特征变量对目标变量的解释程度越高，数据样本点在回归模型附近越密集，也就是模型性能更好；反之，$\bar{R}^2$ 越接近于 0，回归模型的拟合优度越低，模型性能较差。通常 $\bar{R}^2$ 用于多个特征变量时的情况。

3.1.4.1.2　分类模型

我们以二分类模型为例说明分类模型的性能指标。分类模型的性能指标与混淆矩阵密切相关。

表 3-1 所示是二分类模型的混淆矩阵，也称四格表。为了研究和表示方便，我们把二分类模型的结果类别抽象化为 Positive（阳性、正例）、Negative（阴性、负例）两种结果。至于把哪种类别（标签）抽象化为阳性（Positive），哪种类别抽象化为阴性（Negative），完全由使用者根据业务倾向自己决定，比如可把用户流失抽象为正例（Positive），把客户银行贷款申请通过抽象为正例（Positive）等等。

表3-1　二分类模型的混淆矩阵

模型预测＼实际情况	Positive	Negative
Positive	*TP*	*FP*
Negative	*FN*	*TN*

注：
① *TP*：真阳性。样本的真实类别是正例，并且模型预测的结果也是正例的样本数目；
② *FP*：假阳性。样本的真实类别是负例，但是模型将其预测成正例的样本数目；
③ *FN*：假阴性。样本的真实类别是正例，但是模型将其预测成负例的样本数目；
④ *TN*：真阴性。样本的真实类别是负例，并且模型预测的结果也是负例的样本数目。

基于混淆矩阵的数据，派生出下面几个非常重要的模型评价指标，其中 $Total = TP+FN+FP+TN$ 代表所有样本数据的数目。

（1）准确率（Accuracy）

也称为正确率，是指被正确分类的样本比率。其计算公式为：

$$Accuracy = \frac{TP+TN}{Total}$$

（2）查准率（Precision）

也称为精确率，或者阳性预测率 *PPR*（Positive Predictive Rate），是指在所有判别为正例的结果中，真正的正例所占的比率。其计算公式为：

$$Precision = \frac{TP}{TP+FP}$$

（3）查全率（Recall）

也称为召回率、敏感度（sensitivity）、命中率（hit rate），或者真阳性率 *TPR*（True Positive Rate），是指模型预测为正例且实际也为正例的样本占所有正例样本的比率，描述了分类模型对正例类别的敏感程度，评价的是模型在正例样本集合上的表现。其计算公式为：

$$Recall = \frac{TP}{TP+FN}$$

（4）F1评分（F1 Score）

指标查准率和查全率是一对矛盾的度量指标。一般而言，查准率高时，查全率往往偏低；而查全率高时，查准率往往偏低。而F1评分则总和了这两个指标，是查准率和查全率的调和平均数。其计算公式为：

$$F1评分 = \frac{2 \times (Precision \times Recall)}{Precision + Recall}$$

一般来说，F1评分越大，说明模型的性能越好。

3.1.4.2　无监督学习

一般来说，无监督学习包括聚类和关联规则两种算法。由于无监督学习模型不做预测，也不存在目标变量，因此无法直接根据模型预测的准确率进行评估。但是它们仍然有各自的评价指标。

3.1.4.2.1　关联规则

关联规则 AR（Association Rule）是表示一个项集与另一个项集之间的相互关系及关联程度的模型。对于关联规则模型的评价指标有三个，分别是支持度（Support）、置信度（Confidence）和提升度（Lift）。

（1）支持度

是指在所有事务中，同时包含前项A和后项C的事务所占的比例，用support(A->C)来表示。

支持度是建立强关联规则的第一个门槛，它揭示前项A和后项C同时出现的概率

（联合概率）$P(AC)$。

（2）置信度

是指在所有事务中，前项A和后项C同时发生的事务数占前项A发生的事务数的比例，用confidence(A->C)来表示：

$$confidence(A{-}{>}C) = support(AC)/support(A)$$

置信度反映了一个关联规则的可信（可以被接受）的程度，它是在前项A给定的条件下，后项C发生的条件概率，即$P(C|A)$。

（3）提升度

是指置信度confidence(A->C)与后项C的支持度support(C)之比，称为关联规则的提升度，用lift(A->C)来表示：

$$lift(A{-}{>}C) = confidence(A{-}{>}C)/support(C)$$

提升度是判定一个关联规则是否可用的指标。如果提升度大于1，说明本条关联规则是有效的，否则，即使支持度和置信度再高，这条关联规则也是无效的。提升度大于1时，越高表明前项A与后项C的正相关性越高；提升度小于1时，越低表明前项A与后项C的负相关性越高；提升度等于1，则表明A与C没有相关性。

3.1.4.2.2 聚类

聚类（Cluster）模型是按照某种相近程度的度量方法，把训练数据集中的数据有效地划分到不同的组别（簇）中，达到"组别之间的差别尽可能大，组内数据之间的差别尽可能小"的效果。评价聚类性能的一个实用指标是轮廓系数(silhouette coefficient)。

轮廓系数是由Peter J. Rousseeuw于1986年提出的，它结合了一个数据样本的凝聚和分离思想，能够很好地评价一个聚类模型的效果。假设数据样本i在簇A中，$s(i)$为数据样本i的轮廓系数。

$$s(i)=\frac{b(i)-a(i)}{max(a(i),\,b(i))}$$

式中，$a(i)$为数据样本i与簇A中其他数据样本的平均距离，$a(i)$越小说明数据样本i越应该分配到簇A中，所以$a(i)$称为数据样本i的簇内不相似度。$b(i)$为数据样本i的簇间不相似度，它是数据样本i与簇A最相近的一个簇内所有数据样本点距离的平均值。

数据样本i的轮廓系数$s(i)$取值范围为[-1,1]。

$s(i)$越接近1，则数据样本i分配到簇A中越合理。

$s(i)$越接近-1，则数据样本i分配到簇A中越不合理，应该分配到其他簇中。

$s(i)$越接近0，则数据样本i在两个簇的边界上。

在知道一个样本的轮廓系数$s(i)$之后，就可以计算一个簇的轮廓系数s，一个簇的轮廓系数s是本簇内所有样本点轮廓系数的平均值。

除了轮廓系数外，聚类的评估指标还有兰德指数 RI（Rand Index）或调整兰德指数 ARI（Adjusted Rand Index）、互信息（Mutual Information）。但是，与轮廓系数不同，这两种评估指标的计算都需要事先知道样本的真实类别，这与有监督学习的前提条件是一样的，这里不再详述，在本书后面的章节中遇到时，我们再详述。

3.2　模型选择

在解决一个机器学习问题的过程中，最困难的环节就是如何选择一个正确的算法或模型。在 Scikit-learn 中，就是选择合适的评估器（estimator）。不同的数据类型和学习问题都有自己合适的算法相对应。图 3-9 所示的流程图可以给读者一个粗略地寻找合适算法的指南和参考。

读者在面对一个机器学习问题时，可以从"START"按钮开始根据要处理的数据类型、样本数量、问题的类型（分类 / 回归 / 聚类 / 降维）选择不同的分支，逐步确定一个合适的算法或模型。

3.3　Scikit-learn的功能模块

Scikit-learn 是一个功能强大且被广泛使用的 Python 机器学习框架，其基本功能主要由六大模块组成：分类、回归、聚类、数据降维、模型选择和数据预处理。

（1）数据预处理（Data preprocessing）

预处理的目标是提取最关心的特征变量（特征抽取）、数据归一化处理等。
应用场景：文本数据向量化、数据标准化等。
实现算法：相关预处理方法、特征抽取方法等等。

（2）数据降维（Dimensionality reduction）

降维的目标是减少需要考虑的随机变量的数量。
应用场景：可视化、效率提升。
实现算法：主成分分析 PCA、K-Means 聚类、非负矩阵分解（NMF）等等。

（3）分类（Classification）

分类算法的目标是识别一个研究对象（数据）属于哪个类别。
所属类别：有监督学习。
应用场景：垃圾邮件检测、模式识别、图像识别、欺诈识别等。

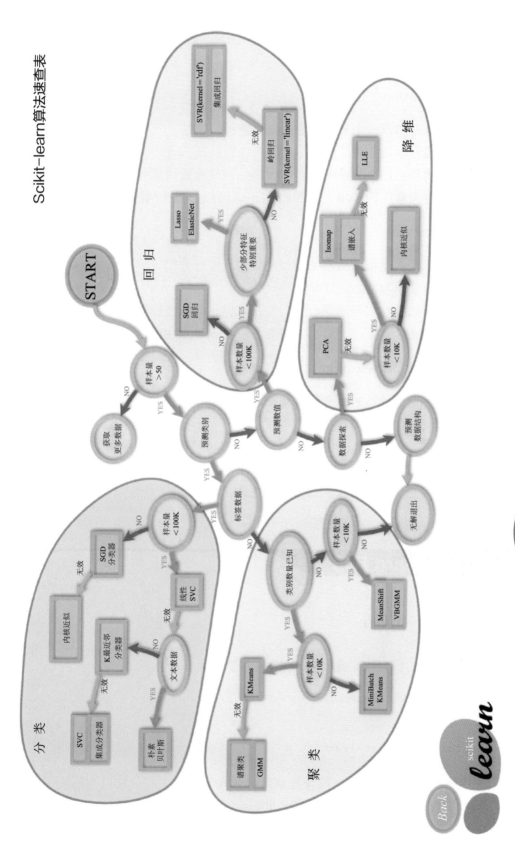

图3-9 Scikit-learn算法或模型选择建议流程图

实现算法：支持向量机SVM、最近邻分类KNN、随机森林、决策树、逻辑回归等等。

（4）回归（Regression）

回归算法的目标是预测一个研究对象的某个连续值属性。

所属类别：有监督学习。

应用场景：药物反应，股价预测，销售预测，网站流量预测等。

实现算法：支持向量回归SVR、岭回归、Lasso回归、弹性网络（Elastic Net）等等。

（5）聚类（Clustering）

聚类算法的目标是自动把数据集中相似的数据点进行分组。

所属类别：无监督学习。

应用场景：客户细分、实验结果分组、文章聚类、异常值检测等。

实现算法：K-Means聚类、谱聚类、均值漂移（Mean Shift）、层次聚类等等。

（6）模型选择（Model selection）

模型选择的目标是通过比较、验证等方法，选择最佳参数和模型。

应用场景：优化参数，提高模型的准确度。

实现算法：网格搜索（grid search）、交叉验证CV等等。

数据预处理是机器学习过程中的第一个步骤，也是至关重要的一个环节。下一章将从数据预处理开始，正式开始Scikit-learn学习之旅。

3.4　Scikit-learn 应用

3.4.1　安装Scikit-learn

安装Scikit-learn的最好方式是使用pip工具，使用命令如下：

```
1.  pip install Scikit-learn
2.  # 或者
3.  pip install -U Scikit-learn    # 直接安装最新的版本
```

在程序中使用Scikit-learn库之前首先要将其导入。由于大部分常用的模块都位于子模块中，而子模块不会自动导入，所以Scikit-learn库的导入要给出具体的子模块。导入方法如下：

```
1.  import sklearn as skl    # 可访问顶层函数、常量等
2.
3.  import sklearn.preprocessing as prcs
4.  import sklearn.linear_model as lnr
5.
6.  # 或者
7.  from sklearn.preprocessing import StandardScaler as stdScl
8.  from sklearn.linear_model import LogisticRegression    # 也可添加 as 字句
```

注意：虽然安装时用的名称为Scikit-learn，但导入时用的名称确是sklearn，这一点需要注意。

3.4.2 数据导入

通常Scikit-learn可以处理以NumPy数组或SciPy稀疏矩阵存储的任何数值数据，另外也间接支持可以转换为NumPy多维数组的数据类型，如Pandas的数据框（pandas.DataFrame）。

在安装Scikit-learn时，同时也会在本地安装一些小的数据集，它们可以通过Scikit-learn提供的数据集加载器（dataset loaders）直接加载到内存中使用；另外，Scikit-learn也提供了一些数据集提取器（dataset fetchers），可以从网络上加载大的数据集使用。而对于用户自己的数据集，可以使用Scikit-learn提供的数据集datasets子模块、NumPy或Pandas等扩展包提供的方法导入。

（1）加载随系统安装的小数据集

表3-2展示了加载本地小数据集的数据加载器，这些数据集是在安装Scikit-learn扩展包时自动安装的。

表3-2　小数据集数据加载器

数据加载器	说明
load_boston( )	返回波士顿房屋价格数据集（回归）
load_iris( )	返回虹膜数据集（分类）
load_diabetes( )	返回糖尿病数据集（回归）
load_digits( )	返回数字图像数据集（分类）
load_linnerud( )	返回linnerud数据集（多元回归）
load_wine( )	返回葡萄酒数据集（分类）
load_breast_cancer( )	返回威斯康星州乳腺癌数据集（分类）

（2）特定网络地址保存的数据集

这里的数据集是 Scikit-learn 提供的、在网络上的特定地址保存的数据集。相对上面的本地小数据集而言，这些数据集往往较大。它们在第一次下载后会被保存在本地，以后就不需要进行再次下载了。相应数据提取器如表3-3所示。

表3-3　数据提取器

数据提取器	说明
fetch_olivetti_faces( )	从AT&T加载Olivetti人脸数据集（分类）
fetch_20newsgroups( )	从预定的20个新闻组数据集中加载数据（分类）
fetch_20newsgroups_vectorized( )	从预定的20个新闻组数据集中加载数据，并且进行向量化处理（分类）
fetch_lfw_people( )	加载打标签的人脸数据（分类）
fetch_lfw_pairs( )	加载打标签的成对人脸数据（分类）
fetch_covtype( )	加载covertype数据集（分类）
fetch_rcv1( )	加载路透社新闻语料多标签数据集（分类）
fetch_kddcup99( )	加载kddcup99数据集（分类）
fetch_california_housing( )	加载加利福尼亚州住房数据集（回归）

无论是数据加载器还是数据提取器，返回结果是一个类似 Python 字典式的包含数据及其元信息的对象：sklearn.utils.Bunch，该对象的 .data 属性包含了具体的特征变量数据，是一个二维 NumPy 数组，形状 shape 为 (n_samples, n_features)；该对象的 .target 属性则对应着目标变量的数据。我们会在本章第五节的例子中看到具体使用方法。

（3）自定义数据

对于数据导入，最为常见的情况是导入自定义的数据。表3-4列出了将标准列数据加载为 Scikit-learn 可用格式的一些推荐工具。

表3-4　导入标准列数据工具

名称	说明
pandas.io	可以读取CSV、Excel、JSON文件，甚至直接支持SQL语句。Pandas也提供转换为NumPy数组的便利工具
scipy.io	专为二级制格式文件读取的工具，例如.mat、.arff文件
numpy/routines.io	标准加载列格式数据，并转换为NumPy数组
skimage.io或Imageio	加载图像或视频文件，并转换为NumPy数组
scipy.io.wavfile.read	加载WAV文件，并转换为NumPy数组
sklearn.datasets.load_sample_images	加载嵌入的JPEG图形文件
sklearn.datasets.load_sample_image	加载一个嵌入的JPEG图形文件
sklearn.datasets.load_svmlight_file	专为加载svmlight或libSVM稀疏格式文件读取的工具
sklearn.datasets.fetch_openml	从openml.org网站中下载指定的数据
sklearn.datasets.load_files	加载指定目录下的文本文件（目录可包含子目录，子目录被认为是不同文件类别）

注：openml.org 是一个用于机器学习和实验使用的公共数据存储库，每个人都可以上传数据集。

3.4.3　模型持久化

模型训练并验证完毕后，持久化是一种比较理想的保存并重复使用的方式。在Scikit-learn中有两种保存模型的方法：①使用Python内置持久化模块pickle对模型序列化；②把模型保存为符合开放标准的文件（如保存为PMML模型文件，可能需要第三方库）。

下面以示例代码说明：

```
1.
2.  from sklearn import svm
3.  from sklearn import datasets
4.
5.  clf = svm.SVC()
6.  X,y= datasets.load_iris(return_X_y=True)
7.  clf.fit(X,y)
8.
9.  # 使用pickle模块输
10. import pickle
11.
12. # 输出模型、加载模型
13. s = pickle.dumps(clf)
14. clf2 = pickle.loads(s)
15.
16. ## 使用模型预测
17. clf2.predict(X[0:1])
18.
19.
20. # 也可以使用 joblib模块进行相同的操作，可以输出到文件
21. from joblib import dump,load
22.
23. ## 输出模型，文件名称为：model_filename.joblib
24. dump(clf,'model_filename.joblib')
25.
26. ## 加载模型文件，以便使用
27. clf = load('model_filename.joblib')
28.
```

使用pickle对模型序列化时，可能会有一个问题：对于不同版本的Scikit-learn或Python，会有潜在的兼容性问题，即在不同的Python版本中存储和导入同一个模型时，有可能会失败。所以，建议读者采取开放的模型标记语言PMML。关于PMML的知识，读者可参考笔者的另一本书《PMML建模标准语言基础》。

3.4.4 文本数据处理

通常 Scikit-learn 评估器需要长度固定的、数值型的特征向量作为输入。以分类评估器来说，需要的是一个 NumPy 二维数组 X 作为特征变量和一个 NumPy 一维数组 Y 作为目标变量。其中，数组 X 将特征变量保存为列，样本保存为行；数组 Y 包含一列整数值，分别对应数组 X 中样本所属类别的整数编码值。

但是我们知道，文本分析也是机器学习非常重要的一个应用领域。文本是由字符串组成的一个序列，这是 Scikit-learn 评估器（构建模型总是要首先选择某个评估器的）所不能直接接收的。所以必须进行预处理，从文本中抽取数值特征，然后才能使用。

Scikit-learn 专门提供了一个针对文本和图片的预处理模块：sklearn.feature_extraction，可以从文本和图片的数据集中提取数值特征，此模块提供了文本标记化（tokenizing）、计数（counting）、规范化（normalizing）和权重化（weighting）以及相关的操作，如计数向量化、TF-IDF 实现等，可以把文本或图片数据转换成评估器可以接受的数值型特征向量。关于此模块这里不详细说明，在后续的章节中遇到时我们会专门进行描述。

除了对文本和图片数据进行预处理外，还有另外一种迂回的办法，这种办法适用于使用预计算距离或相似性矩阵参数的评估器，实质是为该参数提供一个自定义度量函数。下面以示例方式展示这种方法，请看代码：

```
1.
2.  from leven import levenshtein
3.  import numpy as np
4.  from sklearn.cluster import dbscan
5.
6.  data = ["ACCTCCTAGAAG","ACCTACTAGAAGTT","GAATATTAGGCCGA"]
7.
8.  # 计算Levenshtein距离
9.  def lev_metric(x,y):
10.     i,j = int(x[0]),int(y[0])      # extract indices
11.     return levenshtein(data[i],data[j])
12.
13. X = np.arange(len(data)).reshape(-1,1)
14. print(X)
15. print("-"*30)
16.
17.
18. # 需要显式设置参数algoritum = 'brute'。
19. Y = dbscan(X,metric=lev_metric,eps=5,min_samples=2,algorithm='brute')
20. print(Y)
21.
```

运行后，输出结果如下（在Python自带的IDLE环境下）：

```
1.  [[0]
2.   [1]
3.   [2]]
4.  ------------------------------
5.  (array([0,1],dtype=int32),array([ 0,  0,-1],dtype=int32))
```

类似的技巧也可以应用在树核函数、图核函数等方法上。

注意：Levenshtein距离，即编辑距离，是指两个字符串之间由一个转成另一个所需的最少编辑操作次数。

3.4.5 随机状态控制

在构建模型，如使用RandomForestClassifier( )构建一个随机森林模型，或者利用train_test_split( )拆分数据集时，均需要一个random_state参数，如果不设置这个参数，则有可能每次返回的结果都不相同，显然，这种状况不能满足测试和复现的要求，因此我们有必要控制函数的随机状态。

设置参数random_state就设置了一个随机数种子，它可以是一个整型值，也可以是一个numpy.random.RandomState对象。这样，在需要参数random_state的类或函数中设置一个固定的值，就可以保证评估器构建、交叉验证集划分等操作复现每次结果。

实际上，Scikit-learn没有自己的全局随机状态，它依赖NumPy的全局随机状态。我们可以通过设置numpy.random.seed( )来获得同样的效果。例如，下面这段代码就可以保证每次返回相同的随机数。

```
1.
2.  import numpy as np
3.
4.  np.random.seed(123)   ## 设置固定的随机种子
5.  data = np.random.randn(4,4)
6.  print('生成的随机数： ')
7.  print(data)
8.
```

3.4.6 分类型变量处理

由于Scikit-learn评估器需要的是数值型的特征向量作为输入（NumPy数组），所以需要显式地把分类型特征变量转换为数值型变量才可使用。为此，Scikit-learn提供了sklearn.preprocessing、sklearn.compose.ColumnTransformer等子模块，它们提供了丰富的编码（例如独热编码）和转换方式，将分类型值转换为可用的数值型值。限于篇幅，这里不再举例说明，我们会在后续章节中遇到时再进行详细的说明。

3.4.7 Pandas数据框处理

目前Scikit-learn评估器直接支持的数据类型是NumPy的数值型数组或数值型SciPy稀疏矩阵，因为这种数据格式可以大大减少运算成本，提高效率。对于pandas.DataFrame格式的数据，可以通过Pandas提供的转换工具转换为NumPy数组，然后进入计算流程。

3.4.8 输入输出约定

Scikit-learn的评估器遵循下面的一些规则，以使其行为更具预测性。

（1）类型转换

除非特别说明，否则评估器的输入（即特征变量的数据）将强制转换为float64。请看下面的示例代码：

```
1.
2.  import numpy as np
3.  from sklearn import random_projection
4.
5.  rng = np.random.RandomState(0)
6.  X_raw = rng.rand(10,2000)
7.  X_raw = np.array(X_raw,dtype='float32')
8.  print("X_raw.dtype: ",X_raw.dtype)
9.  print("-"*30)
10.
11. # 高斯随机投影评估器
12. transformer = random_projection.GaussianRandomProjection()
13. X_new = transformer.fit_transform(X_raw)
14. print("X_new.dtype: ",X_new.dtype)
15.
```

运行后，输出结果如下（在Python自带的IDLE环境下）：

```
1.  X_raw.dtype:  float32
2.  ------------------------------
3.  X_new.dtype:  float64
```

在上面这个示例中，X_raw数据类型为float32，被fit_transform( )函数强制转换为float64。

对于输出，即目标变量来说，用回归类型的算法时会被强制转换为float64，用分类类型的算法时将保持不变。下面以支持向量分类算法为例说明，请看代码：

```
1.
2.  from sklearn import datasets
3.  from sklearn import datasets
4.  from sklearn.svm import SVC
5.
6.  iris = datasets.load_iris()
7.  clf = SVC()
8.  clf.fit(iris.data,iris.target)
9.  ##print("SVC(): ",SVC())     ## SVC算法使用的各种参数
10. ##print("-"*37)
11.
12. result = list(clf.predict(iris.data[:3]))
13. print(result);
14. print("*"*37,'\n')
15.
16. clf.fit(iris.data,iris.target_names[iris.target])
17. ##print("SVC(): ",SVC())     ## SVC算法使用的各种参数
18. ##print("-"*37)
19.
20. result = list(clf.predict(iris.data[:3]))
21. print(result);
22.
```

运行后，输出结果如下（在Python自带的IDLE环境下）：

```
1.  [0,0,0]
2.  *************************************
3.
4.  ['setosa','setosa','setosa']
```

在上面这个示例中，第一次调用predict( )时（第12行），返回的是一个整数数组，因为iris.target是一个整数数组；第二次调用predict( )时（第20行），返回的是一个字符串数组，因为iris.target是一个字符串数组。

（2）参数更新和重新拟合

一个评估器在构建后，其超参数是可以通过set_params( )更改的。同样，多次调用构造模型的拟合fit( )时，也会覆盖以前拟合所产生的参数。

（3）多类别分类与多标签分类

多类别分类（Multiclass Classification）和多标签分类（Multilabel Classification）是有很大区别的。其中，多类别分类是指一个样本属于且只属于多个类别中的一个，不同类别之间是互斥的；而多标签分类是指一个样本可以同时属于多个类别（或标签），不同类别之间是可以有关联的。

对于多类别分类器和多标签分类器来说，其预测输出结果是依赖于拟合（构建模型）时目标变量的格式。下面以多类别分类为例说明，请看下面的代码：

```
1.
2.  from sklearn.svm import SVC
3.  from sklearn.multiclass import OneVsRestClassifier
4.  from sklearn.preprocessing import LabelBinarizer
5.
6.  X = [[1,2],[2,4],[4,5],[3,2],[3,1]]
7.  y = [0,0,1,1,2]
8.
9.  clsfr = OneVsRestClassifier(estimator=SVC(random_state=0))
10. print("第一次 ：目标变量是一维数组")
11. print(y)
12. print("-"*30);
13.
14. result = clsfr.fit(X,y).predict(X)
15. print("预测结果为：")
16. print(result)
17. print("*"*37,"\n")
18.
19.
20. y = LabelBinarizer().fit_transform(y)
21. print("第二次 ：目标变量是二维数组，其形状shape：",y.shape)
22. print(y);
23. print("-"*30);
24.
25. result  = clsfr.fit(X,y).predict(X)
26. print("预测结果为：")
27. print(result)
28.
```

运行后，输出结果如下（在Python自带的IDLE环境下）：

```
1.  第一次 ：目标变量是一维数组
2.  [0,0,1,1,2]
3.  ------------------------------
```

```
4.  预测结果为：
5.  [0 0 1 1 2]
6.  **************************************
7.
8.  第二次：目标变量是二维数组，其形状shape：(5,3)
9.  [[1 0 0]
10.  [1 0 0]
11.  [0 1 0]
12.  [0 1 0]
13.  [0 0 1]]
14.  ----------------------------
15.  预测结果为：
16.  [[1 0 0]
17.  [1 0 0]
18.  [0 1 0]
19.  [0 0 0]
20.  [0 0 0]]
```

在上面的例子中，分类器第一次在使用fit( )方法构建模型时的目标变量是一个一维数组，所以在调用predict( )方法预测数据时的返回结果也是一个一维数组；而分类器第二次在使用fit( )方法构建模型时的目标变量是一个二维数组，所以在调用predict( )方法预测数据时的返回结果也是一个二维数组。

3.5 应用实例

Scikit-learn提供了丰富的机器学习算法，称为评估器（estimator），每个评估器使用它的fit( )函数进行拟合，构建模型。下面我们以分类回归树CART(Classification and Regression Trees)算法为例，给出使用Scikit-learn进行模型训练、模型使用的一般流程。

在这个例子中，我们将使用Scikit-learn自带的鸢尾花数据集。请读者注意代码中的注释，具体代码如下：

```
1.
2.  # 构建模型、使用模型的一般流程
3.  from sklearn import datasets
4.  from sklearn import metrics
5.  from sklearn.model_selection import train_test_split
6.  from sklearn.tree import DecisionTreeClassifier  # CART算法
```

```
7.
8.
9.  # Step 1: 准备数据集
10. ### 加载本地的鸢尾花数据集，返回的结果对象是一个sklearn.utils.Bunch对象
11. dataSet = datasets.load_iris()
12. ### 提取特征变量集X和目标变量Y
13. X = dataSet.data
14. Y = dataSet.target
15. ### 把原始数据集划分为训练数据集和测试数据集两部分，按照7:3划分
16. X_train,X_test,Y_train,Y_test = train_test_split(X,Y,test_size=0.3)
17.
18. # Step 2: 选择构建模型的算法
19. ### 使用分类回归树CART(Classification and Regression Trees)算法，并实例化
20. modelTree = DecisionTreeClassifier()
21.
22. # Step 3: 使用训练数据集训练算法，构建模型
23. modelTree.fit(X_train,Y_train)
24.
25. print("显示训练模型时设置的参数：")
26. print(modelTree)
27. print("*"*76,"\n")
28. ### 也可以使用如下方式
29. ###print(modelTree.get_params())
30.
31.
32. # Step 4: 模型使用，预测
33. expected = Y_test
34. predicted = modelTree.predict(X_test)
35.
36. # Step 5: 评估模型,计算分数值（score）
37. print("模型评估分数：")
38. print(modelTree.score(X_test,Y_test))
39. print("*"*76,"\n")
40.
41. # Step 6: 汇总显示模型的各种度量指标，显示混淆矩阵（Confusion Matrix）
42. print("显示模型各种度量指标，以及混淆矩阵：")
43. print(metrics.classification_report(expected,predicted))
44. print(metrics.confusion_matrix(expected,predicted))
45. print("*"*76,"\n")
46.
```

运行后，输出结果如下（在Python自带的IDLE环境下）：

```
1.    显示训练模型时设置的参数:
2.  DecisionTreeClassifier(ccp_alpha=0.0,class_weight=None,criterion='gini',
3.                          max_depth=None,max_features=None,max_leaf_nodes=None,
4.                          min_impurity_decrease=0.0,min_impurity_split=None,
5.                          min_samples_leaf=1,min_samples_split=2,
6.                          min_weight_fraction_leaf=0.0,presort='deprecated',
7.                          random_state=None,splitter='best')
8.  ********************************************************************
9.
10. 模型评估分数:
11. 0.9777777777777777
12. ********************************************************************
13.
14. 显示模型各种度量指标，以及混淆矩阵:
15.            precision    recall   f1-score    support
16.
17.        0       1.00      1.00      1.00        15
18.        1       1.00      0.94      0.97        16
19.        2       0.93      1.00      0.97        14
20.
21.  accuracy                          0.98        45
22.  macro avg     0.98      0.98      0.98        45
23. weighted avg   0.98      0.98      0.98        45
24.
25. [[15  0  0]
26.  [ 0 15  1]
27.  [ 0  0 14]]
28. ********************************************************************
```

注意：由于训练数据集和测试数据集划分的随机性，每次运行的结果可能有所不同。

本章小结

本章介绍了学习和掌握Scikit-learn的基础知识。首先概要性地对机器学习的基础知识进行了回顾性的介绍，指出模型的训练和选择是机器学习的首要目标。在此基础上，介绍了在Scikit-learn中选择模型的建议。本章还介绍了学习Scikit-learn需要掌握的最为常见的、全局性的先验知识，最后以一个简单的模型训练和预测的例子结束。

本章重点内容如下：

➤ 机器学习基础知识：概要地介绍了必须掌握的几个知识概念，包括算法和模型的关系、算法训练过程中需要掌握的损失函数、数据集分割以及交叉验证，也对不同类别的模型性能度量指标进行了介绍，这些指标是读者经常遇到的知识点。

➤ 模型选择建议：借用 Scikit-learn 网站提供的模型选择指南，给出了在获得数据集之后的模型初选流程。

➤ 最常见问题：主要介绍了 Scikit-learn 的安装和使用方法、数据导入方式、模型持久化方法、文本数据的预处理方法、随机状态控制方法等等。这些知识点均为掌握 Scikit-learn 的全局性问题，对快速掌握 Scikit-learn 很有帮助。

本章最后以一个易于理解、简单的模型训练和预测应用的例子作为结束。通过本章的学习，读者可从整体上了解和把握 Scikit-learn。这样在学习中始终处于主动地位，能够快速掌握、快速应用。

下一章我们将从数据预处理开始介绍，这是机器学习非常重要的一个环节。

4 Scikit-learn 数据变换

Scikit-learn 提供了一套数据转换器（transformer），可以做数据预处理、缺失值处理、降维、扩展等各种数据变换。所以，在继续本章内容之前，让我们首先熟悉转换器（transformer）的概念，以及与之密切相关的其他两个概念：评估器（estimator）和管道（pipeline）。

4.1 概念介绍

由于转换器是一种特殊的评估器，所以我们从评估器的概念开始讲起。

4.1.1 评估器（estimator）

Scikit-learn 实现的最重要的 API（类）就是评估器（estimator）。评估器是指任何能够从数据中学习的对象，这里的"学习"是指评估器的输出能够使输入数据向着更能充分利用的方向递进。它可以是一个分类算法、回归算法或者聚类算法，也可以是一个实现了从原始数据进行数据变换、特征抽取或过滤的转换器（transformer）（转换器也是一种评估器）。不过，一般来说，评估器特指某一种算法，以区别于转换器。

评估器必须实现一个带有输入数据集参数的拟合方法 fit( ) 和一个能够使用评估器（模型）进行预测的方法 predict( )，并且提供函数 set_params( ) 和 get_params。其中函数 set_params( ) 用来设置评估器的拟合参数，函数 get_params( ) 用来获取评估器的拟合参数。

除此之外，评估器还具有评估前参数和评估后参数，其中评估前参数也可以直接称为评估参数，是在一个评估器初始化时可调用 set_params( ) 修改的算法参数，这些参数是在评估器调用拟合函数 fit( ) 之前确定好的，所以称其为算法参数更为合适一些；评估后参数是评估器在调用拟合函数 fit( ) 之后，经过训练的参数，所以称其为模型参数更为合适一些。评估后参数（模型参数）与评估前参数（算法参数）在名称上的区别是：评估后参数的名称是在评估前参数名称后添加了一个下划线"_"。

请参看下面的代码片段：

```
1.
2.  # ......
3.
4.  # 创建一个评估器modelTree，它是一个分类回归树CART算法
5.  modelTree = DecisionTreeClassifier()
6.
7.  # 此时，评估器modelTree有一个参数max_features，表示训练模型时所使用的特征数量
8.  modelTree.max_features
9.
10. # 调用评估器modelTree的拟合函数fit()，进行模型训练
```

```
11. modelTree.fit(X,Y)   # X、Y为训练数据
12.
13. # 此时，评估器modelTree有一个参数max_features_，表示训练后模型的最大特征数
14. modelTree.max_max_features_
15.
16. # ......
17.
```

4.1.2 转换器（transformer）

转换器（transformer）是一种实现了方法 transform( ) 或 fit_transform( ) 的评估器。实际上，转换器也实现了函数 fit( )，但是没有预测方法 predict( )。

和上面讲解的评估器一样，转换器都是以类的形式给出。转换器的 fit( ) 方法从数据集中学习"模型参数"，例如数据集的均值、方差等，构建一个转换器模型；而 transform( ) 方法则是构建的转换器模型应用的过程，即可以把输入数据集进行特定转换，例如标准化、归一化、二值化等等；方法 fit_transform( ) 则是结合了前面两个方法的功能，实现了数据的一体化处理。

我们知道，一个典型的机器学习流程通常包含前置数据处理工作，例如数据转换、标准化、缺失值处理等等，这些工作都可以通过转换器来实现。在 Scikit-learn 中，转换器遵循与评估器相同的 API(实际上它们都继承自同一个基类：sklearn.base. BaseEstimator)。

在 Scikit-learn 中，有各种各样的转换器，例如 StandardScaler、MinMaxScaler、MaxAbsScaler、QuantileTransformer 等等。下面以标准缩放器 StandardScaler 为例说明，请看代码：

```
1.
2.  from sklearn.preprocessing import StandardScaler
3.
4.  # 数据标准化
5.  ## 创建一个转换器stdScaler，它是一个标准缩放器
6.  stdScaler = StandardScaler()
7.
8.  # 需要标准化的数据
9.  X0 = [[0,15],
10.     [1,-10]]
11.
12. # 训练并转换
13. X1 = stdScaler.fit(X0).transform(X0)
14. print(X1)
15.
```

4.1.3 管道（pipeline）

转换器通常与分类算法、回归算法等评估器组合在一起，形成一个工作流，构建一个复合评估器，完成一项复杂的任务。例如，在机器学习任务中，首先从数据集中进行特征选择，然后对特征变量进行归一化，最后使用分类算法实现模型构建和应用。而把这些固定步骤中的转换器和评估器组合在一起的工具称为管道（pipeline）。

除了最后一个评估器外，一个管道的其他所有评估器必须是实现了 fit( ) 方法和 tranform( ) 方法的转换器。最后一个评估器可以是一个转换器，也可以使一个分类器或回归器，即仅需要实现 fit( ) 方法即可。

管道遵循与评估器相同的 API(实际上它们都继承了同一个基类：sklearn.base. BaseEstimator)。它能够通过实现的拟合函数 fit( ) 进行算法训练和通过预测函数 predict( ) 进行预测。通过管道，可以在设置不同参数的同时，将几个可以交叉验证的步骤组合在一起。因此，它允许使用各步骤的名称和由两个下划线 " __ " 分隔的参数名称组成的标识符来设置对应步骤的参数。

请看下面的示例代码：

```python
1.
2.  from sklearn import svm
3.  from sklearn.datasets import make_classification
4.  from sklearn.feature_selection import SelectKBest
5.  from sklearn.feature_selection import f_regression
6.  from sklearn.pipeline import Pipeline
7.
8.
9.  # 随机生成一个具有两个标签的分类数据。
10. # make_classification()默认目标变量标签数n_classes=2
11. X, y = make_classification(n_informative=5, n_redundant=0, random_state=42)
12.
13.
14. # ANOVA SVM-C
15. anova_filter = SelectKBest(f_regression, k=5)
16. clf = svm.SVC(kernel='linear')
17.
18. #  构造管道Pipeline对象，
19. #  构造函数接受形式为 (评估器名称，评估器对象) 元组tuple的列表
20. svmPipeline = Pipeline( [('anova', anova_filter), ('svc', clf)] )
21.
22.
23. # 可以使用管道对象的set_params()函数设置某个步骤的参数。
```

```
24. # 例如，设置anova_filter的特征选择个数参数 k=10，clf的正则化参数C=1
25. # 然后调用了fit()方法。
26. # 注意：anova__k设置了第一个评估器 anova_filter 的参数，因为其名称为"anova"
27. #      svc__C  设置了第二个评估器 clf  的参数，因为其名称为"svc"
28. svmPipeline.set_params(anova__k=10, svc__C=.1).fit(X, y)
29.
30.
31. # 使用管道的predict()进行预测
32. prediction = svmPipeline.predict(X)
33. #print(prediction)
34.
35. # 使用管道的score()计算分数。
36. tmpScore = svmPipeline.score(X, y)
37. print(tmpScore)
38. print("-"*37)
39.
40.
41. # 获取anova_filter选择的特征
42. aFeatures = svmPipeline['anova'].get_support()
43. print(aFeatures)
44.
45. # 另外一种办法是，获取anova_filter选择的特征
46. #print(svmPipeline.named_steps.anova.get_support())
47.
```

以上三个概念转换器（transformer）、评估器（estimator）和管道（pipeline），特别是前两个概念，是最为常用的，在后续的章节中我们经常会用到。

本章后续的章节主要讲述各种转换器（transformer）的有关知识，它们承载了数据预处理的所有功能。

4.2 数据预处理

在Scikit-learn中，sklearn.preprocessing包提供了较为丰富的实用功能（函数）和转换器（类），可以用来改变原始特征变量，使之成为后续学习步骤中更为合适的表达形式。一般来说，数据标准化总是有利于算法的学习训练过程的，对那些存在异常值的训练数据集，我们可以通过缩放器或转换器进行修正。

sklearn.preprocessing模块包，包含了数据的缩放、居中、归一化、标准化、二值化等等功能，表4-1显示了预处理模块preprocessing的可用预处理类以及模块顶层方法。

表4-1　预处理模块preprocessing的可用预处理类以及模块顶层方法

序号	类别	名称	说明
1	预处理类	preprocessing.Binarizer([threshold,copy])	根据阈值对特征变量进行二值化（0或1）
2		preprocessing.FunctionTransformer([func,…])	从一个可调用对象构造转换器
3		preprocessing.KBinsDiscretizer([n_bins,…])	将连续数据分成一个个间隔
4		preprocessing.KernelCenterer( )	核矩阵居中标准化
5		preprocessing.LabelBinarizer([neg_label,…])	以"一对多"方式（one-vs.-rest、one-vs.-all）对目标变量值（标签）进行二值化
6		preprocessing.LabelEncoder	使用0到n_classes-1之间的整数值对目标值（标签）进行编码。n_classes是目标变量值的类别数
7		preprocessing.MultiLabelBinarizer([classes,…])	在可迭代对象和多标签格式之间进行转换
8		preprocessing.MaxAbsScaler([copy])	以特征变量的最大绝对值为基础，进行绝对值在0~1内的缩放（线性变换）
9		preprocessing.MinMaxScaler([feature_range,copy])	在最小值和最大值的范围内，缩放（线性变换）特征变量
10		preprocessing.Normalizer([norm,copy])	将特征变量进行范数L1或L2的变换
11		preprocessing.OneHotEncoder([categories,…])	将分类特征变量进行独热编码
12		preprocessing.OrdinalEncoder([categories,dtype])	将分类特征变量进行整数编码
13		preprocessing.PolynomialFeatures([degree,…])	生成一个新的多项式及交叉形式的特征变量
14		preprocessing.PowerTransformer([method,…])	对每个特征变量进行幂变换，使得特征变量更像高斯分布
15		preprocessing.QuantileTransformer([…])	根据分位数信息进行变换
16		preprocessing.RobustScaler([with_centering,…])	使用统计信息进行缩放转换，以便使其对异常值更加健壮
17		preprocessing.StandardScaler([copy,…])	对数据集进行标准化（以均值为中心，以单位1为方差）
18	顶层方法	preprocessing.add_dummy_feature(X[,value])	对数据集增加哑编码信息
19		preprocessing.binarize(X[,threshold,copy])	根据阈值对特征变量进行二值化（0或1），参考preprocessing.Binarizer( )
20		preprocessing.label_binarize(y,classes[,…])	以"一对多方式（one-vs.-rest、one-vs.-all）"对目标变量值（标签）进行二值化，参考preprocessing.LabelBinarizer( )
21		preprocessing.maxabs_scale(X[,axis,copy])	以特征变量的最大绝对值为基础，进行绝对值在0~1内的缩放（线性变换），参考preprocessing. MaxAbsScaler( )

续表

序号	类别	名称	说明
22	顶层方法	preprocessing.minmax_scale(X[,…])	在最小值和最大值之间,缩放(线性变换)特征变量,参考preprocessing.MinMaxScaler( )
23		preprocessing.normalize(X[,norm,axis,…])	将特征变量进行范数L1或L2的变换,参考preprocessing.Normalizer( )
24		preprocessing.power_transform(X[,method,…])	对特征变量进行"yeo-johnson"或者"box-cox"幂变换,使得特征变量更接近高斯分布,参考preprocessing. PowerTransformer( )
25		preprocessing.quantile_transform(X[,axis,…])	根据分位数信息进行变换,参考preprocessing. QuantileTransformer( )
26		preprocessing.robust_scale(X[,axis,…])	对数据集进行标准化(以四分位数为范围,以中位数为中心),参考preprocessing. RobustScaler( )
27		preprocessing.scale(X[,axis,with_mean,…])	对数据集进行标准化(以均值为中心,以单位1为方差),参考preprocessing.StandardScaler( )

缺失值的处理我们将在下一节进行讲述。本节将介绍sklearn.preprocessing包中的其他功能,包括数据标准化、数据非线性转换、数据归一化等等。

4.2.1 数据标准化

数据标准化(standardization),是机器学习领域中的一项基础工作。不同的特征变量通常具有不同的量纲和量纲单位,变量值也具有不同的数量级。如果一个特征变量的方差比其他特征大几个数量级,那么它很可能会变成目标函数的支配变量,使算法训练过程无法像预期的那样正确地从其他特征中学习,最终会极大地影响到构建模型的效果。

为了消除特征变量的量纲的影响,需要进行数据标准化处理,消除它们之间相差较大的影响。数据标准化消除了特征变量的量纲对模型训练的影响,使所有的变量得到无差别的对待,并且还可以加快模型训练性能。

对于在Scikit-learn实现的大多数评估器(算法)来说,数据标准化是一个必须的选择。

4.2.1.1 Z-Score 数据标准化

在实际应用中,通常忽略特征变量的分布形状,或者假设特征变量是正态分布的。此时,我们把一个特征变量值减去其平均值,然后除以其标准差来达到特征变量缩放的目的。这种标准化称为Z-Score标准化。

Z-Score标准化可以把一个特征变量转换为均值为0、方差为1的新特征变量,所以也称为0-1标准化、零均值标准化、标准差标准化。它消除了由于量纲不同、自身变异较大或者数值相差较大所造成的影响，从而使其能够满足模型训练的要求。在Z-Score标准化处理中，一个样本的计算公式为：

$$z = \frac{x - \mu}{\sigma}$$

式中，μ 为特征变量的均值；σ 为特征变量的标准差（方差的平方根）。

在Scikit-learn中，实现Z-Score标准化的方法包括Z-Score数据标准化方法scale和Z-Score数据标准化缩放器StandardScaler。

（1）Z-Score数据标准化方法scale

在Scikit-learn中，缩放函数sklearn.preprocessing.scale( )提供了一种在单个数组上快速执行此Z-Score数据标准化的方法，即缩放函数scale，见表4-2。

表4-2　Z-Score缩放函数scale

sklearn.preprocessing.scale：实现数据集Z-Score标准化的缩放函数	
scale(X, *, axis=0, with_mean=True, with_std=True, copy=True)	
X	必选。类数组对象或者稀疏矩阵对象，表示待进行居中缩放的数据集
axis	可选。一个整数值，代表计算均值和标准差的轴标签。默认值为0。如果为0，则表示独立地标准化每一个特征变量；如果为1，则表示标准化每一个样本数据
with_mean	可选。一个布尔值，True表示在缩放前进行居中计算，即首先减去均值，然后再缩放，也就是将数据均值标准化为0； 注意：如果设置为False，表示不再减去均值，即不进行居中操作，或者认为此时均值为0；在对稀疏矩阵进行操作时，不能设置为True，否则会引发异常错误，这是因为对稀疏矩阵的居中计算会产生一个稠密矩阵，而这往往会引起内存问题
with_std	可选。一个布尔值，True表示将数据集X缩放为方差为1的数据集。默认值为True； 注意：如果设置为False，不再对数据集进行缩放，或者认为此时标准差为1
copy	可选。一个布尔值，其中False表示直接对数据集X执行标准化操作（如果数据集X已经是NumPy数组或SciPy列压缩稀疏矩阵CSC，且axis=1），True表示在数据集X的拷贝上进行操作。默认值为True
返回值	NumPy数组对象，代表缩放后的新数据集

注：（1）本函数不对SciPy稀疏矩阵进行任何操作，因为有可能会使SciPy稀疏矩阵变为稠密矩阵；
（2）为了避免内存拷贝，函数调用者应传递的数据集格式为列压缩稀疏矩阵CSC；
（3）NaN将被认为是缺失值；
（4）标准差的计算使用的是有偏估计量，相当于numpy.std(x, ddof=0)

这个转换方法的使用简洁明了，下面我们以示例形式说明，请看示例代码：

```
1.
2.  import numpy as np
3.  from sklearn import preprocessing
4.
5.  X_train = np.array([[ 1., -1.,  2.],
6.                      [ 2.,  0.,  0.],
7.                      [ 0.,  1., -1.]])
8.
9.  X_scaled = preprocessing.scale(X_train)   # 默认axis=0
10. print(X_scaled)
11. print("-"*30)
12.
13. average1 = X_scaled.mean(axis=0)
14. stdev1   = X_scaled.std(axis=0)
15. print("缩放后均值：", average1)
16. print("缩放后方差：", stdev1)
17.
```

运行后，输出结果如下（在Python自带的IDLE环境下）：

```
1.  [[ 0.          -1.22474487  1.33630621]
2.   [ 1.22474487  0.          -0.26726124]
3.   [-1.22474487  1.22474487 -1.06904497]]
4.  ------------------------------
5.  缩放后均值： [0. 0. 0.]
6.  缩放后方差： [1. 1. 1.]
```

（2）Z-Score数据标准化缩放器StandardScaler

在Scikit-learn中，除了缩放函数scale( )外，还提供了一个更灵活的Z-Score标准化缩放器sklearn.preprocessing.StandardScaler，由于这也是一个转换器，所以它也实现了转换器常用的fit( )、transform( )等方法，而采用分步骤计算的方式也非常适合用于一个管道（pipeline）中。表4-3中详细说明了这个标准化缩放器的构造函数及其属性和方法。

表4-3　Z-Score标准化缩放器StandardScaler

sklearn.preprocessing.StandardScaler：Z-Score数据标准化缩放器	
StandardScaler(*, copy=True, with_mean=True, with_std=True)	
copy	可选。一个布尔值，False表示直接对数据集X执行标准化操作（如果数据集X已经是NumPy数组或SciPy列压缩稀疏矩阵CSC，且axis=1）；True表示在数据集X的拷贝上进行操作。默认值为True

续表

with_mean	可选。一个布尔值，True表示在缩放前进行居中计算，即首先减去均值，然后再缩放，也就是将数据均值标准化为0； 注意：如果设置为False，表示不再减去均值，即不进行居中操作，或者认为此时均值为0；在对稀疏矩阵进行操作时不能设置为True，否则会引发异常错误，这是因为对稀疏矩阵的居中计算会产生一个稠密矩阵，而这往往会引起内存问题
with_std	可选。一个布尔值，True表示将数据集X缩放为方差为1的数据集。默认值为True； 注意：如果设置为False，不再对数据集进行缩放，或者认为此时标准差为1

注：（1）NaN将被认为是缺失值；
（2）标准差的计算使用的是有偏估计量，相当于numpy.std(x, ddof=0)；
（3）同时设置with_mean=False和with_std=False，意味着不进行任何标准化操作

StandardScaler的属性

scale_	一个形状shape为(n_features,)的NumPy数组或者为None； 每个特征变量的相对缩放比例，实际上就是标准差，可通过numpy.sqrt(var_)获得。当with_std=False时，此属性为None
mean_	一个形状shape为(n_features,)的NumPy数组或者为None； 表示训练数据集中每个特征变量的均值。当with_mean=False时，此属性为None
var_	一个形状shape为(n_features,)的NumPy数组或者为None； 表示训练数据集中每个特征变量的方差，用来计算scale_。当with_std=False时，此属性为None； 注意：方差是标准差的平方
n_samples_seen_	一个整型数，或者NumPy数组； 在没有任何特征变量包含缺失值的情况下，此属性为一个整型数，表示缩放器处理的样本数；否则此属性为一个形状shape为(n_features,)的NumPy数组，其中n_features为处理的特征变量数目。每次调用fit()函数，此属性会被重置，但是调用partial_fit()函数则会累加

StandardScaler的方法

fit(X,y=None)：计算输入数据集X的均值和方差，以便transform()方法使用

X	必选。类数组对象或稀疏矩阵类型对象，其形状shape为(n_samples,n_features)，表示输入数据集，其中n_samples为样本数量，n_features为特征变量数量
y	忽略，仅仅是个占位符
返回值	训练后的标准化缩放器

fit_transform(X,y=None,**fit_params)：首先基于X进行训练，然后对X进行缩放

X	必选。类数组对象或稀疏矩阵类型对象，其形状shape为(n_samples,n_features)，表示输入数据集，其中n_samples为样本数量，n_features为特征变量数量
y	可选。目标特征变量，默认值为None
fit_params	词典类型的对象，包含其他额外的参数信息
返回值	一个包含了标准化后数据的新NumPy数组

get_params(deep=True)：获取缩放转换器的各种参数	
deep	可选。布尔型变量，默认值为True。如果为True，表示不仅包含此转换器自身的参数值，还将返回包含的子对象也是转换器的参数值
返回值	字典对象。包含以参数名称为键值的键值对
inverse_transform(X, copy=None)：通过逆缩放，返回到原始的数据表达形式	
X	类数组对象或稀疏矩阵类型对象，其形状shape为(n_samples,n_features)，表示需要逆缩放的数据集，其中n_samples为数据集样本数量，n_features为特征变量数量
copy	可选。一个布尔值，表示是否对X做拷贝。默认值为None
返回值	类数组对象或稀疏矩阵类型对象，逆缩放后的数据集（相当于原始数据集）
partial_fit(X, y=None)：在线计算输入数据集X的均值和方差，以便transform( )方法使用。这是专为处理超大数据量或X不断从数据流中读取数据的情况设计的方法。每次计算X是以一个批次进行处理的。具体方法可参考文章"Algorithms for computing the sample variance: Analysis and recommendations"	
X	必选。类数组对象或稀疏矩阵类型对象，其形状shape为(n_samples,n_features)，表示输入数据集，其中n_samples为样本数量，n_features为特征变量数量
y	忽略，仅仅是个占位符
返回值	训练后的标准化缩放器
set_params(**params)：设置缩放转换器的各种参数	
params	字典对象，包含了需要设置的各种参数
返回值	缩放转换器自身
transform(X, copy=None)：根据调用fit( )方法获得的信息，对数据集进行居中（减去均值）、缩放等标准化操作	
X	必选。类数组对象或稀疏矩阵类型对象，其形状shape为(n_samples,n_features)，表示输入数据集，其中n_samples为样本数量，n_features为特征变量数量
copy	可选。布尔型变量，表示是否对输入数据集X进行拷贝。默认值为None
返回值	标准化后的数据集

这个缩放转换器的使用简洁明了，下面我们以示例形式说明上面主要方法的使用，请读者仔细阅读代码和输出结果。请看示例代码：

```
1.
2.  import numpy as np
3.  from sklearn.preprocessing import StandardScaler
4.
5.
6.  data = [[0, 0], [0, 0], [3, 1], [5, 1]]
7.  print(np.array(data))
8.  print("*"*30)
9.
10. scaler = StandardScaler()
```

```
11. scaler.fit(data)
12.
13. print()
14. print("fit()后的均值： ", scaler.mean_)
15. print("fit()后的方差： ", scaler.var_)
16. print()
17.
18. X_new = scaler.transform(data)
19. print("transform()后的结果： ")
20. print(X_new)
21. print()
22.
23. # 使用fit()方法获得的均值和方差，对新数据进行转换
24. data = [[2, 2]]
25. print(np.array(data))
26. print("-"*30)
27. X_new = scaler.transform(data)
28. print("使用fit()方法的信息(均值和方差)，transform()应用于新数据后的结果： ")
29. print(X_new)
30.
```

运行后，输出结果如下（在Python自带的IDLE环境下）：

```
1.  [[0 0]
2.   [0 0]
3.   [3 1]
4.   [5 1]]
5.  ****************************
6.
7.  fit()后的均值： [2.  0.5]
8.  fit()后的方差： [4.5  0.25]
9.
10. transform()后的结果：
11. [[-0.94280904 -1.        ]
12.  [-0.94280904 -1.        ]
13.  [ 0.47140452  1.        ]
14.  [ 1.41421356  1.        ]]
15.
16. [[2 2]]
17. ------------------------------
18. 使用fit()方法的结果，transform()应用于新数据后的结果：
19. [[0. 3.]]
```

4.2.1.2 min-max数据标准化

另外一种数据标准化的方法是 min-max 数据标准化（最小值-最大值数据标准化），它是对特征变量进行线性变换，使特征值缩放（映射）到一个数值区间范围内，例如 [1, 100]，或者 [-1, 1] 等。一个特殊的区间范围 [0, 1] 可以使特征变量的最大值缩放为单位长度 1。

min-max 数据标准化是对原始数据的线性变换，一个特征变量 X 的标准化计算公式为：

$$X_{std} = \frac{X - X.min(axis=0)}{X.max(axis=0) - X.min(axis=0)}$$

$$X_{scaled} = X_{std} \times (max - min) + min$$

式中，min、max 为缩放的最小值和最大值，即区间为 [min, max]；X_{scaled} 为特征变量 X 缩放后的结果。

min-max 数据标准化也称为离差标准化，经常用来作为 Z-Score 标准化的替代方法，它是消除量纲单位和变异大小因素影响的最简便的方法。

min-max 数据标准化非常适合标准差非常小的特征变量以及稀疏矩阵的标准化处理（可以有效地保持 0 元素的信息）。在 Scikit-learn 中，实现 min-max 数据标准化的方法包括 minmax_scale、maxabs_scale 以及 min-max 数据标准化缩放器 MinMaxScaler 或 MaxAbsScaler。下面我们分别介绍这些方法和缩放器。

（1）min-max数据标准化方法 minmax_scale

在 Scikit-learn 中，缩放函数 sklearn.preprocessing.minmax_scale( ) 提供了一种快速执行 min-max 数据标准化的方法。表 4-4 详细说明了这个函数。

表4-4　min-max数据标准化缩放函数minmax_scale

sklearn.preprocessing.minmax_scale：实现数据集min-max标准化的缩放函数	
minmax_scale(X, feature_range=(0, 1), *, axis=0, copy=True)	
X	必选。类数组对象，表示需要标准化的数据集，形状shape为 (n_samples, n_features)。其中n_samples为样本数量，n_features为特征变量数量
feature_range	可选。一个元组对象(min, max)，其中min、max分别表示标准化后数据集的最小值和最大值。默认为(0, 1)
axis	可选。一个整数值，代表进行标准化（缩放）的方向。如果设置为0，则表示按特征变量进行标准化，否则按照样本方向进行标准化； 默认值为0
copy	可选。一个布尔值，其中： False表示直接对数据集X执行标准化操作（如果数据集X已经是NumPy数组）； True表示在数据集X的拷贝上进行操作。默认值为True
返回值	NumPy数组对象，标准化后的新数据集

这个标准化方法的使用简洁明了，下面我们以示例形式说明上面方法的使用。请看示例代码：

```
1.
2.  import numpy as np
3.  from sklearn.preprocessing import minmax_scale
4.
5.  X_train = np.array([[ 1., -1.,  2.],
6.                      [ 2.,  0.,  0.],
7.                      [ 0.,  1., -1.]])
8.  print("标准化前的数据")
9.  print(X_train)
10. print("*"*30, "\n")
11.
12. X_train_minmax = minmax_scale(X_train)
13. print("标准化后的数据")
14. print(X_train_minmax)
15.
```

运行后，输出结果如下（在 Python 自带的 IDLE 环境下）：

```
1.  标准化前的数据
2.  [[ 1. -1.  2.]
3.   [ 2.  0.  0.]
4.   [ 0.  1. -1.]]
5.  ******************************
6.
7.  标准化后的数据
8.  [[0.5        0.         1.        ]
9.   [1.         0.5        0.33333333]
10.  [0.         1.         0.        ]]
```

（2）min-max 数据标准化方法 maxabs_scale

在 Scikit-learn 中，缩放函数 sklearn.preprocessing.maxabs_scale( ) 也提供了一种快速执行 min-max 数据标准化的方法。但是与 minmax_scale( ) 函数不同的是，它把特征变量缩放到[−1, 1]的范围内。也就是说，经过转换后，特征变量的绝对值最大值为1.0。表 4-5 详细说明了这个函数。

表4-5 min-max标准化缩放函数maxabs_scale

sklearn.preprocessing.maxabs_scale: 实现数据集min-max标准化的缩放函数	
maxabs_scale(X, *, axis=0, copy=True)	
X	必选。类数组对象，表示需要标准化的数据集，形状shape为 (n_samples, n_features)。其中n_samples为样本数量，n_features为特征变量数量
axis	可选。一个整数值，代表进行标准化（缩放）的方向。如果设置为0，则表示按特征变量进行标准化；否则按照样本方向进行标准化； 默认值为0
copy	可选。一个布尔值，其中： False表示直接对数据集X执行标准化操作（如果数据集X已经是NumPy数组）； True表示在数据集X的拷贝上进行操作。默认值为True
返回值	NumPy数组对象，标准化后的新数据集

注：这个缩放函数也适用于行压缩稀疏矩阵CSR和列压缩稀疏矩阵CSC

这个标准化方法的使用简洁明了，下面我们以示例形式说明上面方法的使用。请看示例代码：

```
1.
2.  import numpy as np
3.  from sklearn.preprocessing import maxabs_scale
4.
5.  X_train = np.array([[ 1., -1.,  2.],
6.                      [ 2.,  0.,  0.],
7.                      [ 0.,  1., -1.]])
8.  print("标准化前的数据")
9.  print(X_train)
10. print("*"*30, "\n")
11.
12. X_train_maxabs = maxabs_scale(X_train)
13. print("标准化后的数据")
14. print(X_train_maxabs)
15.
```

运行后，输出结果如下（在Python自带的IDLE环境下）：

```
1.  标准化前的数据
2.  [[ 1. -1.  2.]
3.   [ 2.  0.  0.]
4.   [ 0.  1. -1.]]
5.  ******************************
```

```
6.
7.    标准化后的数据
8.    [[ 0.5 -1.   1. ]
9.     [ 1.   0.   0. ]
10.    [ 0.   1.  -0.5]]
```

（3）min-max数据标准化缩放器MinMaxScaler

在Scikit-learn中，除了缩放函数minmax_scale和maxabs_scale外，还提供了与它们对应的、更加灵活的min-max标准化缩放器sklearn.preprocessing.MinMaxScaler和sklearn.preprocessing. MaxAbsScaler。由于它们均为转换器，所以也都实现了转换器常用的fit( )、transform( )等方法。

这里我们首先介绍一下缩放器MinMaxScaler。表4-6详细说明了这个标准化缩放器的构造函数及其属性和方法。

表4-6　min-max数据标准化缩放器MinMaxScaler

sklearn.preprocessing.MinMaxScaler：实现min-max数据标准化的缩放器	
MinMaxScaler(feature_range=(0, 1), *, copy=True)	
feature_range	可选。一个元组对象(min, max)，其中min、max分别表示标准化后数据集的最小值和最大值。默认为(0, 1)
copy	可选。一个布尔值，其中： False表示直接对数据集X执行标准化操作（如果数据集X已经是NumPy数组）； True表示在数据集X的拷贝上进行操作。默认值为True
MinMaxScaler的属性	
min_	形状shape为(n_features,)的NumPy数组； 每个特征变量对缩放最小值min的调整，计算公式为： $min - X.min(axis = 0) \times scale\_$, scale_请见下一个属性
scale_	形状shape为(n_features,)的NumPy数组； 每个特征变量的相对缩放比例，计算公式为： $$\frac{max - min}{X.max(axis = 0) - X.min(axis = 0)}$$
data_min_	形状shape为(n_features,)的NumPy数组，表示训练数据集中每个特征变量的最小值
data_max_	形状为(n_features,)的数组，表示训练数据集中每个特征变量的最大值
data_range_	形状为(n_features,)的数组，表示训练数据集中每个特征变量的数值范围，等于对应的(data_max_ - data_min_)
n_samples_seen_	一个整型数。表示缩放转换器处理过的样本数。每次调用fit( )函数时，此属性会被重置，但是调用partial_fit( )函数时则会累加

续表

MinMaxScaler的方法	
fit(X,y=None)：计算输入数据集X的每个特征的最小值和最大值，以便transform( )方法使用	
X	必选。类数组对象，其形状shape为(n_samples,n_features)，表示输入数据集，其中n_samples为样本数量，n_features为特征变量数量
y	忽略，仅仅是个占位符
返回值	训练后的标准化缩放器
fit_transform(X,y=None,**fit_params)：首先基于X进行训练，然后对X进行缩放	
X	必选。类数组对象，或者稀疏矩阵类型对象，或者一个Pandas数据框对象，其形状shape为(n_samples,n_features)，表示输入数据集，其中n_samples为样本数量，n_features为特征变量数量
y	可选。目标特征变量，默认值为None
fit_params	词典类型的对象，包含其他额外的参数信息
返回值	一个包含了标准化后数据的新NumPy数组，其形状shape为(n_samples,n_features)
get_params(deep=True)：获取缩放转换器的各种参数	
deep	可选。布尔型变量，默认值为True。如果为True，表示不仅包含此转换器自身的参数值，还将返回包含的子对象（也是转换器）的参数值
返回值	字典对象。包含以参数名称为键值的键值对
inverse_transform(X)：通过逆缩放，返回到原始的数据表达形式	
X	必选。类数组对象，其形状shape为(n_samples,n_features)，表示需要逆缩放的数据集；注意：不能为稀疏矩阵
返回值	类数组对象，逆缩放后的数据集（相当于原始数据集）
partial_fit(X, y=None)：在线计算输入数据集X的最小值和最大值，以便transform( )方法使用。这是专为处理超大数据量或X不断从数据流中读取数据的情况设计的方法。每次计算X是以一个批次进行处理的	
X	必选。类数组对象或稀疏矩阵类型对象，其形状shape为(n_samples,n_features)，表示输入数据集，其中n_samples为样本数量，n_features为特征变量数量
y	忽略，仅仅是个占位符
返回值	训练后的标准化缩放器
set_params(**params)：设置缩放转换器的各种参数	
params	字典对象，包含了需要设置的各种参数
返回值	缩放转换器自身
transform(X)：根据调用fit( )方法获得的信息，对数据集进行缩放标准化操作	
X	必选。类数组对象，形状shape为(n_samples,n_features)，表示输入数据集
返回值	标准化后的数据集

这个缩放转换器的使用简洁明了，下面我们以示例形式说明上面主要方法的使用，请读者仔细阅读代码和输出结果。

```python
1.
2.  import numpy as np
3.  from sklearn.preprocessing import MinMaxScaler
4.
5.  data = [[-1, 2], [-0.5, 6], [0, 10], [1, 18]]
6.  print("原始数据为: ")
7.  print(np.array(data))
8.  print("*"*30, "\n")
9.
10.
11. scaler = MinMaxScaler()
12. print(scaler.fit(data))
13. print()
14.
15. print("data_min_: ", scaler.data_min_)
16. print("data_max_: ", scaler.data_max_)
17. print("data_range_: ", scaler.data_range_)
18. print("data_scale_: ", scaler.scale_)
19.
20.
21. print()
22. X1 = scaler.transform(data)
23. print(X1)
24.
25. print()
26. print("*"*30, "\n")
27. data = [[4, 2]]
28. print("原始数据为: ")
29. print(np.array(data))
30. print("-"*30, "\n")
31. X1 = scaler.transform(data)
32. print("标准化后的数据")
33. print(X1)
34.
```

运行后，输出结果如下（在Python自带的IDLE环境下）：

```
1.  原始数据为:
2.  [[-1.   2. ]
3.   [-0.5  6. ]
```

```
4.   [ 0.  10. ]
5.   [ 1.  18. ]]
6.  ****************************
7.
8.  MinMaxScaler(copy=True, feature_range=(0, 1))
9.
10. data_min_:  [-1.  2.]
11. data_max_:  [ 1. 18.]
12. data_range_:  [ 2. 16.]
13. data_scale_:  [0.5    0.0625]
14.
15. [[0.   0.  ]
16.  [0.25 0.25]
17.  [0.5  0.5 ]
18.  [1.   1.  ]]
19.
20. ****************************
21.
22. 原始数据为:
23. [[4 2]]
24. -----------------------------
25.
26. 标准化后的数据
27. [[2.5 0. ]]
```

（4）min-max 数据标准化缩放器 MaxAbsScaler

与 min-max 标准化缩放器 MinMaxScaler 类似，sklearn.preprocessing.MaxAbsScaler 缩放器同样也实现了一个区间范围的标准化，只是转换后特征变量的最大绝对值为1。

由于这种缩放器不会移动/居中原始数据，因此不会破坏任何稀疏性。这个特性也使得它能够应用于行压缩稀疏矩阵 CSR 和列压缩稀疏矩阵 CSC。这点与缩放函数是一样的。表4-7中详细说明了这个标准化缩放器的构造函数及其属性和方法。

表4-7　min-max数据标准化缩放器MaxAbsScaler

sklearn.preprocessing.MaxAbsScaler：实现min-max数据标准化的缩放器	
MaxAbsScaler(*, copy=True)	
copy	可选。一个布尔值，其中： False表示直接对数据集X执行标准化操作（如果数据集X已经是NumPy数组）； True表示在数据集X的拷贝上进行操作。默认值为True
注：可以应用于行压缩稀疏矩阵CSR和列压缩稀疏矩阵CSC	

MaxAbsScaler的属性	
scale_	形状shape为(n_features,)的NumPy数组，表示每个特征变量的相对缩放比例
max_abs_	形状shape为(n_features,)的NumPy数组，表示训练数据集中每个特征变量的最大绝对值
n_samples_seen_	一个整型数。表示缩放转换器处理过的样本数。每次调用fit( )函数时，此属性会被重置，但是调用partial_fit( )函数时则会累加
MaxAbsScaler的方法	
fit(X,y=None)：计算输入数据集X的每个特征的最大绝对值，以便transform( )方法使用	
X	必选。类数组对象或稀疏矩阵（CSC/CSR），其形状shape为(n_samples,n_features)，表示输入数据集，其中n_samples为样本数量，n_features为特征变量数量
y	忽略，仅仅是个占位符
返回值	训练后的标准化缩放器
fit_transform(X,y=None,**fit_params)：首先基于X进行训练，然后对X进行缩放	
X	必选。类数组对象，或者稀疏矩阵类型对象，或者一个Pandas数据框对象，其形状shape为(n_samples,n_features)，表示输入数据集，其中n_samples为样本数量，n_features为特征变量数量
y	可选。目标特征变量，默认值为None
fit_params	词典类型的对象，包含其他额外的参数信息
返回值	一个包含了标准化后数据的新NumPy数组，其形状shape为(n_samples,n_features)
get_params(deep=True)：获取缩放转换器的各种参数	
deep	可选。布尔型变量，默认值为True。如果为True，表示不仅包含此转换器自身的参数值，还将返回包含的子对象也是转换器的参数值
返回值	字典对象。包含以参数名称为键值的键值对
inverse_transform(X)：通过逆缩放，返回到原始的数据表达形式	
X	必选。类数组对象，其形状shape为(n_samples,n_features)，表示需要逆缩放的数据集；注意：不能为稀疏矩阵
返回值	类数组对象，逆缩放后的数据集（相当于原始数据集）
partial_fit(X, y=None)：在线计算输入数据集X的最小值和最大值，以便transform( )方法使用。这是专为处理超大数据量或X不断从数据流中读取数据的情况设计的方法。每次计算X是以一个批次进行处理的	
X	必选。类数组对象或稀疏矩阵类型对象，其形状shape为(n_samples,n_features)，表示输入数据集，其中n_samples为样本数量，n_features为特征变量数量
y	忽略，仅仅是个占位符
返回值	训练后的标准化缩放器
set_params(**params)：设置缩放转换器的各种参数	
params	字典对象，包含了需要设置的各种参数
返回值	缩放转换器自身
transform(X)：根据调用fit( )方法获得的信息，对数据集进行缩放标准化操作	
X	必选。类数组对象或稀疏矩阵，形状shape为(n_samples,n_features)，表示输入数据集
返回值	标准化后的数据集

这个缩放转换器的使用简洁明了，下面我们以示例形式说明上面主要方法的使用，请读者仔细阅读代码和输出结果。

```
1.
2.  import numpy as np
3.  from sklearn.preprocessing import MaxAbsScaler
4.
5.  data = [[1., -1.,  2.],
6.          [2.,  0.,  0.],
7.          [0.,  1., -1.]]
8.  print("原始数据为: ")
9.  print(np.array(data))
10. print("*"*30, "\n")
11.
12. scaler = MaxAbsScaler()
13. print(scaler.fit(data))
14. print()
15.
16. print("max_abs_: ", scaler.max_abs_)
17. print("scale_  : ", scaler.scale_)
18.
19. print()
20. X1 = scaler.transform(data)
21. print(X1)
22.
23.
24. print()
25. print("*"*30, "\n")
26. data = [[4, 2, 18]]
27. print("原始数据为: ")
28. print(np.array(data))
29. print("-"*30, "\n")
30. X1 = scaler.transform(data)
31. print("标准化后的数据")
32. print(X1)
33.
```

运行后，输出结果如下（在Python自带的IDLE环境下）：

```
1.  原始数据为:
2.  [[ 1. -1.  2.]
```

```
3.    [ 2.  0.  0.]
4.    [ 0.  1. -1.]]
5.    ***************************
6.
7.    MaxAbsScaler(copy=True)
8.
9.    max_abs_: [2. 1. 2.]
10.   scale_  : [2. 1. 2.]
11.
12.   [[ 0.5 -1.   1. ]
13.    [ 1.   0.   0. ]
14.    [ 0.   1.  -0.5]]
15.
16.   ***************************
17.
18.   原始数据为:
19.   [[ 4  2 18]]
20.   -----------------------------
21.
22.   标准化后的数据
23.   [[2. 2. 9.]]
```

实现 min-max 数据标准化的两个方法：minmax_scale 和 maxabs_scale，以及两个缩放器 MinMaxScaler 或 MaxAbsScaler，非常适合于 Z-Score 数据标准化方法或缩放器（scale/StandardScaler）不能胜任的情形，特别是在特征变量分布不是正态分布，或者特征变量标准差非常小的情况。但是这些方法和缩放器也有局限性，它们对异常值（outliers）非常敏感，即异常值对这些方法的结果影响非常大。所以，如果数据集中存在异常值，建议使用更加稳健的 sklearn.preprocessing.RobustScaler 缩放器。我们将在后面的章节中详述这个缩放器。

4.2.1.3　稀疏矩阵的数据标准化

对于稀疏矩阵的数据标准化而言，任何破坏矩阵稀疏性的方法都是不可取的。例如上面介绍的 scale 和 StandardScaler（在 with_mean=True 时），由于需要减去均值，实现居中操作，因而会导致一个稀疏均值变为稠密矩阵，改变了矩阵的原有结构，这是不可取的。然而在组成稀疏矩阵的特征变量值处于不同量级时，对稀疏矩阵的缩放（标准化）有时是必要的。

上面介绍的 maxabs_scale 和 MaxAbsScaler 缩放方法和缩放器就特别适合稀疏矩阵的标准化处理。另外在 with_mean=False 时，scale 和 StandardScaler 也能够处理稀疏矩阵。这点我们在前面的内容中做过说明。

读者请注意：以上缩放方法和缩放器可以接收行压缩稀疏矩阵CSR和列压缩稀疏矩阵CSC。其他形式的稀疏矩阵，例如坐标式稀疏矩阵COO、行块压缩稀疏矩阵BSR等，需要首先转换为CSR格式的稀疏矩阵，然后才能作为标准化方法的输入。关于稀疏矩阵详细的内容，请参照本书第二章的相关内容，此处不再赘述。

4.2.1.4 异常值数据集数据标准化

异常值（outlier）也称为极端值、离群值，通常是指与其所在数据集平均值偏离过大的样本点。由于异常值对均值和方差的影响很大，所以使用本章前面介绍的居中缩放等方法处理这类数据集效果不会很好。在Scikit-learn中，提供了鲁棒缩放方法robust_scale和鲁棒缩放类RobustScaler两种方式专门处理这种数据集。

这里涉及一个统计学概念：分位数（quantile）。分位数也称为分位点，是指在一个随机变量的概率分布范围（0～1）内分为几个等分的数值点，也就是随机变量概率分布函数中的分位点。常用的有中位数（即二分位数）、四分位数、百分位数等等。分位距则是指两个分位点对应变量值之间的差。方法robust_scale和缩放器RobustScaler通过减去中位数，然后基于分位距（通常是四分位距）进行缩放。计算公式如下：

$$X_{scaled} = \frac{X - media}{X.quantile(j) - X.quantile(i)}$$

式中，X.quantile(i)、X.quantile(j)分别表示特征变量的第i、j个分位数点对应的变量值；media为特征变量的中位数。通常我们采用四分位数下的四分位距IQR（interquartile range），也就是i = 1，j = 3。

从上面的公式可以看出，与scale和StandardScaler相比，robust_scale和RobustScaler减去的是特征变量的中位数，而不是平均值；是基于分位距进行缩放，而不是标准差。通过这样的变化，基本消除了异常值的影响，其数据标准化效果更好。

下面我们详细介绍一下鲁棒缩放方法robust_scale和鲁棒缩放类RobustScaler。

（1）异常值数据集数据标准化方法robust_scale

在Scikit-learn中，缩放函数sklearn.preprocessing.robust_scale( )提供了一种快速基于中位数和分位距进行数据标准化的方法。表4-8详细说明了这个函数。

表4-8　包含异常值数据集的缩放函数robust_scale

sklearn.preprocessing.robust_scale：基于中位数和分位距的标准化方法	
robust_scale(X, *, axis=0, with_centering=True, with_scaling=True, quantile_range=(25.0, 75.0), copy=True)	
X	必选。类数组对象，表示待进行标准化的数据集
axis	可选。一个整数值，代表计算中位数和四分位距IQR的轴标签。默认值为0。如果为0，则表示独立地标准化每一个特征变量；如果为1，则表示标准化每一个样本数据
with_centering	可选。一个布尔值，True表示在缩放前首先减去中位数，然后再缩放。默认值为True；注意：如果设置为False，表示不再减去中位数

续表

with_scaling	可选。一个布尔值，True表示将数据集X基于分位距进行缩放。默认值为True
quantile_range	可选。一个元组对象(q_min, q_max)，其中q_min、q_max表示分位数。0.0<q_min<q_max<100.0。默认值为(25.0, 75.0)，表示四分位距
copy	可选。一个布尔值，其中： False表示直接对数据集X执行标准化操作；True表示在数据集X的拷贝上进行操作。默认值为True
返回值	NumPy数组对象，代表缩放后的新数据集

注：本方法不适合稀疏矩阵的标准化

这个转换方法的使用简洁明了，下面我们以示例形式说明上面方法的使用。请看示例代码：

```
1.   import numpy as np
2.   from sklearn.preprocessing import robust_scale
3.
4.   data = np.array([[3, 6],
5.                     [9, 12]], dtype=np.float64)
6.   print("原始数据为：")
7.   print(data)
8.   print("*"*30, "\n")
9.
10.
11.  result = robust_scale(data, axis=0)
12.  print("标准化后的数据")
13.  print(result)
14.
```

运行后，输出结果如下（在Python自带的IDLE环境下）：

```
1.   原始数据为：
2.   [[ 3.  6.]
3.    [ 9. 12.]]
4.   ******************************
5.
6.   标准化后的数据
7.   [[-1. -1.]
8.    [ 1.  1.]]
```

（2）异常值数据集标准化缩放器RobustScaler

在Scikit-learn中，除了缩放函数robust_scale( )外，还提供了一个更灵活的缩放器sklearn.preprocessing.RobustScaler，由于这是一个转换器，所以它也实现了转换器常用的 fit( )、transform( )等方法。表4-9详细说明了这个标准化缩放器的构造函数及其属性和方法。

表4-9　包含异常值数据集标准化缩放器RobustScaler

sklearn.preprocessing.RobustScaler：基于中位数和分位距的标准化缩放器	
RobustScaler(*, with_centering=True, with_scaling=True, quantile_range=(25.0, 75.0), copy=True)	
with_centering	可选。一个布尔值，True表示在缩放前首先减去中位数，然后再缩放。默认值为True；注意：如果设置为False，表示不再减去中位数
with_scaling	可选。一个布尔值，True表示将数据集X基于分位距进行缩放。默认值为True
quantile_range	可选。一个元组对象(q_min, q_max)，其中q_min、q_max表示分位数。$0.0<q\_min<q\_max<100.0$。默认值为(25.0, 75.0)，表示四分位距
copy	可选。一个布尔值，其中： False表示直接对数据集X执行标准化操作。True表示在数据集X的拷贝上进行操作。默认值为True
注：本缩放器不适合稀疏矩阵的标准化	
RobustScaler的属性	
center_	一个形状shape为(n_features,)的NumPy数组或者None，表示训练数据集中每个特征变量的中位数值。当with_centering=False时，此属性为None
scale_	一个形状shape为(n_features,)的NumPy数组或者为None，训练数据集中每个特征变量的分位距。当with_scaling=False时，此属性为None
RobustScaler的方法	
fit(X,y=None)：计算输入数据集X的中位数和分位距，以便transform( )方法使用	
X	必选。类数组对象，其形状shape为(n_samples,n_features)，表示输入数据集，其中n_samples为样本数量，n_features为特征变量数量
y	忽略，仅仅是个占位符
返回值	训练后的标准化缩放器
fit_transform(X,y=None,**fit_params)：首先基于X进行训练，然后对X进行缩放	
X	必选。类数组对象，其形状shape为(n_samples,n_features)，表示输入数据集，其中n_samples为样本数量，n_features为特征变量数量
y	可选。目标特征变量，默认值为None
fit_params	词典类型的对象，包含其他额外的参数信息
返回值	一个包含了标准化后数据的新NumPy数组
get_params(deep=True)：获取缩放转换器的各种参数	
deep	可选。布尔型变量，默认值为True。如果为True，表示不仅包含此转换器自身的参数值，还将返回包含的子对象也是转换器的参数值
返回值	字典对象。包含以参数名称为键值的键值对

inverse_transform(X)：通过逆缩放，返回到原始的数据表达形式	
X	必选。类数组对象，其形状shape为(n_samples,n_features)，表示需要逆缩放的数据集，其中n_samples为数据集样本数量，n_features为特征变量数量
返回值	类数组对象或稀疏矩阵类型对象，逆缩放后的数据集（相当于原始数据集）
set_params(**params)：设置缩放转换器的各种参数	
params	字典对象，包含了需要设置的各种参数
返回值	缩放转换器自身
transform(X)：根据调用fit( )方法获得的信息，对数据集进行标准化操作	
X	必选。类数组对象，其形状shape为(n_samples,n_features)，表示输入数据集，其中n_samples为样本数量，n_features为特征变量数量
返回值	标准化后的数据集

这个缩放转换器的使用简洁明了，下面我们以示例形式说明上面主要方法的使用，请读者仔细阅读代码和输出结果。

```python
1.
2.  import numpy as np
3.  from sklearn.preprocessing import RobustScaler
4.
5.
6.  data = [[ 1., -2.,  2.],
7.          [ -2.,  1.,  3.],
8.          [ 4.,  1., -2.]]
9.  print("原始数据为：")
10. print(np.array(data))
11. print("*"*30, "\n")
12.
13. scaler = RobustScaler()
14. scaler.fit(data)
15. print("属性center_: ", list(scaler.center_) )
16. print("属性 scale_: ", list(scaler.scale_)  )
17. print()
18.
19. result = scaler.transform(data)
20.
21. print("标准化后的数据")
22. print(result)
23.
```

运行后，输出结果如下（在 Python 自带的 IDLE 环境下）：

```
1.   原始数据为：
2.   [[ 1. -2.  2.]
3.    [-2.  1.  3.]
4.    [ 4.  1. -2.]]
5.   ****************************
6.
7.   属性 center_: [1.0, 1.0, 2.0]
8.   属性 scale_: [3.0, 1.5, 2.5]
9.
10.  标准化后的数据
11.  [[ 0.  -2.   0. ]
12.   [-1.   0.   0.4]
13.   [ 1.   0.  -1.6]]
```

4.2.1.5 核矩阵居中标准化

如果已经具有核函数 K 的核矩阵，核函数居中转换器 sklearn.preprocessing.KernelCenterer 可以对核矩阵进行居中转换，实际上就是减去相应的平均值。这相当于参数 with_std=False 时的 sklearn.preprocessing.StandardScaler。关于核函数的详细内容，我们将在后续的章节进行介绍，此处略过。表 4-10 详细说明了这个居中转换器的构造函数及其属性和方法。

表4-10　核函数居中转换器 KernelCenterer

sklearn.preprocessing.KernelCenterer：核函数居中转换器	
KernelCenterer( )	
注：本标转换器的构造函数没有任何参数	
KernelCenterer 的属性	
K_fit_rows_	一个形状 shape 为 (n_samples,) 的 NumPy 数组或者 None。表示训练数据集的核矩阵中每列的平均值
K_fit_all_	一个类型为浮点数（float）的数值，表示核矩阵的均值
KernelCenterer 的方法	
fit(K,y=None)：计算输入数据集 K 的均值信息，以便 transform( ) 方法使用	
K	必选。类数组对象，其形状 shape 为 (n_samples, n_samples)，表示输入核矩阵，其中 n_samples 为样本数量
y	忽略，仅仅是个占位符
返回值	训练后的标准化器

续表

fit_transform(X,y=None,**fit_params)：首先基于X进行训练，然后对X进行居中

X	必选。类数组对象，或者稀疏矩阵类型对象，或者一个Pandas数据框对象，其形状shape为 (n_samples,n_features)，表示输入数据集，其中n_samples为样本数量，n_features为特征变量 数量
y	可选。目标特征变量，默认值为None
fit_params	词典类型的对象，包含其他额外的参数信息
返回值	一个包含了标准化后数据的新NumPy数组

get_params(deep=True)：获取转换器的各种参数

deep	可选。布尔型变量，默认值为True。如果为True，表示不仅包含此转换器自身的参数值，还 将返回包含的子对象（也是转换器）的参数值
返回值	字典对象。包含以参数名称为键值的键值对

set_params(**params)：设置转换器的各种参数

params	字典对象，包含了需要设置的各种参数
返回值	转换器自身

transform(K, copy=True)：根据调用fit( )方法获得的信息，对数据集进行标准化操作

K	必选。类数组对象，其形状shape为(n_samples, n_samples)，表示输入数据集，其中n_ samples为样本数量
copy	可选。一个布尔值，其中： False表示直接对数据集X执行标准化操作。True表示在数据集X的拷贝上进行操作。默认 值为True
返回值	一个数组对象，表示居中标准化后的数据集

这个居中转换器的使用简洁明了，下面我们以示例形式说明上面主要方法的使用，请读者仔细阅读代码和输出结果。

```
1.
2.  import numpy as np
3.  from sklearn.preprocessing import KernelCenterer
4.  from sklearn.metrics.pairwise import pairwise_kernels
5.
6.
7.  X = [[ 1., -2.,  2.],
8.       [ -2.,  1.,  3.],
9.       [ 4.,  1., -2.]]
10. print("原始数据为：")
11. print(np.array(X))
12. print("-"*20)
13.
14. K = pairwise_kernels(X, metric='linear')  # 计算X的和矩阵
```

```
15. print("原始核矩阵为：")
16. print(np.array(K))
17. print("*"*30, "\n")
18.
19. transformer = KernelCenterer().fit(K)
20. print("属性K_fit_rows_: ", list(transformer.K_fit_rows_) )
21. print("属性K_fit_all_ : ", transformer.K_fit_all_ )
22. print()
23.
24. print("居中标准化后的核矩阵为：")
25. print(transformer.transform(K))
26.
```

运行后，输出结果如下（在Python自带的IDLE环境下）：

```
1.  原始数据为：
2.  [[ 1. -2.  2.]
3.   [-2.  1.  3.]
4.   [ 4.  1. -2.]]
5.  -------------------
6.  原始核矩阵为：
7.  [[ 9.   2.  -2.]
8.   [ 2.  14. -13.]
9.   [ -2. -13.  21.]]
10. ****************************
11.
12. 属性K_fit_rows_:  [3.0, 1.0, 2.0]
13. 属性K_fit_all_ :  2.0
14.
15. 居中标准化后的核矩阵为：
16. [[ 5.   0.  -5.]
17.  [ 0.  14. -14.]
18.  [ -5. -14.  19.]]
```

4.2.2 数据非线性转换

在Scikit-learn中提供了两种数据非线性转换方式：分位数转换（quantile transformation）和幂转换（power transformation）。这两种变换都是对特征变量的单调变换，所以仍然能够保持每个特征变量值原有的大小顺序。

4.2.2.1 分位数转换

分位数转换是一种基于分位数函数（quantile function）的数据转换方式。

分位数函数是概率（累积）分布函数CDF（Cumulative Distribution Function）的反函数，它以概率值（0～1）为自变量取值范围，返回结果是分位数（左侧分位数）。前面讲过，分位数是随机变量概率（累积）分布函数中的分位点，所以分位数函数是概率（累积）分布函数的反函数。

分位数转换的原理是基于以下两个事实：

① 如果X是一个随机变量，其连续累积分布函数$F(X)$在$[0, 1]$内是均匀分布的；

② 如果X是一个在区间$[0, 1]$上均匀分布的随机变量，则其累积分布函数的反函数$F^{-1}(X)$，即分位数函数，也将具有在区间$[0, 1]$上的均匀分布。

所以，分位数转换可以把所有的特征变量映射到同一个期望的分布中，并且这种转换平滑了异常分布。与本章前面介绍的缩放方法相比，它受异常值的影响更小。然而，由于这是一种非线性转换，所以它很可能扭曲了不同特征变量之间的线性相关性和其他距离指标，这是读者需要注意的地方。

在Scikit-learn中，有两个实现分位数转换的方法：分位数转换方法sklearn.preprocessing.quantile_transform和分位数转换器sklearn.preprocessing.QuantileTransformer。它们都可以把特征向量值映射到区间$[0, 1]$上，并且服从均匀分布或正态分布。所以这种转换能够分散出现最频繁的特征值，并且能够经受异常值的影响。所以，这也是一种鲁棒性的数据预处理方案。

这些转换独立地应用于每个特征变量上，其基本步骤如下：

第一步，对特征变量的累积分布函数CDF进行评估计算，并以此为基础进行原始数据到均匀分布的映射；

第二步，根据分位数方法把第一步获得的值映射到期望的输出分布上；

第三步，对于超出上面运算得到的范围的新数据值，将映射到输出分布的边界上。

（1）分位数转换方法quantile_transform

在Scikit-learn中，分位数转换方法sklearn.preprocessing.quantile_transform( )提供了一种利用分位数信息进行特征转换的方法。表4-11详细说明了这个函数。

表4-11　分位数转换的方法quantile_transform

sklearn.preprocessing.quantile_transform：实现分位数转换的方法	
quantile_transform(X, *, axis=0, n_quantiles=1000, output_distribution='uniform', ignore_implicit_zeros=False, subsample= 100000, random_state =None, copy=True)	
X	必选。类数组对象或者稀疏矩阵对象，表示待进行转换的数据集
axis	可选。一个整数值，代表计算均值和标准差的轴标签。默认值为0。如果为0，则表示独立地标准化每一个特征变量；如果为1，则表示标准化每一个样本数据

续表

n_quantiles	可选。一个整型数，表示需要计算的分位数个数，它对应着对分布函数CDF进行分割的分割点； 如果n_quantiles大于参数X包含的样本数，则重新设置n_quantiles为样本数。默认值为1000
output_distribution	可选。一个字符串，表示转换后数据集的边缘分布。可取值包括"uniform"（均匀分布）和"normal"（正态分布）。默认值为"uniform"
ignore_implicit_zeros	可选。一个布尔类型值，只适用于参数X为稀疏矩阵的情况。如果设置为True，表示在计算分位数统计量时会丢弃稀疏条目；如果为False，表示这些稀疏条目视为0。默认值为False
subsample	可选。一个整型数，表示为了提高计算效率，用来计算分位数的最大样本数。默认值为100000。对于稀疏矩阵或稠密矩阵，会采取不同的采样策略
random_state	可选。可以是一个整型数（随机数种子）、一个numpy.random.RandomState对象，或者为None。 ◇如果是一个整型常数值，表示在进行采样（参数subsample）时，每次返回的都是一个固定的序列值。这在需要重复返回采样序列（如测试）的情形下，非常有用； ◇如果是一个numpy.random.RandomState对象，则表示每次均为随机采样； ◇如果设置为None，表示由系统随机设置随机数种子，每次也会返回不同的样本序列
copy	可选。一个布尔值，其中： False表示直接对数据集X执行标准化操作（如果数据集X已经是NumPy数组）； True表示在数据集X的拷贝上进行操作。默认值为True
返回值	NumPy数组对象，代表转换后的新数据集

这个转换方法的使用简洁明了，下面我们以示例形式说明上面方法的使用。

```
1.
2. import numpy as np
3. from sklearn.preprocessing import quantile_transform
4.
5. #1 种子数设置为0，一个常数值。
6. rng = np.random.RandomState(0)
7. #2 则调用随机数生成函数，每次返回结果相同。
8. X0 = rng.normal(loc=0.5, scale=0.25, size=(10, 1))
9.
10. #3 为了查看方便，做一个排序
11. X = np.sort(X0, axis=0)
12. print("转换前的初始数据：")
13. print(X)
14. print("*"*30, "\n")
15.
16.
```

```
17. ## random_state设置为一个常数，每次运行结果将是相同的
18. X_new = quantile_transform(X, n_quantiles=10, random_state=0, copy=True)
19. print("转换后的新数据：")
20. print(X_new)
21.
```

运行后，输出结果如下（在 Python 自带的 IDLE 环境下）：

```
1.   转换前的初始数据：
2.   [[0.25568053]
3.    [0.4621607 ]
4.    [0.47419529]
5.    [0.6000393 ]
6.    [0.60264963]
7.    [0.7375221 ]
8.    [0.7446845 ]
9.    [0.94101309]
10.   [0.9668895 ]
11.   [1.0602233 ]]
12.   *****************************
13.
14.   转换后的新数据：
15.  [[0.        ]
16.   [0.11111111]
17.   [0.22222222]
18.   [0.33333333]
19.   [0.44444444]
20.   [0.55555556]
21.   [0.66666667]
22.   [0.77777778]
23.   [0.88888889]
24.   [1.        ]]
```

（2）分位数转换器 QuantileTransformer

在 Scikit-learn 中，除了分位数转换函数 quantile_transform ( ) 外，还提供了一个更灵活的分位数转换器 sklearn.preprocessing.QuantileTransformer。由于是转换器，所以它也实现了转换器常用的 fit( )、transform( ) 等方法，这种分步骤计算的方法也非常适合于一个管道（pipeline）。表 4-12 中详细说明了这个转换器的构造函数及其属性和方法。

表4-12　分位数转换器QuantileTransformer

sklearn.preprocessing.QuantileTransformer：实现分位数转换的转换器	
QuantileTransformer(*, n_quantiles=1000, output_distribution='uniform', ignore_implicit_zeros=False, subsample=100000, random_state=None, copy=True)	
n_quantiles	可选。一个整型数，表示需要计算的分位数个数，它对应着对分布函数CDF进行分割的分割点。 如果n_quantiles大于参数X包含的样本数，则重新设置n_quantiles为样本数。默认值为1000
output_distribution	可选。一个字符串，表示转换后数据集的边缘分布。可取值包括"uniform"（均匀分布）和"normal"（正态分布）。默认值为"uniform"
ignore_implicit_zeros	可选。一个布尔类型值，只适用于参数X为稀疏矩阵的情况。如果设置为True，表示在计算分位数统计量时会丢弃稀疏条目；如果为False，表示这些稀疏条目视为0。默认值为False
subsample	可选。一个整型数，表示为了提高计算效率，用来计算分位数的最大样本数。默认值为100000。对于稀疏矩阵或稠密矩阵，会采取不同的采样策略
random_state	可选。可以是一个整型数（随机数种子）、一个numpy.random.RandomState对象，或者为None。 ✧如果是一个整型常数值，表示在进行采样（参数subsample）时，每次返回的都是一个固定的序列值。这在需要重复返回采样序列（如测试）的情形下，非常有用； ✧如果是一个numpy.random.RandomState对象，则表示每次均为随机采样； ✧如果设置为None，表示由系统随机设置随机数种子，每次也会返回不同的样本序列
copy	可选。一个布尔值，其中： False表示直接对数据集X执行标准化操作（如果数据集X已经是NumPy数组）； True表示在数据集X的拷贝上进行操作。默认值为True
QuantileTransformer的属性	
n_quantiles_	一个整型数，表示实际分割分布函数CDF的分位点个数
quantiles_	一个形状shape为(n_quantiles, n_features)的NumPy数组，其元素值对应于n_quantiles_的分位点值
references_	一个形状shape为(n_quantiles,)的NumPy数组，包含了转换器所使用的分位点对应的数值
QuantileTransformer的方法	
fit(X,y=None)：计算输入数据集X的均值和方差，以便transform( )方法使用	
X	必选。类数组对象或稀疏矩阵类型对象，其形状shape为(n_samples,n_features)，表示输入数据集，其中n_samples为样本数量，n_features为特征变量数量
y	忽略，仅仅是个占位符
返回值	训练后的分位数转换器
fit_transform(X,y=None,**fit_params)：首先基于X进行训练，然后对X进行分位数转换。 注意：这个方法会对X中的每个特征独立操作	
X	必选。类数组对象或稀疏矩阵类型对象，其形状shape为(n_samples,n_features)，表示输入数据集，其中n_samples为样本数量，n_features为特征变量数量
y	可选。目标特征变量，默认值为None
fit_params	词典类型的对象，包含其他额外的参数信息
返回值	一个包含了标准化后数据的新NumPy数组

get_params(deep=True)：获取转换器的各种参数	
deep	可选。布尔型变量，默认值为True。如果为True，表示不仅包含此转换器自身的参数值，还将返回包含的子对象（也是转换器）的参数值
返回值	字典对象。包含以参数名称为键值的键值对
inverse_transform(X)：通过逆操作，返回到原始的数据表达形式	
X	必选。类数组对象或稀疏矩阵类型对象，其形状shape为(n_samples,n_features)，表示需要逆操作的数据集，其中n_samples为数据集样本数量，n_features为特征变量数量
返回值	类数组对象或稀疏矩阵类型对象，逆操作后的数据集（相当于原始数据集）
set_params(**params)：设置转换器的各种参数	
params	字典对象，包含了需要设置的各种参数
返回值	转换器自身
transform(X)：根据调用fit( )方法获得的信息，对数据集进行分位数转换操作。注意：这个方法会对X中的每个特征独立操作	
X	必选。类数组对象或稀疏矩阵类型对象，其形状shape为(n_samples,n_features)，表示输入数据集，其中n_samples为样本数量，n_features为特征变量数量
返回值	类数组对象或稀疏矩阵类型对象，表示转换之后的数据集

这个分位数转换器的使用简洁明了，下面我们以示例形式说明上面主要方法的使用，请读者仔细阅读下面代码和输出结果。

```
1.
2. import numpy as np
3. from sklearn.preprocessing import QuantileTransformer
4.
5. #1 种子数设置为0，一个常数值。
6. rng = np.random.RandomState(0)
7. #2 则调用随机数生成函数，每次返回结果相同。
8. X0 = rng.normal(loc=0.5, scale=0.25, size=(10, 1))
9.
10. #3 为了查看方便，做一个排序
11. X = np.sort(X0, axis=0)
12. print("转换前的初始数据：")
13. print(X)
14. print("*"*30, "\n")
15.
16. #4 构造一个分位数转换器
17. qt = QuantileTransformer(n_quantiles=10, random_state=0)
18.
19. #5 训练转换器，并对训练数据集进行转换
```

```
20. X_new = qt.fit_transform(X)
21. print("转换后的新数据：")
22. print(X_new)
23.
```

运行后，输出结果如下（在Python自带的IDLE环境下）：

```
1.  转换前的初始数据：
2.  [[0.25568053]
3.   [0.4621607 ]
4.   [0.47419529]
5.   [0.6000393 ]
6.   [0.60264963]
7.   [0.7375221 ]
8.   [0.7446845 ]
9.   [0.94101309]
10.  [0.9668895 ]
11.  [1.0602233 ]]
12.  ****************************
13.
14. 转换后的新数据：
15. [[0.        ]
16.  [0.11111111]
17.  [0.22222222]
18.  [0.33333333]
19.  [0.44444444]
20.  [0.55555556]
21.  [0.66666667]
22.  [0.77777778]
23.  [0.88888889]
24.  [1.        ]]
```

读者可以将其与上面分位数转换方法quantile_transform的例子对照一下，两者的输入数据集是一样的，转换后的结果也是一样的。

4.2.2.2 幂转换

在机器学习领域，具有正态分布形式的特征变量是大多数算法所期望的输入形式。幂转换包含了一个参数化、单调转换的家族，其目标是把任何形式的分布转换为正态分布（高斯分布），以便能够使方差稳定，减小偏度，保持对称性。

在Scikit-learn中，提供了幂转换器sklearn.preprocessing.PowerTransformer，它可以

实现两种幂转换方法：Yeo-Johnson 转换和 Box-Cox 转换。

Yeo-Johnson 转换的公式（方程）如下：

$$x_i^{(\lambda)} = \begin{cases} [(x_i+1)^\lambda - 1]/\lambda & \lambda \neq 0, \ x_i \geq 0 \\ \ln(x_i+1) & \lambda = 0, \ x_i \geq 0 \\ -[(-x_i+1)^{2-\lambda}-1]/(2-\lambda) & \lambda \neq 2, \ x_i < 0 \\ -\ln(-x_i+1) & \lambda = 2, \ x_i < 0 \end{cases}$$

Box-Cox 转换的公式（方程）如下：

$$x_i^{(\lambda)} = \begin{cases} [(x_i^\lambda - 1)]/\lambda & \lambda \neq 0 \\ \ln(x_i) & \lambda = 0 \end{cases}$$

在上面的方程式中，λ 是幂转换的参数，它是通过最大似然估计方法计算得出的。Box-Cox 幂转换适用于数据集元素全部为正数的情况，Yeo-Johnson 转换则没有这个限制。表 4-13 中详细说明了这个转换器的构造函数及其属性和方法。

表4-13　幂转换器 PowerTransformer

sklearn.preprocessing.PowerTransformer：实现幂转换的转换器	
PowerTransformer(method='yeo-johnson', *, standardize=True, copy=True)	
method	可选。一个字符串，表示幂转换的方法。可取值为"yeo-johnson"、"box-cox"。其中： ➤ "yeo-johnson"，表示使用 yeo-johnson 幂转换，特征变量值可以是正数、零或负数。这是默认值； ➤ "box-cox"，表示使用 box-cox 幂转换。只适合特征变量值均为正数的情况
standardize	可选。一个布尔值，表示输出是否为0均值、单位方差的正态分布。 默认值为 True
copy	可选。一个布尔值，表示转换是否直接对输入进行幂转换。设置为 False 表示直接进行转换，默认值为 True
PowerTransformer 的属性	
lambdas_	一个浮点数数组，形状为(n_features,)。每个特征变量对应着一个幂转换的参数
PowerTransformer 的方法	
fit(X,y=None)：计算输入数据集 X 的均值和方差，以便 transform( ) 方法使用	
X	必选。类数组对象，其形状 shape 为(n_samples,n_features)，表示输入数据集，用来估计转换需要的参数。其中 n_samples 为样本数量，n_features 为特征变量数量
y	忽略，仅仅是个占位符
返回值	训练后的幂转换器

续表

fit_transform(X,y=None)：首先基于X进行训练，然后对X进行幂转换	
X	必选。类数组对象、稀疏矩阵类型对象或者Pandas数据框，其形状shape为(n_samples,n_features)，表示输入数据集，其中n_samples为样本数量，n_features为特征变量数量
y	可选。目标特征变量，默认值为None
返回值	一个包含了标准化后数据的新NumPy数组
get_params(deep=True)：获取转换器的各种参数	
deep	可选。布尔型变量，默认值为True。如果为True，表示不仅包含此转换器自身的参数值，还将返回包含的子对象（也是转换器）的参数值
返回值	字典对象。包含以参数名称为键值的键值对
inverse_transform(X)：通过逆操作，返回到原始的数据表达形式	
X	必选。类数组对象或稀疏矩阵类型对象，其形状shape为(n_samples,n_features)，表示需要逆操作的数据集，其中n_samples为数据集样本数量，n_features为特征变量数量
返回值	类数组对象，逆操作后的数据集（相当于原始数据集）
set_params(**params)：设置转换器的各种参数	
Params	字典对象，包含了需要设置的各种参数
返回值	转换器自身
transform(X)：根据调用fit( )方法获得的信息，对数据集进行幂转换操作	
X	必选。类数组对象，其形状shape为(n_samples,n_features)，表示输入数据集，其中n_samples为样本数量，n_features为特征变量数量
返回值	类数组对象，表示转换之后的数据集

这个转换器的使用简洁明了，下面我们以示例形式说明上面主要方法的使用，请读者仔细阅读代码和输出结果。

```python
1.
2. import numpy as np
3. from sklearn.preprocessing import PowerTransformer
4.
5.
6. #1 初始数据集
7. data = [[1, 2], [3, 2], [4, 5]]
8. print("转换前的数据: ")
9. print(data)
10. print("*"*30, "\n")
11.
12. #2 创建 PowerTransformer 对象，默认为yeo-johnson幂转换
13. pt = PowerTransformer()
14.
```

```
15. #3 进行幂转换器训练
16. pt.fit(data)
17. print("lambdas_:", pt.lambdas_)
18. print()
19.
20. #4 进行幂转换
21. print("转换后的新数据：")
22. X_new = pt.transform(data)
23. print(X_new)
24.
```

运行后，输出结果如下（在Python自带的IDLE环境下）：

```
1.  转换前的数据：
2.  [[1, 2], [3, 2], [4, 5]]
3.  ****************************
4.
5.  lambdas_: [ 1.38668178 -3.10053332]
6.
7.  转换后的新数据：
8.  [[-1.31616039 -0.70710678]
9.   [ 0.20998268 -0.70710678]
10.  [ 1.1061777   1.41421356]]
```

最后说明一下，实际上分位数转换器QuantileTransformer也可以实现一个正态分布的映射，只需要将参数output_distribution设置为"normal"。

4.2.3 数据归一化

归一化（normalization）实际上也是一种标准化的方式，它是将一个样本缩放到具有单位范数的过程。这非常适合在需要使用向量点积（内积）或其他核方法来量化样本间相似性的情形，例如聚类，K近邻、文本分类。

在机器学习中，范数（norm）是衡量一个向量（样本）大小的度量。归一化的主要思想是对每个样本计算其范数，然后将该样本中的每个元素除以该范数，这样处理的结果是使得每个处理后的样本的范数等于1。为了更好地理解本节的内容，这里简要回顾一下范数的计算公式。

对于向量$X = (x_1, x_2, \cdots, x_n)$，其范数$\|X\|_p$公式为：

$$\|X\|_p = \left(\sum_{k=1}^{n} |x_k|^p \right)^{\frac{1}{p}}$$

即向量的范数为向量元素绝对值的 p 次方之和的 $\frac{1}{p}$ 次幂，所以也称为向量的 p 范数。参数 p 一般取值 0、1、2、∞、$-\infty$。

①0范数：此时等于向量 X 中非零元素的个数，也称为L0范数。

②1范数：此时等于向量 X 中元素绝对值之和，也称为L1范数，即：

$$\|X\|_1 = \sum_{k=1}^{n} |x_k|$$

③2范数：此时等于向量 X 中元素绝对值的平方和的平方根，也称为欧几里得范数（Euclidean norm），也称为L2范数，即：

$$\|X\|_2 = \left(\sum_{k=1}^{n} |x_k|^2\right)^{\frac{1}{2}} = \sqrt{\left(\sum_{k=1}^{n} |x_k|^2\right)} = \sqrt{X^{\mathrm{T}} X}$$

④∞范数：此时等于向量 X 中所有元素绝对值的最大值，也称为L∞范数，或者max范数。即：

$$\|X\|_{\infty} = \max_k |x_k|$$

⑤$-\infty$范数：此时等于向量 X 中所有元素绝对值的最小值，也称为L$-\infty$范数，或者min范数。即：

$$\|X\|_{-\infty} = \min_k |x_k|$$

在Scikit-learn中，实现归一化的方法包括归一化方法normalize和归一化转换器Normalizer，它们均实现了L1范数、L2范数和max范数（L∞范数）的归一化。

（1）数据归一化方法normalize

归一化方法sklearn.preprocessing.normalize()提供了一种针对数据集快速实现L1和L2范数的归一化方法。表4-14详细说明了这个函数。

表4-14 数据归一化方法normalize

sklearn.preprocessing.normalize：数据归一化方法	
normalize(X, norm='l2', *, axis=1, copy=True, return_norm=False)	
X	必选。类数组对象或者稀疏矩阵对象，表示待进行转换的数据集。其形状shape为(n_samples,n_features)，表示输入数据集，其中n_samples为样本数量，n_features为特征变量数量
norm	可选。一个字符串，表示归一化时使用的范数类型。可以取"l1"、"l2"、"max"之一，分别表示L1范数、L2范数和max范数。 默认值为"l2"
axis	可选。一个整数值，代表归一化的轴标签。如果为0，则表示独立地标准化每一个特征变量；如果为1，则表示标准化每一个样本数据。默认值为1

续表

copy	可选。一个布尔值，其中： False表示直接对数据集X执行标准化操作（如果数据集X已经是NumPy数组或SciPy列压缩稀疏矩阵CSC，且axis=1）； True表示在数据集X的拷贝上进行操作。默认值为True
return_norm	可选。一个布尔值，表示是否范围计算的范数。默认值为False
返回值	最多可以有两个返回值： ➤ X：NumPy数组对象或稀疏矩阵，代表归一化后的新数据集。其形状shape为(n_samples,n_features)； ➤ norms:NumPy数组对象。如果参数axis=1，其形状为(n_samples)；如果参数axis=0，其形状shape为(n_features)。注意：对于L1范数和L2范数，会引发NotImplementedError异常

这个转换方法的使用简洁明了，下面我们以示例形式说明上面方法的使用。

```
1.
2.  import numpy as np
3.  from sklearn import preprocessing
4.
5.
6.  X = [[ 1., -1.,  2.],
7.       [ 2.,  0.,  0.],
8.       [ 0.,  1., -1.]]
9.  print("转换前的初始数据：")
10. print(np.array(X))
11. print("*"*30, "\n")
12.
13. # 进行归一化操作，使用L2范数
14. X_new = preprocessing.normalize(X, norm='l2')
15.
16. print("转换后的新数据：")
17. print(X_new)
18.
```

运行后，输出结果如下（在Python自带的IDLE环境下）：

```
1.  转换前的初始数据：
2.  [[ 1. -1.  2.]
3.   [ 2.  0.  0.]
4.   [ 0.  1. -1.]]
5.  ******************************
6.
7.  转换后的新数据：
```

```
8.  [[ 0.40824829 -0.40824829  0.81649658]
9.   [ 1.          0.          0.        ]
10.  [ 0.          0.70710678 -0.70710678]]
```

（2）归一化转换器Normalizer

在Scikit-learn中，除了归一化方法normalize( )外，还提供了一个更灵活的归一化转换器sklearn.preprocessing.Normalizer，由于是转换器，所以它也实现了转换器常用的fit( )、transform( )等方法，这种分步骤计算的方式也非常适合于一个管道（pipeline）。表4-15详细说明了这个转换器的构造函数及其属性和方法。

表4-15   归一化转换器Normalizer

sklearn.preprocessing.Normalizer：归一化转换器	
Normalizer(norm='l2', *, copy=True)	
norm	可选。一个字符串，表示归一化时使用的范数类型。可以取"l1"、"l2"、"max"之一，分别表示L1范数、L2范数和max范数。 默认值为"l2"
copy	可选。一个布尔值，其中： False表示直接对输入数据集执行标准化操作（如果数据集X已经是NumPy数组或SciPy列压缩稀疏矩阵CSC，且axis=1）； True表示在输入数据集的拷贝上进行操作。默认值为True
注：Normalizer转换器没有属性	
Normalizer的方法	
fit(X,y=None)：目前此函数不做任何操作，直接返回转换器本身	
X	必选。类数组对象或稀疏矩阵类型对象，其形状shape为(n_samples,n_features)，表示输入数据集，其中n_samples为样本数量，n_features为特征变量数量
y	可选。NumPy数组对象，其形状为(n_samples)，或者为None。 默认值为None
返回值	归一化转换器本身
fit_transform(X,y=None,**fit_params)：对输入数据集X进行归一化操作	
X	必选。类数组对象或稀疏矩阵类型对象，其形状shape为(n_samples,n_features)，表示输入数据集，其中n_samples为样本数量，n_features为特征变量数量
y	可选。NumPy数组对象，其形状为(n_samples)，或者为None。 默认值为None
fit_params	词典类型的对象，包含其他额外的参数信息
返回值	一个包含了归一化后数据的新NumPy数组
get_params(deep=True)：获取转换器的各种参数	
deep	可选。布尔型变量，默认值为True。如果为True，表示不仅包含此转换器自身的参数值，还将返回包含的子对象也是转换器的参数值
返回值	字典对象。包含以参数名称为键值的键值对

续表

set_params(**params)：设置转换器的各种参数	
params	字典对象，包含了需要设置的各种参数
返回值	转换器自身
transform(X, copy=None)：对数据集X中的每一条不全为0的样本进行归一化处理	
X	必选。类数组对象或稀疏矩阵类型对象，其形状shape为(n_samples,n_features)，表示输入数据集，其中n_samples为样本数量，n_features为特征变量数量
copy	可选。一个布尔值或None，表示是否对数据集X进行拷贝。默认值为None
返回值	一个包含了归一化后数据的新NumPy数组

这个分位数转换器的使用简洁明了，下面我们以示例形式说明上面主要方法的使用，请读者仔细阅读下面代码和输出结果。

```
1.
2.  import numpy as np
3.  from sklearn.preprocessing import Normalizer
4.
5.
6.  X = [[ 1., -1.,  2.],
7.       [ 2.,  0.,  0.],
8.       [ 0.,  1., -1.]]
9.  print("转换前的初始数据：")
10. print(np.array(X))
11. print("*"*30, "\n")
12.
13. # 构建归一化转换器，并训练（此版本的fit()函数不做任何操作）
14. transformer = Normalizer().fit(X)
15.
16. # 进行归一化操作
17. X_new = transformer.transform(X)
18. print("转换后的新数据：")
19. print(X_new)
20.
```

运行后，输出结果如下（在Python自带的IDLE环境下）：

```
1.  转换前的初始数据：
2.  [[ 1. -1.  2.]
3.   [ 2.  0.  0.]
4.   [ 0.  1. -1.]]
5.  ****************************
```

```
6.
7.   转换后的新数据：
8.   [[ 0.40824829 -0.40824829  0.81649658]
9.    [ 1.          0.          0.        ]
10.   [ 0.          0.70710678 -0.70710678]]
```

4.2.4 分类型特征变量编码

我们知道，Scikit-learn实现的大多数评估器需要连续型的数值数据作为输入，但是原始数据集中的特征变量往往是分类型的，所以有必要对分类型特征变量进行编码操作，使之符合评估器的输入要求。

分类型特征变量一般可以细分为定序型特征变量（ordinal）、定类型特征变量（nominal）两种。其中，定序型特征变量是指变量值（类别值）具有内在固有大小或高低顺序，例如一个程序员等级，可以具有高级、中级、初级；定类型特征变量是指变量值（类别值）没有固有大小或高低顺序，例如学生性别可以用男、女表示，也可以用1、2表示，这里并不表示"2"比"1"大。

对于定序型特征变量，Scikit-learn提供了定序编码转换器sklearn.preprocessing.OrdinalEncoder进行编码操作；对于定序型或定类型特征变量，Scikit-learn提供了独热编码器sklearn.preprocessing.OneHotEncoder进行编码操作。

下面我们分别对这两种分类变量编码器进行讲述。

4.2.4.1 定序编码转换器

定序编码转换器OrdinalEncoder，即定序型特征变量编码转换器，可以把一个定序型分类变量编码为一个整数数组。定序编码转换器OrdinalEncoder的输入必须是一个字符串数组或整数数组（类别值也可以是整数），编码结果一定是一个有次序的整数型数组。对于一个具体特征变量来说，整数型数组的结果元素值是 $0 \sim$ n_categories-1，其中n_categories表示这个特征变量的非重复类别值个数。表4-16详细说明了这个定序编码器的构造函数及其属性和方法。

表4-16　分类变量定序编码转换器OrdinalEncoder

sklearn.preprocessing.OrdinalEncoder：分类变量定序编码转换器	
OrdinalEncoder(*, categories='auto', dtype=<class 'numpy.float64'>)	
categories	可选。可以为字符串"auto"，也可以为一个数组的列表，含义如下： ◇ "auto"：自动从训练数据集中抽取非重复的特征值。这是默认值； ◇数组列表categories：categories[i]保存第i个特征变量具有的特征值
dtype	可选。期望输出的数据类型。默认值为numpy.float64

注：当参数categories设置为"auto"，即自动从训练数据集中抽取非重复的特征值时，特征类别值会自动从小到大排序。排序规则按照Python的ord( )函数返回的Unicode编码值进行

OrdinalEncoder的属性	
categories_	数组列表对象。表示在编码器训练阶段，调用fit( )函数，经过训练获得的每个特征变量的所有特征类别值（非重复的特征值），将包括参数drop中指定的特征值。其中列表元素（数组）的顺序就是特征变量出现的顺序

OrdinalEncoder的方法	
fit(X,y=None)：训练编码器，获取每个特征变量的非重复类别值等信息，以便transform( )方法使用	
X	必选。类数组对象，其形状shape为(n_samples,n_features)，表示输入数据集，其中n_samples为样本数量，n_features为特征变量数量
y	忽略，仅仅是个占位符
返回值	训练后的编码器
fit_transform(X,y=None,**fit_params)：首先基于X进行训练，然后对X进行编码操作	
X	必选。类数组对象，其形状shape为(n_samples,n_features)，表示输入数据集，其中n_samples为样本数量，n_features为特征变量数量
y	可选。目标特征变量，默认值为None
fit_params	词典类型的对象，包含其他额外的参数信息
返回值	一个包含了标准化后数据的新NumPy数组
get_params(deep=True)：获取此编码转换器的各种参数	
deep	可选。布尔型变量，默认值为True。如果为True，表示不仅包含此转换器自身的参数值，还将返回包含的子对象（也是转换器）的参数值
返回值	字典对象。包含以参数名称为键值的键值对
inverse_transform(X)：通过逆编码，返回到原始的数据表达形式	
X	必选。类数组对象或稀疏矩阵类型对象，其形状shape为(n_samples,n_features)，表示需要逆编码的数据集，其中n_samples为数据集样本数量，n_features为特征变量数量
返回值	类数组对象或稀疏矩阵类型对象，逆编码后的数据集（相当于原始数据集）
set_params(**params)：设置编码转换器的各种参数	
params	字典对象，包含了需要设置的各种参数
返回值	编码转换器自身
transform(X)：根据调用fit( )方法获得的信息，对数据集进行编码操作	
X	必选。类数组对象，其形状shape为(n_samples,n_features)，表示输入数据集，其中n_samples为样本数量，n_features为特征变量数量
返回值	编码后的数据集

这个编码转换器的使用简洁明了，下面我们以示例形式说明上面主要方法的使用，请读者仔细阅读下面的示例代码和输出结果。

```
1.
2.  import numpy as np
3.  from sklearn import preprocessing
4.
5.  X0 = [ ['male',   '高中'],
6.         ['female', '大学'],
7.         ['male',   '研究生'],
8.         ['female', '高中'] ]
9.
10. print("训练用的数据: ")
11. print(np.array(X0))
12. print("*"*30, "\n")
13.
14. # 构建并训练编码转换器
15. enc = preprocessing.OrdinalEncoder()
16. enc.fit(X0)
17.
18. print("-"*30)
19. print("categories_: ", enc.categories_)
20. print("-"*30)
21.
22.
23. # 训练完毕, 可以进行转换
24. X = [ ['female', '高中'],
25.       ['male',   '大学'] ]
26.
27.
28. print("编码前的数据: ")
29. print(np.array(X))
30. print("*"*30, "\n")
31.
32. X_new = enc.transform(X)
33. print("编码后的数据: ")
34. print(type(X_new))
35. print(X_new)
36.
```

运行后，输出结果如下（在 Python 自带的 IDLE 环境下）：

```
1.  训练用的数据:
2.  [['male' '高中']
3.   ['female' '大学']
```

```
4.     ['male'  '研究生']
5.     ['female' '高中']]
6.     ****************************
7.
8.     ----------------------------
9.     categories_:  [array(['female', 'male'], dtype=object), array(['大学', '
       研究生', '高中'], dtype=object)]
10.    ----------------------------
11.  编码前的数据：
12.    [['female' '高中']
13.     ['male' '大学']]
14.    ****************************
15.
16.  编码后的数据：
17.  <class 'numpy.ndarray'>
18.    [[0. 2.]
19.     [1. 0.]]
```

4.2.4.2　独热编码器

独热编码（One-Hot Encoding）也是一种把分类型特征变量转换为Scikit-learn评估器可直接使用的特征变量的方式。它可以把一个定类型分类特征变量值映射为由0/1组成的序列指示符，其长度为此特征变量的非重复取值个数n_categories，并且一个特征类别值只有一位为1，其余位为0，故独热编码也称为一位有效编码、one-of-K编码。

在各种数据分析和建模过程中，经常会遇到分类型或定序型数据。例如，客户所在区域custArea（东北区，华北区，华南区，中南区，西南区，西北区）、客户性别gender（男，女）、产品类别productCat（IT，书籍，电器……）、客户信用等级custCredit（低，中，高）等等。建模过程中，一般是将这类变量转换为数值，然后带入模型，如客户性别gender转为（0，1）、客户信用等级custCredit转为（0，1，2），但模型会把这类数值当作连续型数据处理，这肯定是不合理的，已经与我们划分类别的初衷不一致了，连续型数据本身是有大小之分的。

独热编码可以解决这个问题，其方法是通过n_categories位0/1序列对一个具有n_categories个类别值的变量进行编码，在任何时候只有一位有效。某位有效是指对应的位值为1，其余为0，"独热"即指在0/1序列中只有一位为1，这也是"一位有效编码"名称的来源（注：与此相对的编码方式称为独冷编码：One-Cold Encoding）。

下面以客户所在区域custArea这一特征变量为例说明。客户所在区域custArea有6个类别取值，设它们的类别值分别以1、2、3、4、5、6表示，对应的独热编码如表4-17所示。

表4-17 客户所在区域独热编码

序号	custArea	类别值	独热编码	虚拟变量
1	东北区	1	000001	custArea=1
2	华北区	2	000010	custArea=2
3	华南区	3	000100	custArea=3
4	中南区	4	001000	custArea=4
5	西南区	5	010000	custArea=5
6	西北区	6	100000	custArea=6

　　custArea经过独热编码转换后，就变成"custArea=1"、"custArea=2"、……、"custArea=6"等6个虚拟变量了。这样经过独热编码处理后，模型就可以处理分类或定序型数据了，并且在一定程度上也扩充了变量。认真的读者可以看出，实际上就是每个类别值（如东北区）对应着一个虚拟变量（如custArea=1，其值为000001）。这6个虚拟变量会进入后续的建模过程。

　　独热编码的一个缺点是：当分类或定序变量类别值比较多时，数据经过独热编码转换后可能会变得过于稀疏。表4-18详细说明了这个独热编码器的构造函数及其属性和方法。

表4-18 分类变量独热编码转换器OneHotEncoder

sklearn.preprocessing.OneHotEncoder：定序型分类变量独热编码转换器	
OneHotEncoder(*, categories='auto', drop=None, sparse=True, dtype=<class 'numpy.float64'>, handle_unknown='error')	
categories	可选。可以为字符串"auto"，也可以为一个数组的列表，含义如下： ◇"auto"：自动从训练数据集中抽取非重复的特征值，这是默认值； ◇数组列表categories：categories[i]保存第i个特征变量具有的特征值
drop	可选。在进行编码过程中，这个参数指定一种排除每个特征变量中一个特征值的方法。它可以是一个字符串，或一个形状shape为(n_features,)的数组，或者为None。它们的含义如下： ◇None：不排除任何一个特征值，这是默认值； ◇"first"：排除每个特征变量的第一个特征值，如果一个特征变量只有一个特征值，则此特征变量会被整个排除于编码过程中； ◇"if_binary"：排除只有两个类别的特征变量的第一个类别，具有1个或2个以上类别的特征变量保持不变； ◇数组drop：需要排除的特征值。其中drop[i]是特征变量X的第i个特征值，特征变量的顺序是按照出现的先后顺序来排列
sparse	可选。一个布尔值，表示返回值是否为一个行压缩稀疏CSR矩阵。如果为True，则返回一个稀疏矩阵；否则返回一个NumPy多维数组； 默认值为True
dtype	可选。期望输出的数据类型。默认值为numpy.float64
handle_unknown	可选。一个字符串值，指定在转换编码（调用transform( )）过程中如果遇到训练数据集中没有的特征值时，编码过程是引发一个错误还是忽略。 ◇若设置为"error"，在编码过程，调用transform( )，在遇到一个未知特征值时，会引发一个错误产生。这是默认值； ◇若设置为"ignore"，在编码过程，调用transform( )，在遇到一个未知特征值时，此特征值所有位均被编码为0。在逆编码过程中，即调用inverse_transform( )，一个未知特征值将被置为None

　　注：当参数categories设置为"auto"，即自动从训练数据集中抽取非重复的特征值时，特征类别值会自动从小到大排序。排序规则为按照Python的ord( )函数返回的Unicode编码值进行排序

续表

OneHotEncoder的属性	
categories_	数组列表对象。表示在编码器训练阶段，即调用fit( )函数时，经过训练获得的每个特征变量的所有特征类别值（非重复的特征值），将包括参数drop中指定的特征值。其中列表元素（数组）的顺序就是特征变量出现的顺序
drop_idx_	形状shape为(n_features,)的数组。不同情况下，其取值不同： ◇当第i个特征变量没有特征值被排除时，drop_idx_[i]为None； ◇当所有特征变量均参与编码时，drop_idx_为None； ◇其他情况下，drop_idx_[i]是categories_[i]中将被排除的特征值

OneHotEncoder的方法	
fit(X,y=None)：训练编码器，获取每个特征变量的非重复类别值等信息，以便transform( )方法使用	
X	必选。类数组对象或稀疏矩阵类型对象，其形状shape为(n_samples,n_features)，表示输入数据集，其中n_samples为样本数量，n_features为特征变量数量
y	忽略，仅仅是个占位符
返回值	训练后的独热编码器
fit_transform(X,y=None)：首先基于X进行训练，然后对X进行独热编码	
X	必选。类数组对象或稀疏矩阵类型对象，其形状shape为(n_samples,n_features)，表示输入数据集，其中n_samples为样本数量，n_features为特征变量数量
y	可选。目标特征变量，默认值为None
返回值	一个编码后的NumPy数组或CSR稀疏矩阵
get_feature_names(input_features=None)：返回输出特征变量的名称	
input_features	形状shape为(n_features,)的字符串列表。输入特征变量的名称
返回值	输出特征变量的名称列表，其形状shape为(n_features,)
get_params(deep=True)：获取编码转换器的各种参数	
deep	可选。布尔型变量，默认值为True。如果为True，表示不仅包含此转换器自身的参数值，还将返回包含的子对象（也是转换器）的参数值
返回值	字典对象。包含以参数名称为键值的键值对
inverse_transform(X)：通过逆编码，返回到原始的数据表达形式。如果遇到未知特征值编码（所有位均为0），则逆编码为None	
X	必选。类数组对象或稀疏矩阵类型对象，其形状shape为(n_samples,n_features)，表示需要逆编码的数据集，其中n_samples为数据集样本数量，n_features为特征变量数量
返回值	类数组对象或稀疏矩阵类型对象，逆编码后的数据集（相当于原始数据集）
set_params(**params)：设置编码转换器的各种参数	
params	字典对象，包含了需要设置的各种参数
返回值	编码转换器自身
transform(X)：根据调用fit( )方法获得的信息，对数据集进行独热编码	
X	必选。类数组对象或稀疏矩阵类型对象，其形状shape为(n_samples,n_features)，表示输入数据集，其中n_samples为样本数量，n_features为特征变量数量
返回值	独热编码后的数据集

这个独热编码转换器的使用简洁明了，下面我们以示例形式说明上面主要方法的使用，请读者仔细阅读代码和输出结果。为了与OrdinalEncoder进行对比，在这个例子中使用了与上面例子相同的数据，这样便于对两种不同的编码器的输出结果进行对比。

```python
1.
2.  import numpy as np
3.  from sklearn import preprocessing
4.
5.  X0 = [ ['male',   '高中'],
6.         ['female', '大学'],
7.         ['male',   '研究生'],
8.         ['female', '高中'] ]
9.
10. print("训练用的数据：")
11. print(np.array(X0))
12. print("*"*30, "\n")
13.
14. # 构建并训练编码转换器
15. enc = enc = preprocessing.OneHotEncoder(handle_unknown="ignore")
16. enc.fit(X0)
17.
18. print("-"*30)
19. print("categories_: ", enc.categories_)
20. print("drop_idx_   : ", enc.drop_idx_)
21. print("-"*30)
22.
23.
24. # 训练完毕，可以进行转换
25. X = [ ['female', '高中'],
26.       ['male',   '大学'] ]
27.
28.
29. print("编码前的数据：")
30. print(np.array(X))
31. print("*"*30, "\n")
32.
33. X_new = enc.transform(X)
34. print("编码后的数据：")
35. print(type(X_new))
36.
37. print("稀疏矩阵表达形式：")
38. print(X_new)
39. print("NumPy数组表达形式:")
40. print(X_new.toarray())
41.
```

　　运行后，输出结果如下（在 Python 自带的 IDLE 环境下）：

```
1.  训练用的数据：
2.  [['male' '高中']
3.   ['female' '大学']
4.   ['male' '研究生']
5.   ['female' '高中']]
6.  ***************************
7.
8.  ----------------------------
9.  categories_:  [array(['female', 'male'], dtype=object), array(['大学', '
       研究生', '高中'], dtype=object)]
10. drop_idx_  :  None
11. ----------------------------
12. 编码前的数据：
13. [['female' '高中']
14.  ['male' '大学']]
15. ***************************
16.
17. 编码后的数据：
18. <class 'scipy.sparse.csr.csr_matrix'>
19. 稀疏矩阵表示形式：
20.   (0, 0)    1.0
21.   (0, 4)    1.0
22.   (1, 1)    1.0
23.   (1, 2)    1.0
24. NumPy数组表示形式：
25. [[1. 0. 0. 0. 1.]
26.  [0. 1. 1. 0. 0.]]
```

　　读者请注意，在上面的数组形式的输出结果中（第25、26行），每个类别值的编码长度等于此特征变量的非重复类别值个数。从属性 categories_ 的结果可以看出，第一个特征变量（性别）有两个类别值，所以独热编码后的编码长度为2；第二个特征变量（学历）有三个类别值，所以独热编码后的编码长度为3。如图4-1所示。

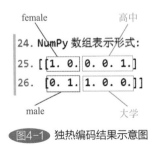

图4-1　独热编码结果示意图

4.2.5 数据离散化

数据离散化（discretization），也称为数据分箱（binning），是根据统计、分析的需要，将连续性特征变量按照某种标准重新划分为不同组别的过程。由于对原始连续型特征变量离散化后，所有的变量都变成了分类型变量（特征变量），所以为了满足Scikit-learn评估器的需求，还需要对它们进行一次"编码"。对此，Scikit-learn也提供了上一节讲述的编码方法：定序编码或者独热编码。

Scikit-learn中提供了K分箱离散化转换器sklearn.preprocessing.KBinsDiscretizer和特征变量二值化转换器sklearn.preprocessing.Binarizer，此外还有一个Binarizer的快速实现方法：特征变量二值化转换方法sklearn.preprocessing.binarize。

下面我们对这两个转换器和一个方法进行详细描述。

4.2.5.1 K分箱离散化

K分箱离散化是指把一个连续型特征变量分割成K个分箱（组别），在Scikit-learn中使用转换器sklearn.preprocessing.KBinsDiscretizer来实现，它提供了等宽（等距）区间法（也称等距分箱法）、等频区间法（也称等频分箱法）、K-Means等分箱方法。表4-19详细说明了这个K分箱离散化转换器的构造函数及其属性和方法。

表4-19　K分箱离散化转换器KBinsDiscretizer

sklearn.preprocessing.KBinsDiscretizer：K分箱离散化转换器	
KBinsDiscretizer(n_bins=5, *, encode='onehot', strategy='quantile')	
n_bins	可选。一个正整数或形状shape为(n_features,)的数组。当为数组时，每个元素对应着一个特征变量的分箱数目；默认值为正整数5； 注：如果n_bins<2，则会引发一个ValueError错误
encode	可选。一个字符串，指定了原始特征变量分组后的编码方法。可以取以下值： ◇ "onehot"：使用独热编码方法进行编码。返回结果为一个稀疏矩阵，并忽略常量值的特征变量。这是默认值； ◇ "onehot-dense"：使用独热编码方法进行编码。返回结果为一个稠密矩阵，并忽略常量值的特征变量； ◇ "ordinal"：使用定序编码方法进行编码。返回结果为一个整数序列值
strategy	可选。一个字符串，指定了分箱的方法。可以取以下值： ◇ "quantile"：分位数法，表示所有特征变量具有相同的分箱数量，即使用相同的分位数。这是默认值； ◇ "uniform"：宽度均匀法，表示所有特征变量具有相同的分箱宽度； ◇ "kmeans"：K均值法，表示按照K均值聚类算法分箱。每个分箱中的数据到最近的一维K-Means聚类的簇心距离相同

注：（1）对于第i个特征变量，其分箱边界数据bin_edges_[i]主要用于函数inverse_transform( )中，便于逆向计算。在实际的分箱转换过程中，分箱边界会被扩展如下：

numpy.concatenate([-numpy.inf, bin_edges_[i][1:-1], numpy.inf])

（2）KBinsDiscretizer 有可能产生常量特征变量

KBinsDiscretizer的属性	
n_bins_	一个形状shape为(n_features,)整型数组。表示每个特征变量的实际分箱数目。在实际分箱过程中，宽度非常小的分组会被剔除，并引发一个警告
bin_edges_	一个形状shape为(n_features,)的数组，其元素也是数组对象，并对应着每个特征变量的分箱边界，其形状shape为(n_bins_,)。被忽略的特征变量其分箱边界对应的元素数组为空

KBinsDiscretizer的方法	
fit(X,y=None)：训练分箱离散化转换器，计算实际使用的分箱数目、每个分箱的左右边界等信息，以便transform( )方法使用	
X	必选。类数组对象，其形状shape为(n_samples,n_features)，表示输入数据集，其中n_samples为样本数量，n_features为特征变量数量
y	忽略，仅仅是个占位符
返回值	训练后的编码器
fit_transform(X,y=None,**fit_params)：首先基于X进行训练，然后对X进行离散化操作	
X	必选。类数组对象，其形状shape为(n_samples,n_features)，表示输入数据集，其中n_samples为样本数量，n_features为特征变量数量
y	可选。目标特征变量，默认值为None
fit_params	词典类型的对象，包含其他额外的参数信息
返回值	一个包含了离散化后数据的新NumPy数组
get_params(deep=True)：获取此离散化转换器的各种参数	
deep	可选。布尔型变量，默认值为True。如果为True，表示不仅包含此转换器自身的参数值，还将返回包含的子对象（也是转换器）的参数值
返回值	字典对象。包含以参数名称为键值的键值对
inverse_transform(X)：通过逆离散化操作，返回与原始的数据相近的表达形式。逆转换值为左右边界之间的中间值。注意：由于离散化过程中的四舍五入等计算误差，本函数不可能完全复原	
X	必选。类数组对象，其形状shape为(n_samples,n_features)，表示需要逆离散化的数据集，其中n_samples为数据集样本数量，n_features为特征变量数量
返回值	类数组对象，逆离散化后的数据集
set_params(**params)：设置离散化转换器的各种参数	
params	字典对象，包含了需要设置的各种参数
返回值	离散化转换器自身
transform(X)：根据调用fit( )方法获得的信息，对数据集进行离散化操作	
X	必选。类数组对象，其形状shape为(n_samples,n_features)，表示输入数据集，其中n_samples为样本数量，n_features为特征变量数量
返回值	离散化后的数据集

这个K分箱离散化转换器的使用简洁明了，下面我们以示例形式说明上面主要方法的使用，请读者仔细阅读代码和输出结果。

```
1.
2.  import numpy as np
3.  from sklearn import preprocessing
4.
5.  X0 = [[-2, 1, -4,    -1],
6.        [-1, 2, -3, -0.5],
7.        [ 0, 3, -2,  0.5],
8.        [ 1, 4, -1,    2]]
9.
10. print("训练用的数据: ")
11. print(np.array(X0))
12. print("*"*30, "\n")
13.
14. # 构建并训练离散化转换器
15. binner = preprocessing.KBinsDiscretizer(n_bins=3, encode='ordinal', str
    ategy='uniform')
16. binner.fit(X0)
17.
18. print("训练结果信息: ")
19. print("-"*30)
20. print("bin_edges_: ", binner.bin_edges_)
21. print("-"*30)
22.
23. # 训练完毕, 可以进行转换
24. X_new = binner.transform(X0)
25. print("编码后的数据: ")
26. print(type(X_new))
27. print(X_new)
28.
```

运行后，输出结果如下（在Python自带的IDLE环境下）：

```
1.  训练用的数据:
2.  [[-2.   1.   -4.   -1. ]
3.   [-1.   2.   -3.   -0.5]
4.   [ 0.   3.   -2.   0.5]
5.   [ 1.   4.   -1.   2. ]]
6.  ******************************
```

```
7.
8.   训练结果信息:
9.   ---------------------------
10.  bin_edges_:  [array([-2., -1.,  0.,  1.]) array([1., 2., 3., 4.])
11.   array([-4., -3., -2., -1.]) array([-1.,  0.,  1.,  2.])]
12.  ---------------------------
13.  编码后的数据:
14.  <class 'numpy.ndarray'>
15.  [[0. 0. 0. 0.]
16.   [1. 1. 1. 0.]
17.   [2. 2. 2. 1.]
18.   [2. 2. 2. 2.]]
```

4.2.5.2 特征变量二值化

特征变量二值化（Feature binarization）是对数值型特征变量进行阈值化以获得布尔值的过程。所谓阈值化，就是特征变量的取值与设置的阈值进行比较，大于阈值则结果为1，否则结果为0。这对概率型的评估器非常有用，例如 sklearn.neural_network. BernoulliRBM，在文本分析中只考虑一个特征是否出现的情况时也很有用。

Scikit-learn 提供了特征变量二值化方法 binarize 和特征变量二值化转换器 Binarizer。下面我们分别详细叙述。

（1）特征变量二值化方法 binarize

二值化方法 sklearn.preprocessing.binarize 实现了对数组或稀疏矩阵的阈值化处理。表4-20 详细说明了这个函数信息。

表4-20　特征变量二值化方法 binarize

sklearn.preprocessing.binarize：特征变量二值化方法	
binarize(X, *, threshold=0.0, copy=True)	
X	必选。类数组对象或者稀疏矩阵对象，表示待进行转换的数据集。其形状 shape 为(n_samples,n_features)，表示输入数据集，其中 n_samples 为样本数量，n_features 为特征变量数量。 注：稀疏矩阵必须是 CSR 或 CSC 形式
threshold	可选。一个浮点数值，指定二值化的阈值，但对稀疏矩阵进行二值化处理时，此参数不能为负数。默认值为0.0
copy	可选。一个布尔值，False 表示直接对数据集 X 执行标准化操作（如果数据集 X 已经是 NumPy 数组或 SciPy 列压缩稀疏矩阵 CSC 或 CSR）；True 表示在数据集 X 的拷贝上进行操作。默认值为 True
返回值	二值化后的数组对象或稀疏矩阵

这个转换方法的使用非常简单，这里我们不再举例。请读者参考下面二值化转换器 Binarizer 的例子代码。

（2）特征变量二值化转换器 Binarizer

在 Scikit-learn 中，除了特征变量二值化方法 binarize( ) 外，还提供了一个更灵活的二值化转换器 sklearn.preprocessing.Binarizer，由于是转换器，所以它也实现了转换器常用的 fit( )、transform( ) 等方法，这些分步骤计算的方法也非常适合于一个管道（pipeline）。表4-21 详细说明了这个转换器的构造函数及其属性和方法。

表4-21　特征变量二值化转换器 Binarizer

sklearn.preprocessing.Binarizer：特征变量二值化转换器	
Binarizer(*, threshold=0.0, copy=True)	
threshold	可选。一个浮点数值。指定二值化的阈值。但对稀疏矩阵进行二值化处理时，此参数不能为负数。默认值为0.0
copy	可选。一个布尔值，其中False表示直接对数据集X执行标准化操作（如果数据集X已经是 NumPy数组或SciPy列压缩稀疏矩阵CSC或CSR）；True表示在数据集X的拷贝上进行操作。默认值为True
Binarizer的属性	
注：Binarizer转换器没有属性	
Binarizer的方法	
fit(X,y=None)：目前此函数不做任何操作，直接返回转换器本身	
X	必选。类数组对象或者稀疏矩阵对象，表示待进行转换的数据集。其形状shape为(n_samples,n_features)，表示输入数据集，其中n_samples为样本数量，n_features为特征变量数量。注：稀疏矩阵必须是CSR或CSC形式
y	可选。NumPy数组对象，其形状为(n_samples)，或者为None。默认值为None
返回值	二值化转换器本身
fit_transform(X,y=None,**fit_params)：对输入数据集X进行阈值化（二值化）操作	
X	必选。类数组对象或者稀疏矩阵对象，表示待进行转换的数据集。其形状shape为(n_samples,n_features)，表示输入数据集，其中n_samples为样本数量，n_features为特征变量数量。注：稀疏矩阵必须是CSR或CSC形式
y	可选。NumPy数组对象，其形状为(n_samples)，或者为None。默认值为None
fit_params	词典类型的对象，包含其他额外的参数信息
返回值	阈值化后的新NumPy数组
get_params(deep=True)：获取转换器的各种参数	
deep	可选。布尔型变量，默认值为True。如果为True，表示不仅包含此转换器自身的参数值，还将返回包含的子对象也是转换器的参数值
返回值	字典对象。包含以参数名称为键值的键值对

set_params(**params)：设置转换器的各种参数	
params	字典对象，包含了需要设置的各种参数
返回值	转换器自身

transform(X, copy=None)：对数据集X中的进行阈值化处理，并返回二值化的结果	
X	必选。类数组对象或者稀疏矩阵对象，表示待进行转换的数据集。其形状shape为(n_samples,n_features)，表示输入数据集，其中n_samples为样本数量，n_features为特征变量数量。 注：稀疏矩阵必须是CSR或CSC形式
copy	可选。一个布尔值或None，表示是否对数据集X进行拷贝。默认值为None
返回值	阈值化后的新NumPy数组

　　这个转换器的使用简洁明了，下面我们以示例形式说明上面主要方法的使用，请读者仔细阅读代码和输出结果。

```
1.
2.  import numpy as np
3.  from sklearn import preprocessing
4.
5.  X = [[ 1., -1.,  2.],
6.       [ 2.,  0.,  0.],
7.       [ 0.,  1., -1.]]
8.
9.  print("训练用的数据：")
10. print(np.array(X))
11. print("*"*30, "\n")
12.
13. # 构建并训练离散化转换器
14. binarizer = preprocessing.Binarizer().fit(X)        # fit does nothing
15.
16. # 训练完毕，可以进行转换
17. X_new = binarizer.transform(X)
18. print("编码后的数据(阈值为默认值0.0)：")
19. print(type(X_new))
20. print(X_new)
21. print("-"*30, "\n")
22.
23. binarizer = preprocessing.Binarizer(threshold=1.1).fit(X)     # fit does n
    othing
24. # 训练完毕，可以进行转换
25. X_new = binarizer.transform(X)
26. print("编码后的数据(阈值为默认值1.1)：")
27. print(type(X_new))
28. print(X_new)
29.
```

运行后，输出结果如下（在Python自带的IDLE环境下）：

```
1.   训练用的数据:
2.   [[ 1. -1.  2.]
3.    [ 2.  0.  0.]
4.    [ 0.  1. -1.]]
5.   ****************************
6.
7.   编码后的数据(阈值为默认值0.0):
8.   <class 'numpy.ndarray'>
9.   [[1. 0. 1.]
10.   [1. 0. 0.]
11.   [0. 1. 0.]]
12.  ----------------------------
13.
14.  编码后的数据(阈值为默认值1.1):
15.  <class 'numpy.ndarray'>
16.  [[0. 0. 1.]
17.   [1. 0. 0.]
18.   [0. 0. 0.]]
```

4.2.6 特征组合

"数据和特征决定了机器学习的上限，而算法和模型只是逼近这个上限。"在实际工作中，有时仅仅使用原始（一价）特征变量并不能很好地解决问题，为了提高具有复杂关系的算法的拟合能力（即使总损失函数更小），在特征工程中往往需要进行特征组合。

特征组合是指将两个或多个不同的一价特征变量进行相乘（笛卡尔积）而形成高价的组合特征。这些组合特征将与原始特征一起进入算法训练，构建模型。特征组合最大的特点就是有助于表示特征空间中的非线性关系，增强了模型的预测能力。

一个简单而常用的方法是实现多项式特征，它可以得到特征的高阶项和交互项。在Scikit-learn中，提供了多项式特征生成器sklearn.preprocessing.PolynomialFeatures来实现这个目标。

多项式特征生成器PolynomialFeatures可以生成一个新的特征变量矩阵，它由所有小于或等于指定阶（次方）的多项式特征组合构成。例如，如果一个输入样本是一个二维向量 $[a, b]$，则新的二阶多项式特征将是 $[1, a, b, a^2, ab, b^2]$。由于是转换器，所以它也实现了转换器常用的fit( )、transform( )等方法，这些分步骤计算的方法也非常适合于一个管道（pipeline）。表4-22详细说明了这个多项式特征生成器的构造函数及其属性和方法。

表4-22　多项式特征生成器PolynomialFeatures

sklearn.preprocessing.PolynomialFeatures：多项式特征生成器	
PolynomialFeatures(degree=2, *, interaction_only=False, include_bias=True, order='C')	
degree	可选。一个正整数值，表示特征变量的幂次（次方数）。默认值为2
interaction_only	可选。一个布尔值，表示是否仅仅生成交互项。默认值为False
include_bias	可选。一个布尔值，表示是否生成截距。如果为True，则会生成一个常数项1。默认值为True
order	可选。一个字符串值，可取"C"或者"F"。其中"C"表示输出数组的顺序是密集的；"F"表示计算速度快，但是可能影响后续的评估器的性能
PolynomialFeatures的属性	
powers_	数组列表对象，其形状shape为(n_output_features_, n_input_features_)。其中powers_[i, j]为在第i个输出中第j个输入的幂次
n_input_features_	一个整型数，表示输入特征的数量
n_output_features_	一个整型数，输出多项式特征变量的数量
PolynomialFeatures的方法	
fit(X,y=None)：基于输入数据集X，计算输出多项式特征向量的数量	
X	必选。类数组对象，其形状shape为(n_samples,n_features)，表示输入数据集，其中n_samples为样本数量，n_features为特征变量数量
y	忽略，仅仅是个占位符
返回值	训练后的多项式特征生成器
fit_transform(X,y=None,**fit_params)：首先基于X进行训练，然后生成多项式特征变量	
X	必选。类数组对象或稀疏矩阵。若为类数组对象，其形状shape为(n_samples,n_features)，表示输入数据集，其中n_samples为样本数量，n_features为特征变量数量
y	可选。目标特征变量，默认值为None
fit_params	词典类型的对象，包含其他额外的参数信息
返回值	一个包含新的多项式特征变量的NumPy数组，其形状shape为shape (n_samples, n_features_new)
get_feature_names(input_features=None)：返回输出多项式特征变量的名称	
input_features	可选。一个长度为n_features的字符串列表。表示输入特征变量的名称（在指定名称的情况下）。如果没有指定输入特征变量的名称，则使用"x0"，"x1"……"xn_features"。默认值为None，表示返回所有的多项式特征变量的名称
返回值	一个长度为n_output_features_的字符串列表，表示多项式特征变量的名称
get_params(deep=True)：获取此多项式特征生成器的各种参数	
deep	可选。布尔型变量，默认值为True。如果为True，表示不仅包含此转换器自身的参数值，还将返回包含的子对象也是转换器的参数值
返回值	字典对象。包含以参数名称为键值的键值对

set_params(**params)：设置多项式特征生成器的各种参数	
params	字典对象，包含了需要设置的各种参数
返回值	多项式特征生成器自身
transform(X)：根据调用fit( )方法获得的信息，对数据集进行多项式特征变量的生成	
X	必选。类数组对象或稀疏矩阵，其形状shape为(n_samples,n_features)，表示输入数据集，其中n_samples为样本数量，n_features为特征变量数量
返回值	一个包含新的多项式特征变量的NumPy数组或稀疏矩阵，其形状shape为shape (n_samples, NP)，其中NP是基于输入特征变量组合生成的多项式特征的数量

这个多项式特征变量生成器的使用简洁明了，下面我们以示例形式说明上面主要方法的使用，请读者仔细阅读代码和输出结果。

```
1.
2.  import numpy as np
3.  from sklearn.preprocessing import PolynomialFeatures
4.
5.
6.  X = np.arange(6).reshape(3, 2)
7.  print("训练用的数据：")
8.  print(X)
9.  print("*"*30, "\n")
10.
11. # 构建多项式特征变量生成器
12. poly = PolynomialFeatures(2)
13.
14. poly.fit(X);
15. print("n_output_features_  :", poly.n_output_features_)
16. print("n_input_features_   :", poly.n_input_features_)
17. print("powers_:     shape", poly.powers_.shape)
18. print(poly.powers_)
19. print("-"*30, "\n")
20.
21. # 多项式特征生成
22. X_new = poly.transform(X)
23.
24. print("新的特征变量矩阵：")
25. print(type(X_new))
26. print(X_new)
27.
28. # 新的多项式特征变量的名称
29. print("\n新的特征变量的名称：")
30. lstNames = poly.get_feature_names()
31. print(lstNames)
32.
```

运行后，输出结果如下（在 Python 自带的 IDLE 环境下）：

```
1.  训练用的数据：
2.  [[0 1]
3.   [2 3]
4.   [4 5]]
5.  *****************************
6.
7.  n_output_features_  : 6
8.  n_input_features_   : 2
9.  powers_:     shape (6, 2)
10. [[0 0]
11.  [1 0]
12.  [0 1]
13.  [2 0]
14.  [1 1]
15.  [0 2]]
16. ----------------------------
17.
18. 新的特征变量矩阵：
19. <class 'numpy.ndarray'>
20. [[ 1.  0.  1.  0.  0.  1.]
21.  [ 1.  2.  3.  4.  6.  9.]
22.  [ 1.  4.  5. 16. 20. 25.]]
23.
24. 新的特征变量的名称：
25. ['1', 'x0', 'x1', 'x0^2', 'x0 x1', 'x1^2']
```

4.3 缺失值处理

　　由于各种原因，在数据分析中使用的数据集中都会包含缺失值（missing values），此时我们称这种数据集为不完全数据集。不完全数据集的存在导致了数据处理和分析系统的不完备。对于机器学习来说，缺失值的存在造成了有用信息的丢失，数据不确定性增加，导致机器学习的过程更加不可靠。因此缺失值的处理是非常必要的，需要通过专门的方法来解决，以减少机器学习模型的预测结果与实际应用之间的误差。

　　在 Scikit-learn 中，缺失值通常以空格、NaN 或者其他占位符表示。Scikit-learn 要求评估器的输入数据值必须都是处于有限值域内，且必须是数值型的，另外每个特征值都是具有一定业务含义的。对于不完全数据集的处理，一种比较粗暴省事的方法就是把包含缺失值的样本丢弃，或者把包含缺失值的特征变量丢弃，然而这样处理的代价就是很有可能失去了有价值的数据，丢弃了大量潜在的信息，较好的处理策略应该是根据已有的数据集信息插补（impute）缺失值，为此，Scikit-learn提供了一个子模块专门处理缺失值：sklearn.impute，这个子模块提供了单变量插补方法、多变量插补方法、最近邻插补方法等几种常用的缺失值处理的转换器（transformer）。

4.3.1 单变量插补

单变量插补是只利用缺失值所属的单个特征变量自身已经具有的数据信息进行估算，填补缺失值的方法。简单插补器sklearn.impute.SimpleImputer是一种转换器，提供了多种单变量插补策略，例如可以使用一个常量填补缺失值，也可以使用其所属特征变量的特定统计量（均值、中位数或出现频率最大的值）填补缺失值。这个插补器也支持多种缺失值编码，如numpy.nan、自定义的编码如-1等等。表4-23详细说明了这个插补器的构造函数及其属性和方法。

表4-23　单变量插补器SimpleImputer

sklearn.impute.SimpleImputer：支持多种单变量插补策略的转换器	
SimpleImputer(missing_values=nan,strategy='mean',fill_value=None,verbose=0,copy=True,add_indicator=False)	
missing_values	可选。数据类型可以为数值型、字符串型或者numpy.nan，指定表示缺失值的占位符（编码）。默认值为numpy.nan
strategy	可选。数据类型为字符串型。指定插补策略类型，可取下列值之一： ● "mean"：使用缺失值所属特征变量的所有非缺失值样本的均值填补，只适用于数值型特征变量； ● "median"：使用缺失值所属特征变量的所有非缺失值样本的中位数填补，只适用于数值型特征变量； ● "most_frequent"：使用缺失值所属特征变量的所有非缺失值样本中出现频率最高的值填补，适用于数值型、字符串型特征变量； ● "constant"：使用fill_value指定的常量填补缺失值，适用于数值型、字符串型特征变量
fill_value	可选。数据类型为数值型或字符串型，默认值为None。与参数strategy= "constant"配合使用时，如果仍然使用默认值，则对于数值型特征变量，以0填补缺失值，对于其他类型的特征变量，以"missing_value"填补缺失值
verbose	可选。一个整数值（0或非0），控制填补缺失值时显示信息的详细程度。默认值为0，表示不显示警告信息；否则将会显示警告信息
copy	可选。布尔类型boolean，表示插补缺失值时是否需要创建数据集的拷贝。默认值为True。注：在下面三种情况下，总是会创建数据集的拷贝： ◇数据集不是一个浮点数数组； ◇数据集是一个行压缩稀疏矩阵（CSR矩阵）； ◇参数add_indicator=True
add_indicator	可选。布尔类型boolean，表示输出结果是否叠加一个MissingIndicator输出。默认值为False

注：（1）MissingIndicator是一个针对缺失值的二值指示标识转换器，后面会详细讲述；
（2）训练方法fit( )使用的数据集中，出现的仅包含缺失值的特征变量（列）在调用变换方法transform( )时会被丢弃

续表

SimpleImputer的属性	
statistics_	NumPy多维数组，依次对应每个特征变量的缺失值的插补值
indicator_	一个MissingIndicator对象。如果构造函数的参数add_indicator设置为False，则此属性值为None

SimpleImputer的方法	
fit(X,y=None)：基于输入数据集X训练插补转换器	
X	必选。类数组对象或稀疏矩阵类型对象。若为类数组对象其形状shape为(n_samples,n_features)，表示输入训练数据，其中n_samples为样本数量，n_features为特征变量数量
y	可选。表示目标特征变量
返回值	训练后的插补转换器
fit_transform(X,y=None,**fit_params)：首先基于X进行训练，然后对X进行缺失值插补	
X	必选。类数组对象或稀疏矩阵类型对象。若为类数组对象，其形状shape为(n_samples,n_features)，表示输入训练数据，其中n_samples为样本数量，n_features为特征变量数量
y	可选。目标特征变量
fit_params	词典类型的对象，包含其他额外的参数信息
返回值	一个包含了插补值的新NumPy数组
get_params(deep=True)：获取转换器的各种参数	
deep	可选。布尔型变量，默认值为True。如果为True，表示不仅包含此转换器自身的参数值，还将返回包含的子对象（也是转换器）的参数值
返回值	字典对象。包含以参数名称为键的键值对
set_params(**params)：设置转换器的各种参数	
params	字典对象，包含了需要设置的各种参数
返回值	转换器自身
transform(X)：根据调用fit( )方法获得的信息，对数据集X进行插补	
X	必选。类数组对象或稀疏矩阵类型对象，表示需要插补缺失值的输入数据集
返回值	插补后的数据集

　　转换器的使用简洁明了，下面我们以示例形式说明上面主要方法的使用。

```
1.
2.  import numpy as np
3.  from sklearn.impute import SimpleImputer
4.
5.
6.  #0 转换器SimpleImputer输入一般类数组的对象
7.  ## 缺失值的编码为：np.nan
8.  imp = SimpleImputer(missing_values=np.nan,strategy='mean')
9.
```

```
10. X00 = [[1,2],[np.nan,3],[7,6]]
11. imp.fit(X00)
12.
13. X01 = [[np.nan,2],[6,np.nan],[7,6]]
14. X02 = imp.transform(X01)
15. print(X02)
16. print("*"*37,"\n")
17.
18.
19. #1 转换器SimpleImputer也支持稀疏矩阵
20. import scipy.sparse as sp
21.
22. ## 缺失值的编码为自定义的 -1
23. imp = SimpleImputer(missing_values=-1,strategy='mean')
24.
25. X10 = sp.csc_matrix([[1,2],[0,-1],[8,4]])
26. imp.fit(X10)
27.
28. X11 = sp.csc_matrix([[-1,2],[6,-1],[7,6]])
29. X12 = imp.transform(X11)
30. print(X12)
31. print("*"*37,"\n")
32.
33.
34. #2 转换器SimpleImputer也支持字符串形式的分类型数据集。
35. ## 需要strategy设置为'most_frequent' 或者 'constant'
36. import pandas as pd
37.
38. ## 缺失值的编码为：np.nan（默认值）
39. df0 = pd.DataFrame([["a","x"],
40.                     [np.nan,"y"],
41.                     ["a",np.nan],
42.                     ["b","y"]],dtype="category")
43. imp = SimpleImputer(strategy="most_frequent")
44. df1 = imp.fit_transform(df0)    # 训练和转换一体化
45. print(df1)
46.
```

运行后，输出结果如下（在 Python 自带的 IDLE 环境下）：

```
1.  [[4.          2.          ]
2.   [6.          3.66666667]
3.   [7.          6.          ]]
4.  ****************************************
5.
6.    (0,0)    3.0
7.    (1,0)    6.0
8.    (2,0)    7.0
9.    (0,1)    2.0
10.   (1,1)    3.0
11.   (2,1)    6.0
12. ****************************************
13.
14. [['a' 'x']
15.  ['a' 'y']
16.  ['a' 'y']
17.  ['b' 'y']]
```

读者请注意：在使用稀疏矩阵作为输入时，不能以 0 作为缺失值的编码（即不能以 0 作为缺失值的标识）。当以 0 作为缺失值的编码，且以矩阵形式作为输入时，必须是稠密矩阵。

4.3.2 多变量插补

与单变量插补方法对应，多变量插补是利用缺失值所属数据集中多个特征变量的数据信息进行估算并填补缺失值的方法。

在 Scikit-learn 中，迭代插补转换器 sklearn.impute.IterativeImputer 提供了利用多个特征变量信息来估计缺失值的功能，这是一种基于机器学习的插补方法，它将每个缺失值所属的特征变量作为所有其他特征变量的函数（目标变量）来建模，使用该函数的预测值填充缺失值，通过使用轮询方式 (Round-Robin) 插补每一个特征变量的缺失值。在每次迭代中，依次选择一个特征作为输出 y，其他所有特征作为输入 X，然后在 X 和 y 上训练一个回归评估器，用来预测 y 的缺失值。下面我们详细介绍一个这种插补器的原理和步骤。

假设现在我们有形状 shape 为 (n, p) 的数据集矩阵，表示有 n 个样本数据，共有 p 个特征变量。则迭代插补器的原理和步骤如下：

第一步，选择一种评估器（estimator），例如 RF（随机森林，Random Forest），后面将用到。

第二步，对数据集中的 p 个特征按照其包含的缺失值数量（缺失率）进行排序，排序规则可以按照升序、降序等方法进行。

第三步，按照一定的策略对数据集中的所有缺失值进行初始化更新，例如使用每个特征各自的平均值填充相应的缺失值。

第四步，选取排序后的第一个特征变量，记为S。我们将从这个特征变量开始进行插补运算。

第五步，此时基于特征变量S可以将数据集矩阵分成4部分：

① 特征变量S中不是缺失值部分的数据y_{obs}；

② 其他特征变量对应特征变量S中不是缺失值部分的数据X_{obs}；

③ 其他特征变量对应特征变量S中的缺失值部分的数据X_{mis}；

④ 特征变量S中是缺失值部分的数据y_{mis}，这是我们要替换的部分。

第六步，以（X_{obs}，y_{obs}）为训练数据集，作用于第一步选择的评估器（estimator），构建预测模型model，并以X_{mis}作为已构建模型model的输入，预测X_{mis}对应的目标y'_{mis}。

第七步，将y'_{mis}更新到数据集中，即以y'_{mis}替换y_{mis}。

第八步，选择下一个特征变量，记为S。

第九步，循环第五步到第八步，直到所有包含缺失值的特征变量都进行过缺失值更新。这称为一个迭代。

第十步，将更新后的数据集与更新前的数据集进行比较，如果满足停止标准则停止迭代；如果不满足，则从第四步到第九步进行循环计算，进行下一次迭代，直到满足停止标准，或者迭代次数达到设定值。

表4-24详细说明了这个插补器的构造函数及其属性和方法。

表4-24 迭代插补转换器IterativeImputer

sklearn.impute.IterativeImputer：支持多变量插补缺失值策略的迭代插补转换器
IterativeImputer(estimator=None, *, missing_values=nan, sample_posterior=False, max_iter=10, tol=0.001, n_nearest_features=None, initial_strategy='mean', imputation_order='ascending', skip_complete=False, min_value=None, max_value=None, verbose=0, random_state=None, add_indicator=False)

estimator	迭代插补缺失值时所用的评估器（预测算法）。默认值为贝叶斯岭回归BayesianRidge。 注意：如果参数sample_posterior设置为True，则预测算法的predict( )方法中必须支持return_std
missing_values	可选。数据类型可以为数值型、字符串型或者numpy.nan，指定表示缺失值的占位符（编码）。默认值为numpy.nan
sample_posterior	可选。布尔类型。表示对于每次插补，是否从训练后评估器的（高斯）预测后验取样。如果此参数设置为True，则预测算法的predict( )方法中必须支持return_std
max_iter	可选。一个整数值，表示最大迭代次数。默认值为10
tol	可选。一个浮点数值。默认值为1e-3。是停止条件
n_nearest_features	可选。一个整型数，表示预测缺失值时使用的特征变量数目。两个特征变量之间的距离是通过绝对相关系数来决定的（初始化插补之后）。默认值为None，表示使用所有的特征
initial_strategy	可选。一个字符串值，设置数据集初始化策略。与sklearn.impute.SimpleImputer类中的参数strategy取值完全相同。默认值为'mean'

续表

imputation_order	可选。一个字符串直观，表示特征变量的插补顺序。可以取以下字符串： ● "ascending"：升序排序，即从具有缺失值最少特征变量开始升序排列； ● "descending"：降序排序，即从具有缺失值最多特征变量开始倒序排列； ● "roman"：从左到右排序； ● "arabic"：从右到左排序； ● "random"：每一次迭代中，对特征变量随机排序
skip_complete	可选。布尔类型。若设置为True，表示在调用fit( )方法时不包含任何缺失值的特征变量，若在调用transform ( )时出现了缺失值，则使用初始化的插补方式填充缺失值。默认值为False
min_value	可选。一个浮点数或形状为(n_features,)的数组，表示最小可能的插补值
max_value	可选。一个浮点数或形状为(n_features,)的数组，表示最大可能的插补值
verbose	可选。一个整数值（0或非0），控制填补缺失值时显示信息的详细程度。默认值为0，表示不显示警告信息；否则将会显示警告信息
random_state	可选。一个整数，或者RandomState，或者None，表示随机数生成器使用的种子。当n_nearest_features不为None，imputation_order设置为random,且sample_posterior为True时，表示随机选择评估器（预测算法）使用的特征变量。默认值为None
add_indicator	可选。布尔类型boolean，表示输出结果是否叠加一个MissingIndicator输出。默认值为False
注：MissingIndicator是一个针对缺失值的二值指示标识转换器，后面会详细讲述	
IterativeImputer的属性	
initial_imputer_	一个sklearn.impute.SimpleImputer对象，用以初始化数据集中的缺失值
imputation_sequence_	一个元组列表。每一个元组包含的内容是(feat_idx, neighbor_feat_idx, estimator)，其中feat_idx是当前需要插补的特征变量索引，neighbor_feat_idx是所有其他特征变量的索引，estimator是需要进行训练和进行预测的评估器（算法）。其长度等于n_features_with_missing_ * n_iter_
n_iter_	实际迭代次数（整型数）
n_features_	包含缺失值的特征变量数量（整型数）
indicator_	一个MissingIndicator对象。如果构造函数的参数add_indicator设置为False，则此属性值为None
random_state_	一个RandomState对象
IterativeImputer的方法	
fit(X,y=None)：基于输入数据集X的训练插补转换器	
X	必选。类数组对象或稀疏矩阵类型对象。若为类数组对象其形状shape为(n_samples,n_features)，表示输入训练数据，其中n_samples为样本数量，n_features为特征变量数量
y	可选。表示目标特征变量
返回值	训练后的插补转换器
fit_transform(X,y=None)：首先基于X进行训练，然后对X进行缺失值插补	
X	必选。类数组对象或稀疏矩阵类型对象，其形状shape为(n_samples,n_features)，表示输入训练数据，其中n_samples为样本数量，n_features为特征变量数量
y	可选。目标特征变量
返回值	一个包含了插补值的新NumPy数组

续表

get_params(deep=True)：获取转换器的各种参数

deep	可选。布尔型变量，默认值为True。如果为True，表示不仅包含此转换器自身的参数值，还将返回包含的子对象（也是转换器）的参数值
返回值	字典对象。包含以参数名称为键值的键值对

set_params(**params)：设置转换器的各种参数

params	字典对象，包含了需要设置的各种参数
返回值	转换器自身

transform(X)：根据调用fit( )方法获得的信息，对数据集X进行插补

X	必选。类数组对象或稀疏矩阵类型对象，表示需要插补缺失值的输入数据集
返回值	插补后的数据集

读者请注意，由于在目前版本的Scikit-learn（0.23.0）中，插补器IterativeImputer仍然处于试验阶段，所以在使用时需要显式声明。转换器的使用简洁明了，下面我们以示例形式说明上面主要方法的使用。

```python
1.
2.  # 显式声明处于试验阶段的IterativeImputer:
3.  from sklearn.experimental import enable_iterative_imputer
4.  # 导入sklearn.impute
5.  from sklearn.impute import IterativeImputer
6.  import numpy as np
7.
8.  X_train = [[1, 2], [3, 6], [4, 8], [np.nan, 3], [7, np.nan]]
9.  imp = IterativeImputer(max_iter=10, random_state=0)
10. imp.fit(X_train)
11. print(np.array(X_train))
12. print("*"*37);
13.
14. X_test = [[np.nan, 2], [6, np.nan], [np.nan, 6]]
15. X_new = imp.transform(X_test)
16. print(X_new)
17.
```

运行后，输出结果如下（在Python自带的IDLE环境下）：

```
1.  [[ 1.  2.]
2.   [ 3.  6.]
3.   [ 4.  8.]
4.   [nan  3.]
```

```
5.     [ 7. nan]]
6.  **********************************
7.  [[ 1.00007297  2.          ]
8.   [ 6.         12.00002754]
9.   [ 2.99996145  6.          ]]
```

4.3.3 最近邻插补

最近邻插补转换器KNNImputer提供了使用K个最近邻点的值插补缺失值的功能，在这个插补器中K以参数n_neighbors表示。一般情况下，使用欧氏距离指标寻找最近邻的数据点，对每个包含缺失值的特征变量进行插补。这n_neighbors个最近邻点必须包含有效的特征值，并且以近邻点的算术平均值或权重平局值作为插补值。

注意：如果一个特征变量的有效的数据点数量少于设置的最近邻点数量n_neighbors，并且没有指定训练集的距离指标，则使用这个特征变量的平均值作为插补值；如果至少有一个最近邻点，并且指定了训练集的距离指标，则使用剩余最近邻点的加权或未加权平均值作为插补值。如果训练集中一个特征变量的取值全部都是缺失值，则在调用transform方法时会剔除此特征变量。表4-25详细说明了这个转换器的构造函数及其属性和方法。

表4-25 最近邻插补转换器KNNImputer

sklearn.impute.KNNImputer：K最近邻插补转换器	
KNNImputer(missing_values=nan, n_neighbors=5, weights='uniform', metric='nan_euclidean', copy=True, add_indicator=False)	
missing_values	可选。数据类型可以为数值型、字符串型或者numpy.nan，指定表示缺失值的占位符（编码）。默认值为numpy.nan
n_neighbors	可选。一个整形数值，表示用于计算插补缺失值的样本数量。默认值为5
weights	可选。用于预测时的权重函数，可取下列值之一： ● "uniform"：均匀权重，即近邻数据点被平等对待，具有相同的权重； ● "distance"：距离权重，即以数据点与查询点之间距离的倒数为权重； ●可调用对象：一个用户自定义函数，该函数接收一个距离数组，输出一个形状shape相同的、包含权重值的数组
metric	可选。寻找最近邻数据点时所用的距离指标，可取下列值之一： ● "nan_euclidean"：欧氏距离，这是默认值； ●可调用对象：一个用户自定义函数。该函数符合_pairwise_callable(X, Y, metric, **kwds)的定义模板
copy	可选。布尔类型boolean，表示插补缺失值时是否需要创建数据集的拷贝。默认值为True
add_indicator	可选。布尔类型boolean，表示输出结果是否叠加一个MissingIndicator输出。默认值为False
KNNImputer的属性	
indicator_	一个MissingIndicator对象。如果构造函数的add_indicator设置为False，则此属性值为None

续表

KNNImputer的方法	
fit(X,y=None)：基于输入数据集X训练的插补转换器	
X	必选。类数组对象或稀疏矩阵类型对象，其形状shape为(n_samples,n_features)，表示输入训练数据，其中n_samples为样本数量，n_features为特征变量数量
y	可选。表示目标特征变量
返回值	训练后的转换器
fit_transform(X, y=None, **fit_params)：训练并转换数据集	
X	必选。类数组对象或稀疏矩阵类型对象，其形状shape为(n_samples,n_features)，表示输入训练数据，其中n_samples为样本数量，n_features为特征变量数量
y	可选。目标特征变量
fit_params	词典类型的对象，包含其他额外的参数信息
返回值	转换后的NumPy数组
get_params(deep=True)：获取转换器的各种参数	
deep	可选。布尔型变量，默认值为True。如果为True，表示不仅包含此转换器自身的参数值，还将返回包含的子对象（也是转换器）的参数值
返回值	字典对象。包含以参数名称为键值的键值对
set_params(**params)：设置转换器的各种参数	
params	字典对象，包含了需要设置的各种参数
返回值	转换器自身
transform(X)：根据调用fit( )方法获得的信息，生成输入数据集X的缺失值指示符	
X	必选。类数组对象或稀疏矩阵类型对象，表示输入数据集
返回值	插补后的数据集，形状为(n_samples, n_output_features)。其中n_output_features不全为缺失值的特征变量个数（训练集中全为缺失值的特征值会被剔除）

可以看出，最近邻插补器KNNImputer的方法与迭代插补器IterativeImputer类似，下面我们以示例形式说明上面主要方法的使用。

```
1.
2.  import numpy as np
3.  from sklearn.impute import KNNImputer
4.
5.
6.  X = [[1, 2, np.nan], [3, 4, 3], [np.nan, 6, 5], [8, 8, 7]]
7.  print(np.array(X))
8.  print("*"*37, "\n")
9.
10. # 构造最近邻插补器，使用两个最近邻数据点
11. knnImputer = KNNImputer(n_neighbors=2, weights="uniform")
```

```
12.
13.  # 训练并转换（插补）
14.  newX = knnImputer.fit_transform(X)
15.  print(newX)
16.
```

运行后，输出结果如下（在 Python 自带的 IDLE 环境下）：

```
1.   [[ 1.  2.  nan]
2.    [ 3.  4.  3.]
3.    [nan  6.  5.]
4.    [ 8.  8.  7.]]
5.   **********************************
6.
7.   [[1.  2.  4. ]
8.    [3.  4.  3. ]
9.    [5.5 6.  5. ]
10.   [8.  8.  7. ]]
```

4.3.4　标记插补缺失值

缺失值指示器（缺失值指示符转换器）MissingIndicator 也是一种转换器，它可以对一个数据集进行处理，生成一个对应的二值（True 或 False）矩阵，用以指示缺失值的存在。有时在对缺失值进行插补时，保留特征变量的缺失值信息对于后续的处理（如算法训练等）是非常有意义的。在上面介绍的简单插补器 SimpleImputer 和迭代插补器 IterativeImputer 都有一个布尔参数 add_indicator(默认情况下为 False)，当设置其为"True"时，则提供了一种将 MissingIndicator 的输出叠加于插补器输出结果之上的简便方法。表4-26 详细说明了这个转换器的构造函数及其属性和方法。

表4-26　缺失值指示符转换器MissingIndicator

sklearn.impute.MissingIndicator：缺失值指示符转换器	
MissingIndicator(missing_values=nan, features='missing-only', sparse='auto', error_on_new=True)	
missing_values	可选。数据类型可以为数值型、字符串型或者numpy.nan，指定表示缺失值的占位符（编码）。默认值为numpy.nan
features	可选。数据类型为字符串型。指定是否显示所有特征变量对应的缺失值标识，可取下列值之一： ● "missing-only"：训练（调用fit方法）时，只生成包含缺失值的特征变量的True/False标识。这是默认值； ● "all"：生成所有特征变量的True/False标识

sparse	可选。布尔类型或字符串"auto"值，标识输出结果是稀疏格式还是稠密格式，可取下列值之一： ●"auto"：输出结果格式与输入数据集格式一致。这是默认值； ●True：输出结果格式是一个稀疏矩阵； ●False：输出结果格式是一个NumPy数组
error_on_new	可选。布尔类型，标识在一个特征变量如果在训练（调用fit方法）数据集中没有缺失值，但是在转换的数据集中出现了缺失值时，是否引发一个异常。默认值为True。 注：只有在features="missing-only"时此参数才有意义

MissingIndicator的属性

features_	NumPy多维数组，形状(n_missing_features,)或(n_features,)。 标识调用转换方法transform( )时返回的结果。如果参数features='all'，则返回形状为(n_features,)的元组，其中n_features表示特征变量个数；否则返回(n_missing_features,)的元组，其中n_missing_features表示包含缺失值的特征变量个数

MissingIndicator的方法

fit(X,y=None)：基于输入数据集X训练的转换器

X	必选。类数组对象或稀疏矩阵类型对象，其形状shape为(n_samples,n_features)，表示输入训练数据，其中n_samples为样本数量，n_features为特征变量数量
y	可选。表示目标特征变量
返回值	训练后的转换器

fit_transform(X,y=None)：生成输入数据集X的二值（True/False）指示符矩阵

X	必选。类数组对象或稀疏矩阵类型对象，其形状shape为(n_samples,n_features)，表示输入训练数据，其中n_samples为样本数量，n_features为特征变量数量
y	可选。目标特征变量
返回值	输入数据集对应的二值指示符矩阵（数组）

get_params(deep=True)：获取转换器的各种参数

deep	可选。布尔型变量，默认值为True。如果为True，表示不仅包含此转换器自身的参数值，还将返回包含的子对象也是转换器的参数值
返回值	字典对象。包含以参数名称为键值的键值对

set_params(**params)：设置转换器的各种参数

params	字典对象，包含了需要设置的各种参数
返回值	转换器自身

transform(X)：根据调用fit( )方法获得的信息，生成输入数据集X的缺失值指示符

X	必选。类数组对象或稀疏矩阵类型对象，表示输入数据集
返回值	输入数据集对应的二值指示符矩阵（数组）

可以看出，缺失值指示器MissingIndicator的方法与迭代插补器IterativeImputer类似，下面我们以示例形式说明上面主要方法的使用。

```python
1.
2.  import numpy as np
3.  from sklearn.impute import MissingIndicator
4.
5.
6.  # 以 -1 表示缺失值（-1为缺失值的占位符）
7.  X = np.array([[-1, -1, 1, 3],
8.                [4, -1, 0, -1],
9.                [8, -1, 1, 0]])
10. print(X)
11. print("-1为缺失值的占位符")
12. print("*"*37,"\n")
13.
14.
15. ##   features="missing-only"
16. print("features='missing-only'")
17. indicator = MissingIndicator(missing_values=-1)
18. mask_missing_values_only = indicator.fit_transform(X)
19. print(mask_missing_values_only)
20. print("属性features_:", indicator.features_)
21. print("-"*33,"\n")
22.
23. ##   features="all"
24. print("features='all'")
25. indicator = MissingIndicator(missing_values=-1, features="all")
26. mask_all = indicator.fit_transform(X)
27. print(mask_all)
28. print("属性features_:", indicator.features_)
29. print("-"*33,"\n")
30.
31. ##   sparse='True'
32. print("sparse='True'")
33. indicator = MissingIndicator(missing_values=-1, sparse=True)
34. mask_sparse_true = indicator.fit_transform(X)
35. print(mask_sparse_true)
36. print("features_:", indicator.features_)
```

```
37. print("-"*33,"\n")
38.
39. ##  sparse='False'
40. print("sparse='False'")
41. indicator = MissingIndicator(missing_values=-1, sparse=False)
42. mask_sparse_false = indicator.fit_transform(X)
43. print(mask_sparse_false)
44. print("features_:", indicator.features_)
45. print("-"*33,"\n")
46.
```

运行后，输出结果如下（在Python自带的IDLE环境下）：

```
1.  [[-1 -1  1  3]
2.   [ 4 -1  0 -1]
3.   [ 8 -1  1  0]]
4.  -1为缺失值的占位符
5.  **********************************
6.
7.  features='missing-only'
8.  [[ True  True False]
9.   [False  True  True]
10.  [False  True False]]
11. 属性features_: [0 1 3]
12. ---------------------------------
13.
14. features='all'
15. [[ True  True False False]
16.  [False  True False  True]
17.  [False  True False False]]
18. 属性features_: [0 1 2 3]
19. ---------------------------------
20.
21. sparse='True'
22.   (0, 0)      True
23.   (0, 1)      True
24.   (1, 1)      True
25.   (2, 1)      True
26.   (1, 2)      True
27. features_: [0 1 3]
28. ---------------------------------
29.
30. sparse='False'
31. [[ True  True False]
32.  [False  True  True]
```

```
33.  [False  True False]]
34. features_: [0 1 3]
35. ------------------------------
```

4.4 目标变量预处理

本节介绍的几个转换器不是用于特征变量上，而是作用于有监督学习的目标变量。

4.4.1 多类别分类标签二值化

Scikit-learn提供了回归和二分类算法（binary classification algorithms），而把这些二分类算法扩展到多分类算法（multi-class classification）的一种简便方法是使用"一对多方式（one-vs.-rest、one-vs.-all）"对目标变量值（标签）进行二值化编码处理。

在算法学习阶段，针对每个标签（类别）需要学习一个回归或者二分类分类器。所以需要将多类别标签转换为二值标签编码，即属于这个类标签或不属于这个类标签。

在模型预测阶段，一条输入数据会被分配（预测）到给出最大置信度的标签（类别）中，并且通过逆变换方式转换到原始类标签上。

（1）标签二值化转换器LabelBinarizer

标签二值化转换器LabelBinarizer使用"一对多方式"对多类别目标变量值（标签）进行二值化处理。它能够从多类别标签信息中生成一个数据集的类别标签指示符矩阵。其提供的逆变换方法inverse_transform( )使这个工作变得更加方便。表4-27详细说明了这个转换器的构造函数及其属性和方法。

表4-27　标签二值化转换器LabelBinarizer

sklearn.preprocessing.LabelBinarizer：标签二值化转换器	
LabelBinarizer(*, neg_label=0, pos_label=1, sparse_output=False)	
neg_label	可选。一个整型数，表示对负面标签指定的编码。默认值为0。 注：负面标签（negative labels）一般是指我们不关注的类别标签
pos_label	可选。一个整型数，表示对正面标签指定的编码。默认值为1。 注：正面标签（positive labels）一般是指我们重点关注的类别标签
sparse_output	可选。一个布尔值（True/False）。设置为True，表示希望转换器的结果是行压缩稀疏矩阵CSR格式
LabelBinarizer的属性	
classes_	NumPy多维数组，形状shape为(n_classes,)，其中n_classes是类别数量。数组中包含了一个类别对应的标签值

续表

y_type_	一个字符串值，表示目标变量的类型值。这个类型值由utils.multiclass.type_of_target函数返回。可能的取值包括："continuous"，"continuous-multioutput"，"binary"，"multiclass"，"multiclass-multioutput"，"multilabel-indicator"，"unknown"
sparse_input_	一个布尔值（True/False）。表示待转换的数据集格式是否是稀疏矩阵

LabelBinarizer的方法

fit(y)：基于输入数据集y训练的标签二值化转换器

y	必选。包含目标变量数据的数组对象，形状shape为(n_samples,)或者(n_samples, n_classes)。其中n_samples为样本数量，n_classes为目标变量的类别数量
返回值	训练后的标签二值化转换器

fit_transform(y)：首先基于y进行训练，然后对y进行二值化处理

y	必选。包含目标变量值的数组对象或稀疏矩阵类型对象，其形状shape为(n_samples,n_features)
返回值	一个NumPy数组或者行压缩稀疏矩阵CSR，形状为(n_samples, n_classes)。 注意：对于二分类问题，即原始数据中只有两个类别的问题，n_classes总是等于1

get_params(deep=True)：获取转换器的各种参数

deep	可选。布尔型变量，默认值为True。如果为True，表示不仅包含此转换器自身的参数值，还将返回包含的子对象（也是转换器）的参数值
返回值	字典对象。包含以参数名称为键的键值对

inverse_transform(Y, threshold=None)：对二值化标签进行逆二值化处理，即把二值化标签转换回原始的标签数据

Y	必选。NumPy数组或者稀疏矩阵，其形状shape为(n_samples, n_classes)。 注意：所有格式的稀疏矩阵在进行逆转换前必须转换为行压缩稀疏矩阵CSR稀疏矩阵
threshold	可选。一个浮点数或者None，表示在二值化标签和多类别标签之间进行转的阈值。 若参数Y包含了模型（分类器）的输出结果，则设置threshold=0； 若参数Y包含了模型predict_proba( )的结果，则设置threshold=0.5； 如果设置为None，则阈值为neg_label和pos_label的平均值； 参数neg_label和pos_label的含义请见构造函数
返回值	NumPy数组或行压缩稀疏矩阵CSR

set_params(**params)：设置转换器的各种参数

params	必选。字典对象，包含了需要设置的各种参数
返回值	转换器自身

transform(y)：根据调用fit( )方法获得的信息，对数据集y进行多类别标签二值化

y	必选。数组对象或稀疏矩阵类型对象，表示需要进行标签二值化的目标变量数据集。其形状为(n_samples, n_classes)。稀疏矩阵格式可以为CSR、CSC、COO、DOK或LIL
返回值	一个NumPy数组或者行压缩稀疏矩阵CSR。形状为(n_samples, n_classes)。 注：对于二分类问题，即原始数据中只有两个类别的问题，n_classes总是等于1

转换器的使用简洁明了，下面我们以示例形式说明上面主要方法的使用。

```
1.
2.  from sklearn import preprocessing
3.
4.  ### 类别标签是整型数
5.  print("类别标签是整型数转换\n")
6.  y0 = [1, 2, 6, 4, 2]
7.  print("y0: ", y0)
8.  print("-"*30)
9.
10. lb = preprocessing.LabelBinarizer()
11. lb.fit(y0)
12.
13. print("原始整型数类别标签: ", lb.classes_)
14.
15. y = [1, 2, 6, 4, 2]
16. print("待转换类别标签数据: ", y)
17. Y = lb.transform(y)
18. print("转换后类别标签: \n", Y)
19.
20. y1 = lb.inverse_transform(Y)
21. print("逆转换后的类别标签: ", list(y1))
22. print("\n")
23. print("*"*37, "\n")
24.
25.
26. ### 类别标签是字符串
27. print("类别标签是字符串转换\n")
28. y0 = ['yes', 'no', 'no', 'yes']
29. print("y0: ", y0)
30. print("-"*30)
31.
32. lb.fit(y0)
33. print("原始字符串类别标签: ", lb.classes_)
34.
35. y = ['yes', 'yes', 'no', 'no', 'no', 'yes']
36. print("待转换类别标签数据: ", y)
37. Y = lb.transform(y)
38. print("转换后类别标签: \n", Y)
39.
40. y1 = lb.inverse_transform(Y)
41. print("逆转换后的类别标签: ", list(y1))
42.
```

运行后，输出结果如下（在Python自带的IDLE环境下）：

```
1.  类别标签是整型数转换
2.
3.  y0:  [1, 2, 6, 4, 2]
4.  ------------------------------
5.  原始整型数类别标签：  [1 2 4 6]
6.  待转换类别标签数据：  [1, 2, 6, 4, 2]
7.  转换后类别标签：
8.   [[1 0 0 0]
9.   [0 1 0 0]
10.  [0 0 0 1]
11.  [0 0 1 0]
12.  [0 1 0 0]]
13. 逆转换后的类别标签：  [1, 2, 6, 4, 2]
14.
15.
16. *************************************
17.
18. 类别标签是字符串转换
19.
20. y0:  ['yes', 'no', 'no', 'yes']
21. ------------------------------
22. 原始字符串类别标签：  ['no' 'yes']
23. 待转换类别标签数据：  ['yes', 'yes', 'no', 'no', 'no', 'yes']
24. 转换后类别标签：
25.  [[1]
26.  [1]
27.  [0]
28.  [0]
29.  [0]
30.  [1]]
31. 逆转换后的类别标签：  ['yes', 'yes', 'no', 'no', 'no', 'yes']
```

（2）固定类别标签二值化转换方法label_binarize

前面讲述的二值化转换器LabelBinarizer是一个类，以"一对多"的方式实现了类别标签个数不定的标签二值化。除此之外，Scikit-learn还提供了一个方法：label_binarize( )，它实现了标签个数固定的标签二值化，其实现方式也是"一对多"。为了与LabelBinarizer区别，我们称label_binarize为标签二值化转换方法。表4-28详细说明了这个转换方法。

表4-28　标签二值化转换方法label_binarize

sklearn.preprocessing.label_binarize：事先已知类别个数的标签二值化方法	
label_binarize(y, *, classes, neg_label=0, pos_label=1, sparse_output=False)	
y	类数组对象，包含整数标签或待编码的标签的数据序列
classes	类数组对象，包含了每个类别唯一对应的标签值，形状shape为(n_classes,)。其中n_classes为数据集中类别的个数
neg_label	可选。一个整型数，表示对负面标签指定的编码。默认值为0。 注：负面标签（negative labels）一般是指我们不关注的类别标签
pos_label	可选。一个整型数，表示对正面标签指定的编码。默认值为1。 注：正面标签（positive labels）一般是指我们重点关注的类别标签
sparse_output	可选。一个布尔值（True/False）。设置为True，表示希望转换器的结果是行压缩稀疏矩阵CSR格式
返回值	NumPy数组对象或者行压缩格式稀疏矩阵CSR对象，其形状shape为(n_samples, n_classes)。其中n_samples为参数y中样本个数，n_classes为参数y中类别的个数。 注：对于二分类问题，即原始数据中只有两个类别的问题，n_classes总是等于1

这个转换方法的使用简洁明了，下面我们以示例形式说明上面方法的使用。

```
1.
2.  from sklearn.preprocessing import label_binarize
3.
4.  # 原始类别标签是固定个数的，此例中只有：1, 2, 4, 6四个。
5.  Y = label_binarize([1, 6], classes = [1, 2, 4, 6])
6.  print(Y)
7.  print("*"*30)
8.
9.
10. # 原始类别标签是固定个数的，此例中只有：'no', 'yes'两个。
11. Y = label_binarize(['yes', 'no', 'no', 'yes'], classes = ['no', 'yes'])
12. print(Y)
13.
```

运行后，输出结果如下（在Python自带的IDLE环境下）：

```
1.  [[1 0 0 0]
2.   [0 0 0 1]]
3.  ******************************
4.  [[1]
5.   [0]
6.   [0]
7.   [1]]
```

4.4.2　多标签分类标签二值化

在第三章第四节讲述"输入输出约定"时我们介绍过多类别分类（Multiclass Classification）与多标签分类（Multilabel Classification）的区别。多类别分类是指一个样本属于且只属于多个类别中的一个，不同类别之间是互斥的；而多标签分类是指一个样本可以同时属于多个类别（或标签），不同类别之间是可以是有关联的，例如一本书可以属于"计算机科学"，也可以属于"互联网"，也可以属于"科普读物"等类别。这就是一个典型的多标签分类问题。

在Scikit-learn中，实现多标签二值化功能的是转换器sklearn.preprocessing.MultiLabelBinarizer。其构建原理和标签二值化转换器一样，也是采用"一对多"方式。表4-29详细说明了这个转换器的构造函数及其属性和方法。

表4-29　多标签二值化转换器MultiLabelBinarizer

sklearn.preprocessing.MultiLabelBinarizer：多标签二值化转换器	
MultiLabelBinarizer(*, classes=None, sparse_output=False)	
classes	可选。类数组对象，其形状shape为(n_classes,)。其中n_classes为类别（标签）数量。这个参数指定了类别标签的顺序。 注意：每个标签只能出现一次
sparse_output	可选。一个布尔值（True/False）。若设置为True，表示希望转换器的二值数组结果是行压缩稀疏矩阵CSR格式
MultiLabelBinarizer的属性	
classes_	NumPy多维数组，形状shape为(n_classes,)，其中n_classes是类别数量。该属性是构造函数的参数classes的一个拷贝。如果构造函数没有提供参数classes，则该属性包含了在调用拟合方法fit()时生成的排序后的类别标签
MultiLabelBinarizer的方法	
fit(y)：基于输入数据集y训练的二值化标签转换器	
y	必选，表示一个可迭代的迭代对象。包含每个样本的类别标签集合（排序过并且可哈希的对象）。如果构造函数已经提供了参数classes，则不再对此参数y进行迭代。 注意：这是一个可迭代的迭代对象集合，意味着这个参数是一个2D多维数组
返回值	训练后的多标签二值化转换器
fit_transform(y)：首先基于y进行训练，然后对y进行二值化处理	
y	必选，表示一个可迭代的迭代对象。包含每个样本的类别标签集合（排序过并且可哈希的对象）。如果构造函数已经提供了参数classes，则不再对此参数y进行迭代。 注意：这是一个可迭代的迭代对象集合。意味着这个参数是一个2D多维数组
返回值	一个NumPy数组或者行压缩稀疏矩阵CSR，其形状为(n_samples, n_classes)。其中n_samples为参数y中样本个数；n_classes为类别个数。 在这个返回矩阵y_indicator中，如果classes_[j]在y[i]中，则y_indicator[i][j]=1；否则y_indicator[i][j]=0
get_params(deep=True)：获取转换器的各种参数	
deep	可选。布尔型变量，默认值为True。如果为True，表示不仅包含此转换器自身的参数值，还将返回包含的子对象（也是转换器）的参数值
返回值	字典对象。包含以参数名称为键值的键值对

续表

inverse_transform(Y)：对二值化标签进行逆二值化处理，即把二值化标签转换回原始的多标签数据	
Y	必选。NumPy数组或者稀疏矩阵，其形状shape为(n_samples, n_classes)。只包含1或0的二值化标签矩阵
返回值	一个元组列表对象。返回的元组列表对象y包含了每一个样本的原始标签集合。其中y[i]由classes_[j]组成，且yt[i, j]=1
set_params(**params)：设置转换器的各种参数	
params	必选。字典对象，包含了需要设置的各种参数
返回值	转换器自身
transform(y)：根据调用fit( )方法获得的信息，对数据集y进行多类别标签二值化	
y	必选。表示一个可迭代的迭代对象。包含每个样本的类别标签集合（排序过并且可哈希的对象）。如果构造函数已经提供了参数classes，则不再对此参数y进行迭代。 注意：这是一个可迭代的迭代对象集合，意味着这个参数是一个2D多维数组
返回值	一个NumPy数组或者行压缩稀疏矩阵CSR，其形状为(n_samples, n_classes)。其中n_samples为参数y中样本个数；n_classes为类别个数。 在这个返回矩阵y_indicator中，如果classes_[j]在y[i]中，则y_indicator[i][j]=1；否则y_indicator[i][j]=0

转换器的使用简洁明了，下面我们以示例形式说明上面主要方法的使用，请读者仔细阅读代码和输出结果。

```
1.
2. import numpy as np
3. from sklearn.preprocessing import MultiLabelBinarizer
4.
5. #1 不设置参数classes
6. mlb = MultiLabelBinarizer()
7.
8. y = [[1, 2], [4], []]
9. print("待转换数据:")
10. print(y, "\n")
11.
12. Y = mlb.fit_transform(y)
13. #必须在调用fit()或者fit_transform()方法后才能使用属性classes_
14. print("属性classes_:", mlb.classes_, "\n")
15.
16. print("转换后数据:")
17. print(Y, "\n")
18. print("*"*30, "\n")
19.
20.
```

```
21. #2 设置参数classes，类别标签为2，3，4，5，6，1等6个
22. mlb = MultiLabelBinarizer(classes = [2, 3, 4, 5, 6, 1])
23.
24. y = [(1, 2), (3,4),(5,)]
25. print("待转换数据:")
26. print(y, "\n")
27.
28. Y = mlb.fit_transform([(1, 2), (3,4),(5,)])
29. #必须在调用fit()或者fit_transform()方法后才能使用属性classes_
30. print("属性classes_:", mlb.classes_, "\n")
31.
32. print("转换后数据:")
33. print(Y, "\n")
34. print("*"*30, "\n")
35.
36.
37. #3 注意：fit()和fit_transform()需要的是一个二维数组，且标签也可以是字符串!
38. mlb = MultiLabelBinarizer()
39.
40. y = ['sci-fiction', 'thriller', 'comedy']
41. # 这是错误的使用方式
42. mlb.fit(y)
43. print("错误使用的结果classes_:")
44. print(mlb.classes_, "\n")
45.
46. # 这才是正确的使用方式
47. mlb.fit([y])
48. print("正确使用的结果classes_:")
49. print(mlb.classes_, "\n")
50.
51. y = [['sci-fiction']]
52. print("待转换数据:")
53. print(y, "\n")
54.
55. Y = mlb.transform(y)
56. print("转换后数据:")
57. print(Y, "\n")
58.
```

运行后，输出结果如下（在 Python 自带的 IDLE 环境下）：

```
1.   待转换数据：
2.   [[1, 2], [4], []]
3.
4.   属性classes_: [1 2 4]
5.
6.   转换后数据：
7.   [[1 1 0]
8.    [0 0 1]
9.    [0 0 0]]
10.
11.  *****************************
12.
13.  待转换数据：
14.  [(1, 2), (3, 4), (5,)]
15.
16.  属性classes_: [2 3 4 5 6 1]
17.
18.  转换后数据：
19.  [[1 0 0 0 0 1]
20.   [0 1 1 0 0 0]
21.   [0 0 0 1 0 0]]
22.
23.  *****************************
24.
25.  错误使用的结果classes_:
26.  ['-' 'c' 'd' 'e' 'f' 'h' 'i' 'l' 'm' 'n' 'o' 'r' 's' 't' 'y']
27.
28.  正确使用的结果classes_:
29.  ['comedy' 'sci-fiction' 'thriller']
30.
31.  待转换数据：
32.  [['sci-fiction']]
33.
34.  转换后数据：
35.  [[0 1 0]]
```

4.4.3 目标变量标签编码

标签编码转换器 sklearn.preprocessing.LabelEncoder 的功能是使用 0 到 $n\_classes - 1$ 之间的整数值对目标变量的标签进行标准化编码，其中 $n\_classes$ 为目标变量类别标签个数。注意这个转换器是用来对目标变量值进行编码的，不是对特征变量。表 4-30 详细说明了这个转换器的构造函数及其属性和方法。

表4-30　标签编码转换器LabelEncoder

sklearn.preprocessing.LabelEncoder：标签编码转换器	
LabelEncoder( )	
注：标签编码器的构造函数LabelEncoder( )没有参数	
LabelEncoder的属性	
classes_	NumPy多维数组，形状shape为(n_classes,)，其中n_classes是类别数量。该属性包含了所有独立的类别标签，按照大小顺序排列
LabelEncoder的方法	
fit(y)：基于输入数据集y训练的标签编码器	
y	必选，一个类数组对象，其形状shape为(n_samples,)，n_samples为样本个数。表示目标变量数据
返回值	训练后的标签编码器
fit_transform(y)：首先基于y进行训练，然后对y进行标签编码	
y	必选。一个类数组对象，其形状shape为(n_samples,)，n_samples为样本个数。表示目标变量数据
返回值	一个类数组对象，其形状shape为(n_samples,)
get_params(deep=True)：获取转换器的各种参数	
deep	可选。布尔型变量，默认值为True。如果为True，表示不仅包含此转换器自身的参数值，还将返回包含的子对象（也是转换器）的参数值
返回值	字典对象。包含以参数名称为键值的键值对
inverse_transform(Y)：对编码后的目标值进行逆编码，即转回原来的标签	
Y	必选。NumPy数组或者稀疏矩阵，其形状shape为(n_samples,)，包含目标变量的编码数据
返回值	一个NumPy数组对象，其形状shape为(n_samples,)
set_params(**params)：设置转换器的各种参数	
params	必选。字典对象，包含了需要设置的各种参数
返回值	转换器自身
transform(y)：根据调用fit( )方法获得的信息，对数据集y进行标签编码	
y	必选。NumPy数组或者稀疏矩阵，其形状shape为(n_samples,)，包含目标变量的编码数据
返回值	一个NumPy数组对象，其形状shape为(n_samples,)

　　编码转换器的使用简洁明了，下面我们以示例形式说明上面主要方法的使用，请读者仔细阅读代码和输出结果。

```
1.
2. import numpy as np
3. from sklearn import preprocessing
4.
```

```
5.
6.    #1 整型数值的标签
7.    le = preprocessing.LabelEncoder()
8.
9.    le.fit([1, 9, 9, 6])
10.   print("原始的类别标签: ", le.classes_)
11.
12.   print("类别标签及其编码: ")
13.   cols = le.classes_.shape[0]
14.   for i in range(cols):
15.       print(le.classes_[i], ':', i, sep = '', end=";      ")
16.   print("\n")
17.
18.   y = [1, 1, 9, 6]
19.   print("转换前的数据为: ", y)
20.   Y = le.transform(y)
21.   print("转换后的数据为: ", list(Y))
22.   print("*"*30, "\n")
23.
24.
25.   #2 这个编码器也可以用来对字符串形式的标签进行转换
26.   le.fit(["paris", "paris", "tokyo", "amsterdam"])
27.   print("原始的类别标签: ", le.classes_)
28.
29.   print("类别标签及其编码: ")
30.   cols = le.classes_.shape[0]
31.   for i in range(cols):
32.       print(le.classes_[i], ':', i, sep = '', end=";      ")
33.   print("\n")
34.
35.   y = ["tokyo", "tokyo", "paris"]
36.   print("转换前的数据为: ", y)
37.   Y = le.transform(y)
38.   print("转换后的数据为: ", list(Y))
39.
```

运行后，输出结果如下（在 Python 自带的 IDLE 环境下）：

```
1.  原始的类别标签：[1 6 9]
2.  类别标签及其编码：
3.  1:0;     6:1;     9:2;
4.
5.  转换前的数据为：[1, 1, 9, 6]
6.  转换后的数据为：[0, 0, 2, 1]
7.  ****************************
8.
9.  原始的类别标签：['amsterdam' 'paris' 'tokyo']
10. 类别标签及其编码：
11. amsterdam:0;    paris:1;    tokyo:2;
12.
13. 转换前的数据为：['tokyo', 'tokyo', 'paris']
14. 转换后的数据为：[2, 2, 1]
```

本章小结

本章着重介绍了 Scikit-learn 中与数据变换相关的知识，它们是数据预处理的一部分。本章首先对评估器（estimator）、转换器（transformer）和管道（pipeline）三个概念进行简述，然后重点对各种数据转换器 transformer 进行了详细的描述，这些转换器可以实现数据预处理、缺失值处理、降维等各种数据变换功能。在本章中重点对数据标准化、归一化、特征变量编码、数据离散化等数据预处理转换器，缺失值处理的单变量插补、多变量插补等缺失值处理转换器，以及目标变量预处理转换器等进行了详细的描述。

本章重点内容如下：

➢ Scikit-learn 中三个最基础的概念：评估器（estimator）、转换器（transformer）和管道（pipeline）是 Scikit-learn 中最基础的三个概念。它们贯穿了 Scikit-learn 学习和应用的每一个步骤，理解并掌握它们是高效实用 Scikit-learn 的基础。

➢ 数据预处理转换器：数据预处理的目的是用来改变原始特征变量，使之成为后续学习步骤中更为合适的表达形式。Scikit-learn 提供了数据标准化、数据非线性转换、数据归一化、分类型特征变量编码、数据离散化以及多项式特征变量的生成等的转换器。

➤ 缺失值处理转换器：包含缺失值的数据集称为不完全数据集。缺失值的存在造成了有用信息的丢失、数据不确定性增加，导致机器学习的过程更加不可靠。因此Scikit-learn提供了单变量差补、多变量插补、最近邻插补等多种缺失值处理转换器。

➤ 目标变量预处理转换器：其目标不是特征变量，而是作用于有监督学习的目标变量上。在Scikit-learn中，提供多类别分类标签二值化、多标签分类标签二值化、目标变量标签编码等多种转换器。

数据预处理往往是机器学习中最先需要考虑的问题，它不仅能够消除不同特征变量间量纲的影响，提供数据集的规范性，保证对不同特征变量的"一视同仁"，还能够对缺失值进行插补、消除异常值的影响等，为后续的数据抽取、建模等步骤提供了合乎逻辑的数据集，是机器学习中不可或缺的一个步骤。

下一章我们将讲述特征抽取、降维等数据预处理的方法，它与本章的内容组成了一个相对完整的数据预处理环节。

5 Scikit-learn 特征抽取和降维

数据的特征抽取和降维也是一种数据预处理变换。在 Scikit-learn 中，提供了从文本、图形等原始数据集中抽取特征的模块，也提供了主成分分析、特征聚合和随机投影等降维的方法。

5.1 特征抽取

特征变量的抽取是指从原始数据中抽取特定特征变量，例如从文本或图像中抽取数值特征变量，抽取的特征变量格式将遵循各种评估器（算法）的输入要求，所以这也是一种数据集的转换过程。

在 Scikit-learn 中，sklearn.feature_extraction 子模块实现了从文本、图像、字典式结构等原始数据集中抽取特征的各种转换器，也实现了特征哈希（哈希技巧）这样的转换器。表 5-1 列表显示了 feature_extraction 模块的各种可用转换器。

表5-1 特征抽取模块feature_extraction提供的可用转换器

序号	类别	转换器名称	说明
1	图像	feature_extraction.image.extract_patches_2d(⋯)	对一个2D图形重新调整形状，转换成一个碎片集合
2		feature_extraction.image.grid_to_graph(n_x, n_y)	生成像素之间的连接图
3		feature_extraction.image.img_to_graph(img, *)	生成像素之间的渐变连接图
4		feature_extraction.image.reconstruct_from_patches_2d(⋯)	从一个图形的所有碎片中复原图形
5		feature_extraction.image.PatchExtractor(*[, ⋯])	从一个图形集合中抽取碎片
6	文本	feature_extraction.text.CountVectorizer(*[, ⋯])	把一个文档集转换为标记（token）频数矩阵
7		feature_extraction.text.HashingVectorizer(*)	把一个文档集转换为标记（token）哈希值矩阵
8		feature_extraction.text.TfidfTransformer(*)	把一个频数矩阵转换为归一化的TF或TF-IDF形式
9		feature_extraction.text.TfidfVectorizer(*[, ⋯])	把一个文档集转换为一个TF-IDF特征矩阵
10	其他	feature_extraction.DictVectorizer(*[, ⋯])	从字典式结构对象中转换为数值型特征变量
11		feature_extraction.FeatureHasher([⋯])	特征哈希（哈希技巧）的实现方法

本节将介绍特征抽取模块 feature_extraction 模块中的各种功能。在后续的内容中我们也会遇到特征选择（Feature selection）的概念，特征抽取不同于特征选择，特征抽取可以将任意数据，例如文本或图像等，转换成可用于机器学习的数值特征变量，而数据选择是一种应用于特征变量上的机器学习技术：从已有的特征变量中选择满足一定条件的特征变量。

5.1.1 字典列表对象向量化

Python自带的字典dict结构同时存储了特征名称和值，非常便于使用，同时它还具有天然的稀疏性特征（一个字典对象只存储存在的特征值）。但是这种结构对于机器学习来说，效率不够高。所以Scikit-learn专门提供了一个把字典列表对象向量化的转换器：sklearn.feature_extraction.DictVectorizer。

转换器DictVectorizer可以把以Python字典dict对象形式表示的特征变量列表转换为以NumPy/SciPy为表现形式的数据集合。在这个转换过程中，转换器DictVectorizer会对分类型特征变量进行独热编码，这样转换之后的结果是一个数值型数组或稀疏矩阵，以符合评估器（算法）的要求。如果一个特征变量在一个样本中没有出现（但是在其他样本中出现过），则这个样本转换后的结果样本中，这个特征变量的值为0。表5-2详细说明了这个转换器的构造函数及其属性和方法。

表5-2　字典列表对象向量化转换器DictVectorizer

sklearn.feature_extraction.DictVectorizer：字典列表对象向量化转换器	
DictVectorizer(*, dtype=<class 'numpy.float64'>, separator='=', sparse=True, sort=True)	
dtype	可选。表示特征变量值的数据类型。 注：这个参数是传递给numpy.array或者scipy.sparse的构造函数，作为转换结果使用的。默认值为numpy.float64
separator	可选。在进行独热编码构建新特征变量时使用的分隔符。默认值为'='
sparse	可选。一个布尔值，表示是否转换结果为稀疏矩阵。默认值为True
sort	可选。一个布尔值，表示在转换过程中是否对特征变量按照名称进行排序。默认值为True
注：特征变量排序规则是按照Python的ord( )函数返回的Unicode编码值进行排序	
DictVectorizer的属性	
vocabulary_	一个字典dict对象。包含了"特征名称:索引"的值
feature_names_	一个长度为n_features列表list对象，n_features为转换后结果中包含的特征变量数。列表对象包含了所有的特征变量名称
DictVectorizer的方法	
fit(X,y=None)：从输入数据集X中获得一个"特征名称:索引"的列表，以便transform( )方法使用	
X	必选。一个字典dict对象的列表，表示输入数据集
y	忽略，仅仅是个占位符
返回值	训练后的向量化转换器
fit_transform(X,y=None)：首先基于X进行训练，然后对X进行向量化转换	
X	必选。一个字典dict对象的列表，表示输入数据集
y	可选。目标特征变量，默认值为None
返回值	一个包含了向量化后的新NumPy数组或稀疏矩阵
get_feature_names( )：获取转换结果的特征变量的名称，此函数没有参数	
返回值	包含特征变量名称的列表（按照索引排序）

get_params(deep=True)：获取转换器的各种参数	
deep	可选。布尔型变量，默认值为True。如果为True，表示不仅包含此转换器自身的参数值，还将返回包含的子对象（也是转换器）的参数值
返回值	字典对象。包含以参数名称为键的键值对
inverse_transform(X, dict_type=<class 'dict'>)：通过逆操作，返回到原始的字典dict对象的列表形式	
X	必选。类数组对象或稀疏矩阵类型对象，其形状shape为(n_samples,n_features)，表示需要逆操作的数据集，其中n_samples为数据集样本数量，n_features为特征变量数量
dict_type	可选。表示返回结果类型。默认值为字典类型dict
返回值	一个字典dict对象的列表list对象
restrict(support, indices=False)：使用特征选择功能使特征变量限制在仅受支持的特征集合中	
support	必选。一个类数组对象。包含了布尔掩码或索引值列表，一般为特征选择器get_suppot( )函数的返回值
indices	可选。一个布尔值，表示参数support是否是一个包含索引的列表对象。默认值为False
返回值	调整后的转换对象
set_params(**params)：设置转换器的各种参数	
params	字典对象，包含了需要设置的各种参数
返回值	转换器自身
transform(X)：根据调用fit( )方法获得的信息，对数据集进行向量化转换操作	
X	必选。类数组对象，其形状shape为(n_samples,n_features)，表示输入数据集，其中n_samples为样本数量，n_features为特征变量数量
返回值	一个包含了向量化后的新NumPy数组或稀疏矩阵

这个转换器的使用简洁明了，下面我们以示例形式说明上面主要方法的使用，请读者仔细阅读代码和输出结果。

```python
1.
2. import numpy as np
3. from sklearn.feature_extraction import DictVectorizer
4.
5. # 第一个例子
6. X0 = [{'foo': 1, 'bar': 2}, {'foo': 3, 'baz': 1}]
7.
8. print("1. 转换前数据")
9. print(X0)
10. print("-"*30, "\n")
11.
12. dv1 = DictVectorizer()
```

```
13. X = dv1.fit_transform(X0)
14. print("1. 转换后数据")
15. print(X.toarray())
16.
17. print("\nvocabulary_    : ", dv1.vocabulary_)
18. print("feature_names_: ", dv1.feature_names_, "\n")
19. print("*"*30, "\n")
20.
21. # 第二个例子
22. X0 = [
23.     {'city': 'Dubai', 'temperature': 33.},
24.     {'city': 'London', 'temperature': 12.},
25.     {'city': 'San Francisco', 'temperature': 18.},
26. ]
27.
28. print("2. 转换前数据")
29. print(X0)
30. print("-"*30, "\n")
31.
32. dv2 = DictVectorizer()
33. X = dv2.fit_transform(X0)
34. print("2. 转换后数据")
35. print(X.toarray())
36.
37. print("\nvocabulary_    : ", dv2.vocabulary_)
38. print("feature_names_: ", dv2.feature_names_, "\n")
39.
```

运行后，输出结果如下（在Python自带的IDLE环境下）：

```
1.  1. 转换前数据
2.  [{'foo': 1, 'bar': 2}, {'foo': 3, 'baz': 1}]
3.  ------------------------------
4.
5.  1. 转换后数据
6.  [[2. 0. 1.]
7.   [0. 1. 3.]]
8.
9.  vocabulary_    : {'foo': 2, 'bar': 0, 'baz': 1}
10. feature_names_: ['bar', 'baz', 'foo']
```

```
11.
12. *****************************
13.
14. 2. 转换前数据
15. [{'city': 'Dubai', 'temperature': 33.0}, {'city': 'London', 'temperatur
    e': 12.0}, {'city': 'San Francisco', 'temperature': 18.0}]
16. ----------------------------
17.
18. 2. 转换后数据
19. [[ 1.  0.  0. 33.]
20.  [ 0.  1.  0. 12.]
21.  [ 0.  0.  1. 18.]]
22.
23. vocabulary_    : {'city=Dubai': 0, 'temperature': 3, 'city=London': 1,
    'city=San Francisco': 2}
24. feature_names_: ['city=Dubai', 'city=London', 'city=San Francisco',
    'temperature']
```

5.1.2　特征哈希

　　Hash，中文称为散列、杂凑，不过更为常用的是其音译"哈希"。把任意长度的输入通过哈希算法转换成固定长度的输出，该输出结果就是哈希值，由于这种转换是一种压缩映射，即哈希值的空间通常远小于输入的空间，并且不同的输入可能会哈希成相同的输出，所以不可能从输出哈希值来确定唯一的输入值。

　　特征哈希是机器学习中一种强有力的处理稀疏、高维特征变量的技术，它简单、快速、有效，与下节将要讲述的词袋模型相比，使用的内存容量更少，特别适合在线学习的场景。

　　特征哈希的目标就是把原始文本数据转换成一个数值型的特征向量。例如，现在有一个原始字符串数据：

　　"the quick brown fox"。

　　现在我们的目标是使用特征哈希的方法把这个原始数据转变为一个可以输入到机器学习算法的特征向量。主要步骤如下。

　　① 确定特征向量的长度，也就是向量的维度。作为例子，这里设置向量的长度N=7；

　　② 设计一个哈希函数hash( )，这个函数以一个字符串作为输入，其输出为一个整数值；然后输出对N取模，则最后结果为一个位于[0, N-1]中的整数，这里是[0, 6]。这个函数即：hash(str) mod N；

　　③ 对原始文本数据进行分词（也称为标记化），分为以下4个词语，也称标记："the"，"quick"，"brown"，"fox"；

④ 按照设计的哈希函数hash( )分别计算每个词语的哈希值（并取模），假设结果如下：

hash(the)　　mod　7 = 0

hash(quick)　mod　7 = 3

hash(brown)　mod　7 = 3

hash(fox)　　mod　7 = 5

⑤ 根据上面的计算结果，构建原始文本数据对应的数值化特征向量：根据向量的长度7（N=7），设置7个结果特征向量对应的特征变量，即Feature1、Feature2、……、Feature7,相对应的索引为0、1、……、7。上一步骤哈希（并取模）值i对应着索引为i的特征变量，也就是第i个分量。每当一个哈希（并取模）值为i时，则第i个特征变量的值加1，表示这个分量又出现过一次。在后面学习词袋模型后就会发现，第i个分量的值实际上相当于哈希（并取模）值等于i的所有词语出现的次数。结果如表5-3所示。

表5-3　哈希结果与特征变量取值（没有出现的特征变量值默认为0）

索引	0	1	2	3	4	5	6
特征变量名称	Feature1	Feature2	Feature3	Feature4	Feature5	Feature6	Feature7
特征变量取值	1	0	0	2	0	1	0

原始文本数据对应的数值化特征向量为(1, 0, 0, 2, 0, 1, 0)。至此，一个完整的特征哈希过程完毕。

由于上面使用了哈希函数对原始文本数据进行了特征向量化，所以称之为特征哈希，也称为"哈希技巧"。特征哈希的主要工作就是设计一个合理、科学的哈希函数。

有一点需要注意，原始文本数据经过特征哈希之后，结果向量的特征变量（列）的名称不是分词的词语名称，所以上面我们以Feature1、Feature2等命名。这点与下一节将要讲述的词袋模型不同。

特征哈希有几个特点：

① 结果特征向量的维度（向量的长度）是固定的，这使得特征哈希具有降维的功能，且尽量不损失原始数据特征的表达能力；

② 结果特征向量的维度可以非常大，如2^{20}；

③ 结果特征向量一般会非常稀疏，即很多分量值为0，所以通常使用稀疏矩阵进行存储；

④ 由于存在两个毫不相关的原始特征向量（如词语）具有同一个哈希值的可能，即发生了冲突，所以通常会设计一个有正负输出值的哈希函数，正负号决定了结果特征向量中分量值的正负号；

⑤ 特征哈希的缺点是不可解释，但它确实是非常实用的一种特征向量化的方法。

在Scikit-learn中，提供了特征哈希转换器FeatureHasher，它使用的哈希函数是MurmurHash3带符号32位版本。MurmurHash是一种非加密型哈希函数，由Austin Appleby在2008年发明，目前最新版本是MurmurHash3，实现了32位（低延时）、128位

HashKey，对于规模较大的数据具有较高的平衡性与低碰撞率。想要详细了解这种哈希算法的读者，可自行参考相关资料，这里不再赘述。表5-4详细说明了这个转换器的构造函数及其属性和方法。

表5-4　特征哈希转换器FeatureHasher

sklearn.feature_extraction.FeatureHasher：特征哈希转换器	
FeatureHasher(n_features=1048576, *, input_type='dict', dtype=<class 'numpy.float64'>, alternate_sign=True)	
n_features	可选。一个整型数值，表示输出结果矩阵中哈希特征变量（列）的数目。这个数值太小，会引起哈希冲突；太大，会增加维度增加。 默认值为1048576，即2^{20}
input_type	可选。一个字符串值，可取'dict'、'pair'、'string'，指定进行哈希过程中输入数据的类型（在调用fit_transform( )）。 ◇'dict'：转换器将接收字典dict对象的列表作为输入，形式为(feature_name, value)。其中feature_name为初始特征变量名称，value为其对应的值； ◇'pair'：转换器将接收(feature_name, value)对的列表作为输入； ◇'string'：转换器将接收一个字符串对象作为输入。 如果设置为'dict'或者'pair'，则feature_name应当是字符串，value是一个数值；如果设置为"string"，则value为1。 在实际操作过程中，feature_name也会进行哈希计算，以便能够快速找到对应的哈希特征变量（列）；哈希后的特征值的符号可能会有所变化（见参数alternate_sign）。 默认值为'dict'
dtype	可选。表示特征变量值的数据类型。这个参数是传递给scipy.sparse的构造函数，作为转换结果使用的。注意不要设置为numpy.boolean或者无符号整数类型。 默认值为numpy.float64
alternate_sign	可选。一个布尔变量值，表示是否对哈希特征值的符号进行翻转，一般适用于n_features较小的情况（n_features < 10000）。 默认值为True
注：FeatureHasher没有属性	
FeatureHasher的方法	
fit(X,y=None)：不做任何操作，这里只是为了这个转换器符合Scikit-learn的转换器规范	
X	必选。一个NumPy数组对象
y	忽略，仅仅是个占位符
返回值	哈希转换器自身
fit_transform(X,y=None)：首先基于X进行训练，然后对X进行哈希转换	
X	必选。一个类数组对象，或者稀疏矩阵类型对象，或者一个Pandas数据框对象，其形状shape为(n_samples,n_features)，表示输入数据集，其中n_samples为样本数量，n_features为特征变量数量
y	可选。目标特征变量，默认值为None
返回值	一个包含了转换后数据的新NumPy数组，其形状shape为(n_samples,n_features)

续表

get_params(deep=True)：获取转换器的各种参数	
deep	可选。布尔型变量，默认值为True。如果为True，表示不仅包含此转换器自身的参数值，还将返回包含的子对象（也是转换器）的参数值
返回值	字典对象。包含以参数名称为键的键值对

set_params(**params)：设置转换器的各种参数	
params	字典对象，包含了需要设置的各种参数
返回值	转换器自身

transform(raw_X)：把一系列数据样本转换为哈希后的稀疏矩阵	
raw_X	必选。一般可迭代对象的可迭代对象，包含了原始的样本数据，每个样本必须是一个可迭代对象（如一个列表、元组等）。其长度为n_samples，n_samples是在转换过程中确定
返回值	一个包含了哈希转换后数据的稀疏矩阵，其形状shape为(n_samples, n_features)

这个转换器的使用简洁明了，下面我们以示例形式说明上面主要方法的使用，请读者仔细阅读代码和输出结果。

```
1.
2.  import numpy as np
3.  import pandas as pd
4.  from sklearn.feature_extraction import FeatureHasher
5.
6.
7.  # 第一个例子，input_type='dict'，这是默认值。
8.  X0 = [{'dog': 1, 'cat':2, 'elephant':4, "john":3, "movies":3 },{'dog':
2, 'run': 5}]
9.
10. print("例子1：原始数据")
11. print(X0)
12. print("-"*30)
13.
14. # 结果特征向量的维度为10，alternate_sign=True
15. hsh = FeatureHasher(n_features=10)
16.
17. X = hsh.transform(X0)
18. print("结果特征向量矩阵为：")
19. print(X.toarray())
20.
21. print("\n", "*"*30, "\n")
```

```
22.
23. ## 第二个例子，input_type='string'，则对每个词语默认值为1
24. X0 = pd.DataFrame({'type': ['a', 'b', 'a', 'c', 'b'], 'model': ['bab',
    'ba', 'ba', 'ce', 'bw']})
25.
26. print("例子2：原始数据")
27. print(X0.type)
28. print("-"*30)
29.
30. hsh = FeatureHasher(n_features=5, input_type='string')
31.
32. X = hsh.transform(X0.type)
33. print("结果特征向量矩阵为：")
34. print(X.toarray())
35.
```

运行后，输出结果如下（在Python自带的IDLE环境下）：

```
1.  例子1：原始数据
2.v[{'dog': 1, 'cat': 2, 'elephant': 4, 'john': 3, 'movies': 3}, {'dog': 2,
'run': 5}]
3.  ------------------------------
4.  结果特征向量矩阵为：
5.  [[ 0.  0. -4. -1.  0. -6.  0.  0.  0.  2.]
6.   [ 0.  0.  0. -2. -5.  0.  0.  0.  0.  0.]]
7.
8.  ******************************
9.
10. 例子2：原始数据
11. 0     a
12. 1     b
13. 2     a
14. 3     c
15. 4     b
16. Name: type, dtype: object
17. ------------------------------
18. 结果特征向量矩阵为：
19. [[ 1.  0.  0.  0.  0.]
20.  [ 0. -1.  0.  0.  0.]
21.  [ 1.  0.  0.  0.  0.]
22.  [ 0.  0. -1.  0.  0.]
23.  [ 0. -1.  0.  0.  0.]]
```

5.1.3 文本特征抽取

文本分析是机器学习算法很重要的一个应用方向。但是原始数据是一个由字词组成的符号序列，这是不能直接提供给算法的，因为算法输入需要的是有固定长度的数值型特征向量，而不是可变长度的文字序列。

为了解决这个问题，Scikit-learn提供了从文本内容中抽取数值特征的实用工具。下面我们从词袋模型（Bag of Words）开始，逐步讲解文本向量化的过程。

5.1.3.1 词袋模型

文本向量化的过程涉及以下概念和定义：

● 标记化（tokenizing）：标记文本，并给每个标记一个唯一的ID。实际上标记的过程就是分词的过程，一个标记就是一个词语。可以通过空白字符、标点符号等作为标记的分隔符。

● 计数（counting）：统计每个标记（词语）在每个文档中出现的次数（词频，Term Frequency）。一个标记在一个文档中出现的次数越多，说明其重要性越大，对这个文档的影响力越大。

● 归一化和加权（normalizing and weighting）：一个标记在越多的文档中出现，则其重要性（权重）越低。

● 特征变量：一个标记（词语）代表一个特征变量，它在一个文档中出现的次数（频率）代表对应特征变量的一个值。

● 样本：一个给定文档中所有标记出现的频率对应的向量称为一个样本，它是一个特征变量的集合，是一个文档的词频向量化形式。

通过上面的概念和定义可知，可以使用一个矩阵来表示一个由多个文档组成的语料库，矩阵的每一行代表一个文档，每一列则代表一个标记对应的特征变量，每一个矩阵单元表示一个标记在某一个文档中出现的次数。这样，就可以把一个由不同种类的文档组成的语料库由一个矩阵进行数值化表示。

一般我们把上述的标记化、计数和归一化的过程称为文档的向量化过程（vectorization），而把这种文档以词语（标记）出现的次数来表示的模型称为词袋模型（Bag of Words 或者 Bag of n-grams）。

注意：这种表达模型完全忽略了标记（词语）在文档中的顺序、语法等信息，就像一个"把词语放在一起的袋子"，它常用于文件分类等领域。下面我们以两个简单的示意文件a和b举例说明：

a. 小张喜欢看电视，小丽也喜欢看电视。

b. 小张喜欢看足球比赛。

基于以上两个文件，可以构建一个词典，并给词典中每个词语一个唯一标识号ID。如表5-5所示：

表5-5　示意文档标记（词语）词典

ID	1	2	3	4	5	6	7	8
标记	小张	喜欢	看	电视	小丽	也	足球	比赛

这个词典有8个不同的词，使用词典的词语和长度表示上述两个文档（长度为8）如下：

a. [1, 2, 2, 1, 1, 1, 0, 0]

b. [1, 1, 1, 0, 0, 0, 1, 1]

写成矩阵的形式，就是：

$$M=\begin{pmatrix} 1 & 2 & 2 & 1 & 1 & 1 & 0 & 0 \\ 1 & 1 & 1 & 0 & 0 & 0 & 1 & 1 \end{pmatrix}$$

在矩阵 M 中，每一行代表一个文档向量，每个向量的索引内容，即维度内容，对应着词典中的一个词在一个文档中出现的次数。例如，第一个向量（文件a）前三个内容索引是1、2和2，因为第一个索引内容"小张"对应到词典第一个词，并且该值设定为1，因为"小张"在文档a中出现过1次；第二个索引内容"喜欢"对应到词典第二个词，并且该值设定为2，因为"喜欢"在文档a中出现过2次；第三个索引内容"看"对应到词典第三个词，并且该值设定为2，因为"看"在文档a中出现过2次。

可以预见到，语料库矩阵 M 将是一个稀疏矩阵。

5.1.3.2　文档词频向量化

一般来说，一个词语（标记）在一个文档中出现的次数越多，说明这个词语对文档的分类影响越大，也就是说这个词语的权重越大。Scikit-learn 提供了文档词频向量化转换器 sklearn.feature_extraction.text.CountVectorizer，实现了文档的标记化、标记出现次数统计（词频）、按照词频进行向量化表示的功能。这个转换器的构造函数的参数众多，不过一般情况下使用默认的参数设置就可以了，在默认设置情况下，转换器 CountVectorizer 会根据标记化（分词）的结果创建一个内部使用的字典，并给每个词语一个唯一 ID（索引），给每个标记（词语）按照每个文档进行计数，实现文档向量化的转换。表5-6详细说明了这个文档词频向量化转换器的构造函数及其属性和方法。

表5-6　文档词频向量化转换器CountVectorizer

sklearn.feature_extraction.text.CountVectorizer：文档词频向量化转换器	
CountVectorizer(*, input='content', encoding='utf-8', decode_error='strict', strip_accents=None, lowercase=True, preprocessor=None, tokenizer=None, stop_words=None, token_pattern='(?u)\b\w\w+\b', ngram_range=(1, 1), analyzer='word', max_df=1.0, min_df=1, max_features=None, vocabulary=None, binary=False, dtype=<class 'numpy.int64'>)	
input	可选。一个字符串，可以是"filename"、"file"、"content"。它们的含义如下： ➤ "filename"：表示传递给fit( )或者transform( )函数的是一个文件名称列表，这些文件包含了需要分析的原始内容； ➤ "file"：一个类文件file对象，此对象必须有一个函数read( )，用于从对象中获取需要分析的内容； ➤ "content"：表示转换的输入将是一个字符串或字节类型的序列（调用fit( )或者transform( )函数时）。这是默认值

续表

encoding	可选。一个指定字符编码的字符串，常见编码方式有ASCII、Latin-1（西欧）、KOI8-R（俄语）以及通用编码utf-8和utf-16等等。 当参数input是一个文件file对象时，指定将文件内容（字节）转换为Unicode字符时所使用的编码方式。 默认值为utf-8
decode_error	可选。一个字符串，指定在从字节向字符转变过程中，当存在参数encoding中没有的字符（非法字符）时的处理方式。取值范围及含义如下： ➢ "strict"：如果存在非法字符，将引发UnicodeDecodeError错误。这是默认值。 ➢ "ignore"：忽略非法字符。 ➢ "replace"：使用"?"替换非法字符。 这个参数类似于Python字符串str类的方法encode( )中的参数errors
strip_accents	可选。表示在预处理步骤中去除重音符号的方式。可以取以下值： ➢ "ascii"：适用于只包含ascii的文本内容，性能好。 ➢ "unicode"：适用于任何文本内容，性能稍差。 ➢None值：不做任何处理。这是默认值
lowercase	可选。一个布尔值，表示在标记化（分词）之前是否需要把所有文本内容转换为小写。默认值为True
preprocessor	可选。一个可调用对象（函数），用以覆盖默认的字符串预处理操作的预处理器。默认值为None。 注：这个参数只有在参数analyzer没有设置为一个可调用对象（函数）时才有效
tokenizer	可选。一个可调用对象（函数），用以覆盖默认的文本标记化（分词）处理过程的标记器。默认值为None。 注：这个参数只有在参数analyzer没有设置为"word"时才有效
stop_words	可选。可以为字符串"english"、一个列表对象或None，用以表示停用词。其含义如下： ➢ "english"：表示使用内建的英语停用词列表； ➢列表对象：使用一个列表包含所有需要过滤掉的停用词。只有在参数analyzer没有设置为"word"时才有效； ➢None：不过滤任何停用词。 注：① 这个参数设置不会影响到max_df等参数的作用。 ② 停用词是指从标记结果（分词）中过滤掉被认为对表达文本没有信息帮助的词语
token_pattern	可选。一个正则表达式形式的字符串，表示标记化过程中组成标记（分词）的组成方式。只有在参数analyzer没有设置为"word"时才有效。 默认值为"(?u)\b\w\w+\b"，表示标记将由两个或多个字母数字组成，标点符号被认为是标记的分隔符，不被当做标记使用
ngram_range	可选。一个元组tuple对象(min_n, max_n)，表示标记化（分词）的结果将最小包含min_n个字符，最大包含max_n个字符的标记（词语）。例如，ngram_range=(1,2)，意味着结果可以包含1个字符、2个字符的分词；而ngram_range=(2,2)，意味着将只包含2个字符的结果。默认值为(1,1)。 注：这个参数只有在参数analyzer没有设置为一个可调用对象（函数）时才有效
analyzer	可选。指定标记（词语）的组成方式或者一个可调用对象（函数）。可以取以下值： ➢ "word"：标记（词语）由单词组成。这是默认值； ➢ "char"：标记（词语）由N个字符组成。N由参数ngram_range决定； ➢ "char_wb"：标记（词语）从单词边界内的文本创建。 可调用对象（函数）：自定义处理函数

max_df	可选。一个介于0.0～1.0的浮点数值，或者一个整型数，表示在构建内部字典（见参数 vocabulary）时，删除过于频繁的标记（词语），这些词语是停用词的一部分。 　　如果是一个浮点数，其值必须是一个[0.0, 1.0]内的值。例如，如果设置为0.6，表示将忽略出现在60%以上文档中的词语； 　　如果是一个整型数，则表示一个文档个数。例如，如果设置为60，则表示将忽略超过60个文档中出现的词语。 　　默认值为浮点数1.0，则表示将忽略出现在100%以上文档中的词语，也就是不会忽略任何词语。 　　注：如果参数vocabulary不为None，则此参数将被忽略
min_df	可选。一个介于0.0～1.0的浮点数值，或者一个整型数，表示在构建内部字典（见参数 vocabulary）时，用于删除很少出现的标记（词语）。这些词语是停用词的一部分。 　　如果是一个浮点数，其值必须是一个[0.0, 1.0]之间的值。例如，如果设置为0.05，表示将忽略出现在少于5%以下文档中的词语； 　　如果是一个整型数，则表示一个文档个数。例如，如果设置为5，则表示将忽略少于5个文档中出现的词语。 　　默认值为整型数1，则表示将忽略少于1个文档中的术语，也就是不会忽略任何词语。 　　注：如果参数vocabulary不为None，则此参数将被忽略
max_features	可选。一个整型数，或者None。表示在创建内置字典时，将只考虑语料库中出现频率最高的前max_features个标记（词典）。 　　默认值为None，表示不限制内建字典中词语的个数。 　　注：如果参数vocabulary不为None，则此参数将被忽略
vocabulary	可选。可以为一个字典对象，或者一个包含特征变量名称的可迭代对象，或者为None。如果为字典对象，则键值对分别对应着特征变量名称和索引号。默认值为None，表示没有设置特征变量名称的字典，此时转换器将根据输入的文档内容创建一个内部使用的字典。 　　注：创建的字典中特征变量名称的索引不能重复，并且索引号从0开始，依次增加1，中间不能有跳跃的索引
binary	可选。一个布尔值，表示向量化的结果矩阵中元素的值是否只包含0或1。如果设置为True，表示所有非零词语计数对应的元素值将设置为1，否则为0。这种情况适用于某些离散概率模型。 　　默认值False
dtype	可选。一个数据类型，表示向量化的结果矩阵中元素的数据类型（调用fit_transform( )或transform( )）。默认值为numpy.int64

CountVectorizer的属性

vocabulary_	一个字典dict对象。包含特征对应的标记（词语）及其在字典中的索引值
fixed_vocabulary_	一个布尔值。表示是否用户（调用者）提供一个固定长度的字典
stop_words_	一个集合set对象。表示停用词集合，即在标记化（分词）过程中需要忽视的词语。之所以可以忽视，是因为以下方面的原因： ➢在文档中出现的次数太多（大于max_df）； ➢在文档中出现的次数太少（小于min_df）； ➢因最大特征数要求截掉的标记（大于max_features）。 　　注：这个属性只有在构造函数没有设置参数vocabulary时才有意义

续表

CountVectorizer的方法	
build_analyzer( )：返回一个能够进行文本预处理、标记化和分词的可调用对象。没有参数	
返回值	一个可调用对象
build_preprocessor( )：返回一个在对文本标记化之前能够进行文本预处理的可调用对象。没有参数	
返回值	一个可调用对象
build_tokenizer( )：返回一个能够对文本进行分词，生成标记（词语）的可调用对象。	
没有参数	
返回值	一个可调用对象
decode(doc)：把输入文本的编码集转换成UNICODE编码集。编码策略取决于构造函数的参数设置	
doc	必选。一个字符串对象，表示待编码的文本
返回值	一个编码为UNICODE的文本对象
fit(raw_documents,y=None)：对raw_documents进行预处理、标记化，抽取词语，构建内部使用的字典对象	
raw_documents	必选。一个可迭代对象，可以是一个包含待转换的字符串str对象、文件名称或者文件file对象。 参见构造函数的参数input
y	可选。表示目标特征变量
返回值	训练后的转换器
fit_transform(raw_documents,y=None)：首先基于raw_documents进行训练，然后对其进行向量化转换	
raw_documents	必选。一个可迭代对象，可以是一个包含待转换的字符串str对象、文件名称或者文件file对象。 参见构造函数的参数input
y	可选。目标特征变量
返回值	一个形状shape为(n_samples, n_features)的稀疏矩阵。其中n_samples表示处理过的文档数，n_features为特征变量数
get_feature_names( )：获取特征变量名称索引与特征变量名称的列表。没有参数	
返回值	一个包含特征变量名称的列表，其中第一个元素对应着索引号为0的特征变量名称；第二个元素对应着索引号为1的特征变量名称；依次类推
get_params(deep=True)：获取转换器的各种参数	
deep	可选。布尔型变量，默认值为True。如果为True，表示不仅包含此转换器自身的参数值，还将返回包含的子对象也是转换器的参数值
返回值	字典对象。包含以参数名称为键值的键值对
get_stop_words( )：获取停用词列表。没有参数	
返回值	一个包含停用词的列表

续表

inverse_transform(X)：返回每个文档中非零元素对应的标记（词语）	
X	必选。一个类数组对象或稀疏矩阵，其形状shape为(n_samples, n_features)的稀疏矩阵。其中n_samples表示处理过的文档数，n_features为特征变量数
返回值	一个数组列表，其形状为(n_samples)
set_params(**params)：设置转换器的各种参数	
params	字典对象，包含了需要设置的各种参数
返回值	转换器自身
transform(raw_documents)：把一个字符序列的文档转换为标记（词语）的计数矩阵	
raw_documents	必选。一个可迭代对象，可以是一个包含待转换的字符串str对象、文件名称或者文件file对象。参见构造函数的参数input
返回值	一个形状shape为(n_samples, n_features)的稀疏矩阵，是一个包含了词频权重的文档向量化矩阵。其中n_samples表示处理过的文档数，n_features为特征变量数

读者可以看到，文档词频向量化转换器CountVectorizer的构造函数中，参数众多，它们为文本处理提供了丰富的可选功能。这里特别讲述一下preprocessor、tokenizer、analyzer三个参数，它们是扩展转换器功能的主要定制化参数。在定制化转换器时，这几个参数的意义如下：

① 参数preprocessor：一个可调用对象（如一个函数、一个类等），它以整个文档作为输入，看作是一个大字符串，经过定制化处理后，可返回一个转换后的字符串。常见的定制化处理有去除HTML标签、大小写变换等等；

② 参数tokenizer：一个可可调用对象（如一个函数、一个类等），它可以把preprocessor的输出作为自己的输入，并把输入（字符串）进行标记化，然后返回一个标记（词语）的列表对象；

③ 参数analyzer：一个可调用对象（如一个函数、一个类等），它可以替代上面的preprocessor和tokenizer。实际上转换器CountVectorizer在调用analyzer时，analyzer默认的操作就是先调用preprocessor，再调用tokenizer，最后把标记列表对象返回。当进行定制时，可以做任何合适的定制化操作。

下面我们以示例形式说明其主要方法的使用。

```
1.
2.  import numpy as np
3.  from sklearn.feature_extraction.text import CountVectorizer
4.
5.
6.  print("1. 标记长度为1。");
7.  print("-"*37)
8.  texts=["orange banana apple grape","banana apple apple","grape", 'orange apple']
```

```
9.  print("转换前数据:")
10. print(texts)
11. print("*"*30, "\n")
12.
13. ## 默认ngram_range=(1,1)
14. cv = CountVectorizer(input='content')
15. print()
16. cv_fit = cv.fit_transform(texts)
17. print("属性vocabulary_: ", cv.vocabulary_)
18.
19. print("转换后结果:")
20. print(cv_fit.toarray())
21. print("-"*30, "\n\n")
22.
23. print("2. 标记长度为1～2");
24. print("-"*37)
25. cat_in_the_hat_docs=[
26.      "One Cent, Two Cents, Old Cent, New Cent: All About Money (Cat in
     the Hat's Learning Library",
27.      "Inside Your Outside: All About the Human Body (Cat in the Hat's
     Learning Library)",
28.      "Oh, The Things You Can Do That Are Good for You: All About Stay
     ing Healthy (Cat in the Hat's Learning Library)",
29.      "On Beyond Bugs: All About Insects (Cat in the Hat's Learning
     Library)",
30.      "There's No Place Like Space: All About Our Solar System (Cat in
     the Hat's Learning Library)"
31.      ]
32. print("转换前数据:")
33. print(cat_in_the_hat_docs)
34. print("*"*30, "\n")
35. ## 设置标记长度参数 ngram_range=(1,2)
36. cv = CountVectorizer(cat_in_the_hat_docs, ngram_range=(1,2))
37. count_vector = cv.fit_transform(cat_in_the_hat_docs)
38. print("属性vocabulary_: ", cv.vocabulary_)
39.
40. print("转换后结果:")
41. print(cv_fit.toarray())
42.
```

运行后，输出结果如下（在Python自带的IDLE环境下）：

```
1.  1.标记长度为1。
2.  -----------------------------------
3.  转换前数据:
4.  ['orange banana apple grape', 'banana apple apple', 'grape', 'orange
    apple']
5.  *****************************
6.
7.
8.  属性vocabulary_: {'orange': 3, 'banana': 1, 'apple': 0, 'grape': 2}
9.  转换后结果:
10. [[1 1 1 1]
11.  [2 1 0 0]
12.  [0 0 1 0]
13.  [1 0 0 1]]
14. ------------------------------
15.
16.
17. 2.标记长度为1~2
18. -----------------------------------
19. 转换前数据:
20. ["One Cent, Two Cents, Old Cent … … … … System (Cat in the Hat's
    Learning Library)"]
21. *****************************
22.
23. 属性
    vocabulary_: {'one': 61, 'cent': 20, 'two': 87, 'cents': 24, 'old': 57,
    'new': 51, 'all': 6, … … … , 'one cent': 62, 'cent two': 23, 'two cents':
    88, 'cents old': 25, 'old cent': 58, 'cent new': 22, … … … … …, 'sola
    r system': 70, 'system cat': 76}
24. 转换后结果:
25. [[1 1 1 1]
26.  [2 1 0 0]
27.  [0 0 1 0]
28.  [1 0 0 1]]
29. ------------------------------
```

关于停用词的使用，读者需要了解：有些词语，例如英语中的"and""the""him"，汉语中的"的""地""很"等，对于有效表达一个文档是没有多少帮助的，为了避免对预测任务的干扰，它们应当被排除在特征变量集合之外，这些词称为"停用词（stop words)"。不过，需要注意的是，同样一个词，对于某些预测任务来说是没有帮助的，但是对于另外一些预测任务来说，则可能是有意义的，比如对于写作风格或个性的分类任务。

模块 sklearn.feature_extraction.text 提供了一个内置的英语"english"停用词列表，注意这不是一个适用于所有任务的通用方案，使用者应该根据自己的任务情况，使用自定义的停用词列表。

下面我们再举一个例子。在这个例子中，我们使用了一个自定义的标记器 my_tokenizer，并使用了一个停用词列表。

```
1.
2.  import numpy as np
3.  from sklearn.feature_extraction.text import CountVectorizer
4.  from sklearn.feature_extraction.text import TfidfTransformer
5.
6.  X0 = [
7.      '正确&地&使用&分析&器，',
8.      '你好，sklearn!',
9.      '分析器&很&重要'
10. ]
11.
12. print("转换前数据:")
13. print(X0)
14. print("*"*30, "\n")
15.
16. #1 定义定制化标记化函数，这里以"&"为标记（词语）的分割符
17. def my_tokenizer(s):
18.     return s.split("&")
19.
20. #2 定义CountVectorizer对象
21. cntVec = CountVectorizer(tokenizer=my_tokenizer, stop_words=['地','很'])
22.
23. #3 训练并向量化
24. X = cntVec.fit_transform(X0)
25.
26. ## 请注意标记化后的标记（词语）
27. print("属性vocabulary_: ", cntVec.vocabulary_)
28. print("\n词频向量: ")
```

```
29. print(X.toarray())
30.
31.
32. #4 计算tf-idf值
33. tfTrans = TfidfTransformer()
34. X1 = tfTrans.fit_transform(X)
35. print("\ntf-idf向量: ")
36. print(X1.toarray())
37.
```

运行后，输出结果如下（在Python自带的IDLE环境下）：

```
1.  转换前数据:
2.  ['正确&地&使用&分析&器，', '你好，sklearn!', '分析器&很&重要']
3.  ******************************
4.
5.  属性vocabulary_: {'正确': 5, '使用': 1, '分析': 2, '器，': 4, '你好，
    sklearn!': 0, '分析器': 3, '重要': 6}
6.
7.  词频向量:
8.  [[0 1 1 0 1 1 0]
9.   [1 0 0 0 0 0 0]
10.  [0 0 0 1 0 0 1]]
11.
12. tf-idf向量:
13. [[0.          0.5         0.5         0.          0.5         0.5         0.          ]
14.  [1.          0.          0.          0.          0.          0.          0.          ]
15.  [0.          0.          0.          0.70710678 0.          0.          0.70710678]]
```

在上面的代码中，自定义的标记器my_tokenizer( )使用了分隔符"&"进行词语分割，这可以从属性vocabulary_的输出值就可以看出。

5.1.3.3　文档tf-idf向量化

前面说过，一个词语（标记）在一个文档中出现的次数越多，说明这个词语对文档的分类影响越大，也就是说这个词语的权重越大。不过，从另一方面来看，如果这个词语在很多语料库中的文档中出现过，则说明这个词语是一个通用性的词语，也就是说它对文档分类这样的任务来说，其影响并没有预期中那么大。所以，为了有效地表示一个词语（标记）在文本分类任务中的影响，通常使用tf-idf指标。

指标 tf-idf 由两部分组成：tf 和 idf。tf 是指一个标记（词语）出现的频率（词频），是从单个文档的角度衡量一个词语的影响力，是对一个词语对单一文档重要性的度量；idf 是指逆文档频率，是从语料库的角度衡量一个词语的影响力，是对一个词语普遍重要性的度量。指标 tf-idf 的公式如下：

$$(\text{tf-idf})\text{指标} = \text{tf}(t, d) \times \text{idf}(t)$$

式中，tf(t, d) 表示一个词语 t(term) 在一个文档 d 中出现的次数，即词语频率 tf；idf(t) 表示一个词语 t(term) 的逆文档频率 idf。

在实际计算中，tf、idf 的计算公式分别如下。

① 词语频率 tf 的计算公式为：

$$\text{tf} = \frac{n_t}{\sum_{i=1}^{K} n_i}$$

其中，分子 n_t 表示词语 t 在一个文档中出现的次数；分母表示在此文档中所有词语出现的次数之和。

② 逆文档频率 idf 的计算公式为：

$$\text{idf} = \log\left(\frac{1+n}{1+\text{df}(t)}\right) + 1$$

其中，n 为语料库中文档的个数；df(t) 是指词语 t 出现的文档数，分子、分母中的 1 是为了防止分子、分母为零的情形而进行的平滑处理。

最后，tf-idf 指标的计算公式为：

$$(\text{tf-idf})\text{指标} = \text{tf}(t, d) \times \text{idf}(t) = \frac{n_t}{\sum_{i=1}^{K} n_i}\left(\log\left(\frac{1+n}{1+\text{df}(t)}\right) + 1\right)$$

tf-idf 的主要思想是：如果一个词语（标记）在一个文档中出现的频率非常高，并且在语料库的其他文档中很少出现，则认为这个词语具有很好的类别区分能力，适合用来分类。

Scikit-learn，提供了 tf-idf 转换器 sklearn.feature_extraction.text.TfidfTransformer 和文档 tf-idf 向量化转换器 sklearn.feature_extraction.text.TfidfVectorizer，实现了文档 tf-idf 方式的向量化。下面我们分别介绍一下这两个转换器。

（1）文档 tf-idf 向量化转换器 TfidfVectorizer

转换器 TfidfVectorizer 同样也会实现文档标记化，统计标记出现次数（词频），并且计算每个标记（词语）在每个文档中的 tf-idf 值，最终实现归一化处理的文档向量化。在默认设置情况下，转换器 TfidfVectorizer 会根据标记化（分词）的结果，创建一个内部使用的字典，并给每个词语一个唯一 ID（索引）。表 5-7 详细说明了这个文档 tf-idf 向量化转换器的构造函数及其属性和方法。

表5-7　文档tf-idf向量化转换器TfidfVectorizer

sklearn.feature_extraction.text.TfidfVectorizer：文档tf-idf向量化转换器	
TfidfVectorizer(*, input='content', encoding='utf-8', decode_error='strict', strip_accents=None, lowercase=True, preprocessor=None, tokenizer=None, analyzer='word', stop_words=None, token_pattern='(?u)\b\w\w+\b', ngram_range=(1, 1), max_df=1.0, min_df=1, max_features=None, vocabulary=None, binary=False, dtype=<class 'numpy.float64'>, norm='l2', use_idf=True, smooth_idf=True, sublinear_tf=False)	
input	可选。一个字符串，可以是"filename"、"file"、"content"。它们的含义如下： ➤ "filename"：表示传递给fit( )或者transform( )函数的是一个文件名称列表，这些文件包含了需要分析的原始内容； ➤ "file"：一个类文件file对象，此对象必须有一个函数read( )，用于从对象中获取需要分析的内容； ➤ "content"：表示转换的输入将是一个字符串或字节类型的序列（调用fit( )或者transform( )函数时）。这是默认值
encoding	可选。一个指定字符编码的字符串，常见编码方式有ASCII、Latin-1（西欧）、KOI8-R（俄语）以及通用编码utf-8和utf-16等。 当参数input是一个文件file对象时，指定将文件内容（字节）转换为Unicode字符时所使用的编码方式。 默认值为utf-8
decode_error	可选。一个字符串，指定在从字节向字符转变过程中，当存在参数encoding中没有的字符（非法字符）时的处理方式。取值范围及含义如下： ➤ "strict"：如果存在非法字符，将引发UnicodeDecodeError错误。这是默认值。 ➤ "ignore"：忽略非法字符。 ➤ "replace"：使用"?"替换非法字符。 这个参数类似于Python字符串str类的方法encode( )中的参数errors
strip_accents	可选。表示在预处理步骤中去除重音符号的方式。可以取以下值： ➤ "ascii"：适用于只包含ascii的文本内容，性能好。 ➤ "unicode"：适用于任何文本内容，性能稍差。 ➤None值：不做任何处理。这是默认值
lowercase	可选。一个布尔值，表示在标记化（分词）之前是否需要把所有文本内容转换为小写。默认值为True
preprocessor	可选。一个可调用对象（函数），用于覆盖默认的字符串预处理操作的预处理器。默认值为None。 注：这个参数只有在参数analyzer没有设置为一个可调用对象（函数）时才有效
tokenizer	可选。一个可调用对象（函数），用于覆盖默认的文本标记化（分词）处理过程的标记器。默认值为None。 注：这个参数只有在参数analyzer没有设置为"word"时才有效
analyzer	可选。指定标记（词语）的组成方式或者一个可调用对象（函数）。可以取以下值： ➤ "word"：标记（词语）由单词组成。这是默认值； ➤ "char"：标记（词语）由N个字符组成。N由参数ngram_range决定； ➤ "char_wb"：标记（词语）从单词边界内的文本创建； ➤可调用对象（函数）：自定义处理函数

stop_words	可选。可以为字符串"english"、一个列表对象或None，用以表示停用词。其含义如下： ➤ "english"：表示使用内建的英语停用词列表； ➤列表对象：用一个列表包含所有需要过滤掉的停用词。只有在参数analyzer没有设置为"word"时才有效； ➤None：不过滤任何停用词。 注：① 这个参数设置不会影响到max_df等参数的作用。 ② 停用词是指从标记结果（分词）中过滤掉被认为对表达文本没有信息帮助的词语
token_pattern	可选。一个正则表达式形式的字符串，表示标记化过程中组成标记（分词）的组成方式。只有在参数analyzer没有设置为"word"时才有效。 默认值为"(?u)\b\w\w+\b"，表示标记将由两个或多个字母数字组成，标点符号被认为是标记的分隔符，不被当做标记使用
ngram_range	可选。一个元组tuple对象(min_n, max_n)，表示标记化（分词）的结果将包含最少min_n个字符，最多max_n个字符的标记（词语）。例如，ngram_range=(1,2)，意味着结果可以包含1个字符、2个字符的分词；而ngram_range=(2,2)意味着将只包含2个字符的结果。默认值为(1,1)。 注：这个参数只有在参数analyzer没有设置为一个可调用对象（函数）时才有效
max_df	可选。一个介于0.0～1.0的浮点数值，或者一个整型数，表示在构建内部字典（见参数vocabulary）时，用于删除过于频繁的标记（词语）。这些词语是停用词的一部分。 如果是一个浮点数，其值必须是一个[0.0, 1.0]内的值。例如，如果设置为0.6，表示将忽略出现在60%以上文档中的词语； 如果是一个整型数，则表示一个文档个数。例如，如果设置为60，则表示将忽略超过60个文档中出现的词语。 默认值为浮点数1.0，则表示将忽略出现在100%以上文档中的术语，也就是不会忽略任何词语。 注：如果参数vocabulary不为None，则此参数将被忽略
min_df	可选。一个介于0.0～1.0的浮点数值，或者一个整型数，表示在构建内部字典（见参数vocabulary）时，用于删除很少出现的标记（词语），这些词语是停用词的一部分。 如果是一个浮点数，其值必须是一个[0.0, 1.0]内的值。例如，如果设置为0.05，表示将忽略出现在5%以下文档中的词语； 如果是一个整型数，则表示一个文档个数。例如，如果设置为5，表示将忽略少于5个文档中出现的词语。 默认值为整型数1，则表示将忽略少于1个文档中的术语，也就是不会忽略任何词语。 注：如果参数vocabulary不为None，则此参数将被忽略
max_features	可选。一个整型数，或者为None。表示在创建内置字典时，将只考虑语料库中出现频率最高的前max_features个标记（词典）。 默认值为None，表示不限制内建字典中词语的个数。 注：如果参数vocabulary不为None，则此参数将被忽略
vocabulary	可选。可以为一个字典对象，或者一个包含特征变量名称的可迭代对象，或者为None。如果为字典对象，则键值对分别对应着特征变量名称和索引号。默认值为None，表示没有设置特征变量名称的字典，此时转换器将根据输入的文档内容创建一个内部使用的字典。 注：创建的字典中特征变量名称的索引不能重复，并且索引号从0开始，依次增加1，中间不能有跳跃的索引

binary	可选。一个布尔值，表示向量化的结果矩阵中元素的值是否只包含0或1。如果设置为True，表示所有非零词语计数对应的元素值将设置为1，否则为0。 注：设置为True并不意味着输出结果值包含0或1，只适用于词频tf为0或1的元素。 默认值False
dtype	可选。一个数据类型，表示向量化的结果矩阵中元素的数据类型（调用fit_transform( )或transform( )）。默认值为numpy.int64
norm	可选。一个字符串值，表示矩阵每行（表示一个文档）向量的归一化方法，可选"l1"、"l2"。默认值为"l2"。 注：关于归一化方法的内容请参见4.2.3章节
use_idf	可选。一个布尔变量值，表示是否使用逆文档频率idf重新加权化文档向量。默认值为True
smooth_idf	可选。一个布尔变量值，表示是否对idf进行平滑处理，即加1处理。这是用来防止零除情形的出现。默认值为True
sublinear_tf	可选。一个布尔变量值，表示是否对tf进行亚线性缩放，例如使用1+log(tf)代替tf。 默认值为False。 注：亚线性是指特征变量的幂指数小于1，大于0

TfidfVectorizer的属性

vocabulary_	一个字典dict对象。包含特征对应的标记（词语）及其在字典中的索引值
fixed_vocabulary_	一个布尔值。表示是否用户（调用者）提供一个固定长度的字典
idf_	一个形状shape为(n_features)数组对象，包含逆文档频率idf。这个属性只有在参数use_idf设置为True时才有效
stop_words_	一个集合set对象。表示停用词集合，即在标记化（分词）过程中需要忽视的词语。之所以可以忽视，是因为以下方面的原因： ➤在文档中出现的次数太多（大于max_df）； ➤在文档中出现的次数太少（小于min_df）； ➤由于最大特征数要求而截掉的标记（大于max_features）。 注：这个属性只有在构造函数没有设置参数vocabulary时才有意义

TfidfVectorizer的方法

build_analyzer( )：返回一个能够进行文本预处理、标记化和分词的可调用对象。没有参数

返回值	一个可调用对象

build_preprocessor( )：返回一个在对文本标记化之前能够进行文本预处理的可调用对象。没有参数

返回值	一个可调用对象

build_tokenizer( )：返回一个能够对文本进行分词，生成标记（词语）的可调用对象。没有参数

返回值	一个可调用对象

decode(doc)：把输入文本的编码集转换成UNICODE编码集。编码策略取决于构造函数的参数设置

doc	必选。一个字符串对象，表示待编码的文本
返回值	一个编码为UNICODE的文本对象

续表

fit(raw_documents,y=None)：对raw_documents进行预处理、标记化，抽取词语，构建内部使用的字典对象	
raw_documents	必选。一个可迭代对象，可以是一个待转换的字符串str对象、文件名称或者文件file对象。参见构造函数的参数input
y	可选。表示目标特征变量
返回值	训练后的转换器
fit_transform(raw_documents,y=None)：首先基于raw_documents进行训练，然后对其进行向量化转换	
raw_documents	必选。一个可迭代对象，可以是一个待转换的字符串str对象、文件名称或者文件file对象。参见构造函数的参数input
y	可选。目标特征变量
返回值	一个形状shape为(n_samples, n_features)的稀疏矩阵。其中n_samples表示处理过的文档数，n_features为特征变量数
get_feature_names( )：获取特征变量名称索引与特征变量名称的列表。没有参数	
返回值	一个包含特征变量名称的列表，其中第一个元素对应着索引号为0的特征变量名称，第二个元素对应着索引号为1的特征变量名称，依次类推
get_params(deep=True)：获取转换器的各种参数	
deep	可选。布尔型变量，默认值为True。如果为True，表示不仅包含此转换器自身的参数值，还将返回包含的子对象（也是转换器）的参数值
返回值	字典对象。包含以参数名称为键值的键值对
get_stop_words( )：获取停用词列表。没有参数	
返回值	一个包含停用词的列表
inverse_transform(X)：返回每个文档中非零元素对应的标记（词语）	
X	必选。一个类数组对象或稀疏矩阵，其形状shape为(n_samples, n_features)。其中n_samples表示处理过的文档数，n_features为特征变量数
返回值	一个数组列表，其形状为(n_samples)
set_params(**params)：设置转换器的各种参数	
params	字典对象，包含了需要设置的各种参数
返回值	转换器自身
transform(raw_documents)：把一个字符序列的文档转换为标记（词语）的tf-idf向量化矩阵	
raw_documents	必选。一个可迭代对象，可以是一个待转换的字符串str对象、文件名称或者文件file对象。参见构造函数的参数input
返回值	一个形状shape为(n_samples, n_features)的稀疏矩阵，是一个包含了tf-idf权重的文档向量化矩阵。其中n_samples表示处理过的文档数，n_features为特征变量数

可以看出，tf-idf文档向量化转换器TfidfVectorizer与文档词频向量化转换器CountVectorizer的大多数参数相同，并且方法也相同。由于它们与转换器TfidfTransformer有密切关系，所以我们将在下面讲解转换器TfidfTransformer时给出例子说明。

（2）tf-idf转换器TfidfTransformer

tf-idf转换器TfidfTransformer可以把一个文档词频向量化的结果转换为一个tf-idf向量化的结果。由于这是一个标准的转换器，所以它的方法和一般转换器类似，也实现了fit( )、fit_transform( )等方法。表5-8详细说明了这个转换器的构造函数及其属性和方法。

表5-8　tf-idf转换器TfidfTransformer

sklearn.feature_extraction.text.TfidfTransformer：从文档词频向量化表达方式转换为tf-idf向量化表达方式的转换器	
TfidfTransformer(*, norm='l2', use_idf=True, smooth_idf=True, sublinear_tf=False)	
norm	可选。一个字符串值，表示矩阵每行（表示一个文档）向量的归一化方法，可选"l1"、"l2"。默认值为"l2"。 注：关于归一化方法的内容请参见4.2.3
use_idf	可选。一个布尔变量值，表示是否使用逆文档频率idf重新加权化文档向量。默认值为True
smooth_idf	可选。一个布尔变量值，表示是否对idf进行平滑处理，即加1处理。这是未来防止零除情形的出现。默认值为True
sublinear_tf	可选。一个布尔变量值，表示是否对tf进行亚线性缩放，例如使用1+log(tf)代替tf。默认值为False 注：亚线性是指特征变量的幂指数小于1，大于0
TfidfTransformer的属性	
idf_	一个形状shape为(n_features)数组对象，包含逆文档频率idf。这个属性只有在参数use_idf设置为True时才有效
TfidfTransformer的方法	
fit(X,y=None)：基于输入数据集X计算并获得idf向量，这是标记（词语）的全局性权重	
X	必选。一个稀疏矩阵对象，其形状shape为(n_samples,n_features)，表示词频数据矩阵，其中n_samples为样本数量，n_features为特征变量数量
y	可选。表示目标特征变量
返回值	训练后的转换器
fit_transform(X, y=None, **fit_params)：训练并转换数据集	
X	必选。类数组对象或稀疏矩阵类型对象，其形状shape为(n_samples,n_features)，表示表示词频数据矩阵，其中n_samples为样本数量，n_features为特征变量数量
y	可选。目标特征变量
fit_params	词典类型的对象，包含其他额外的参数信息
返回值	转换后的NumPy数组
get_params(deep=True)：获取转换器的各种参数	
deep	可选。布尔型变量，默认值为True。如果为True，表示不仅包含此转换器自身的参数值，还将返回包含的子对象（也是转换器）的参数值
返回值	字典对象。包含以参数名称为键值的键值对

续表

set_params(**params)：设置转换器的各种参数	
params	字典对象，包含了需要设置的各种参数
返回值	转换器自身

transform(X)：根据调用fit( )方法获得的信息，把一个文档的词频矩阵表达方式转换为tf-idf表示的文档向量	
X	必选。一个稀疏矩阵对象，其形状shape为(n_samples,n_features)，表示词频数据矩阵，其中n_samples为样本数量，n_features为特征变量数量
返回值	转换后的NumPy数组

可以看出，tf-idf转换器TfidfTransformer的方法与一般的转换器一样，使用上也简洁明了。实际上，转换器TfidfVectorizer是转换器CountVectorizer和TfidfTransformer的综合，只需通过一个步骤就可以把一个语料库转换为tf-idf向量化矩阵。在下面的例子中，使用了jieba和zhon两个Python扩展包，其中jieba是进行中文分词的（https://pypi.org/project/jieba/），而扩展包zhon则提供了中文标点符号、汉语拼音等功能（https://zhon.readthedocs.io/en/latest/）。示例代码如下：

```
1.
2.  import jieba
3.  from zhon.hanzi import punctuation
4.  import numpy as np
5.  from sklearn.feature_extraction.text import TfidfVectorizer
6.  from sklearn.feature_extraction.text import CountVectorizer
7.  from sklearn.feature_extraction.text import TfidfTransformer
8.
9.  raw_corpus = [
10.     '你是一树一树的花开，',
11.     '是燕在梁间呢喃，',
12.     '你是爱，是暖，是希望，',
13.     '你是人间的四月天！',
14. ]
15.
16. #1. 先对中文进行分词，并过滤掉标点符号
17. ### corpus_raw中每个元素看作是一个文档document
18. corpus = list()
19. iDoc = 0
20. for doc in raw_corpus:
21.     doc_raw_words = jieba.cut(doc)
22.
23.     iWord = 0
```

```
24.     doc_words = str()
25.     for word in doc_raw_words:
26.         ## 过滤掉标点符号
27.         if( word not in punctuation ):
28.             doc_words = doc_words + word + " "
29.             iWord = iWord + 1
30.     # end of for word
31.
32.     doc_words = doc_words.rstrip() # 去除最后面的空格
33.     corpus.insert(iDoc, doc_words)
34.     iDoc = iDoc + 1
35. #end of doc
36.
37. #2. 进行向量化处理...
38. print("转换前数据:")
39. print(corpus)
40. print("*"*30, "\n")
41.
42. print("1. TfidfVectorizer的处理结果")
43. ## 默认token_pattern会把单个汉字过滤掉，所以修改一下，并设置停用词集合
44. tfVector = TfidfVectorizer(token_pattern=r"(?u)\b\w+\b", stop_words=['
在', '的'])
45. X = tfVector.fit_transform(corpus)
46. print("属性vocabulary_: ", tfVector.vocabulary_)
47. print()
48. print(X.toarray())
49. print("\n", "-"*30, "\n")
50.
51. print("2. CountVectorizer->TfidfTransformer的联合使用")
52. print("2.1 CountVectorizer的处理结果")
53. ## 默认token_pattern会把单个汉字过滤掉，所以修改一下，并设置停用词集合
54. cntVector = CountVectorizer(token_pattern=r"(?u)\b\w+\b", stop_words=['
在', '的'])
55. X0 = cntVector.fit_transform(corpus)
56. print("属性vocabulary_: ", cntVector.vocabulary_)
57. print()
58. print(X0.toarray())
59.
60. print("2.2 TfidfTransformer的处理结果")
61. tfTransformer = TfidfTransformer()
62. X1 = tfTransformer.fit_transform(X0)
63. print(X1.toarray())
64.
```

运行后，输出结果如下（在Python自带的IDLE环境下）：

```
1.  转换前数据:
2.  ['你 是 一树 一树 的 花开', '是 燕 在 梁间 呢喃', '你 是 爱 是 暖 是 希望', '
    你 是 人间 的 四月 天']
3.  ****************************
4.
5.  1. TfidfVectorizer的处理结果
6.  属性vocabulary_:  {'你': 2, '是': 7, '一树': 0, '花开': 12, '燕': 10, '梁
    间': 9, '呢喃': 3, '爱': 11, '暖': 8, '希望': 6, '人间': 1, '四月': 4, '天': 5}
7.
8.  [[0.83920139 0.          0.26782569 0.          0.          0.
9.    0.          0.21896505 0.          0.          0.          0.
10.   0.41960069]
11.  [0.          0.          0.          0.55280532 0.          0.
12.   0.          0.28847675 0.          0.55280532 0.55280532 0.
13.   0.          ]
14.  [0.          0.          0.26371272 0.          0.          0.
15.   0.41315693 0.64680728 0.41315693 0.          0.          0.41315693
16.   0.          ]
17.  [0.          0.52130524 0.33274238 0.          0.52130524 0.52130524
18.   0.          0.2720387  0.          0.          0.          0.
19.   0.          ]]
20.
21.  ------------------------------
22.
23.  2. CountVectorizer->TfidfTransformer的联合使用
24.  2.1 CountVectorizer的处理结果
25.  属性vocabulary_:  {'你': 2, '是': 7, '一树': 0, '花开': 12, '燕': 10, '梁
    间': 9, '呢喃': 3, '爱': 11, '暖': 8, '希望': 6, '人间': 1, '四月': 4, '天': 5}
26.
27.  [[2 0 1 0 0 0 0 1 0 0 0 0 1]
28.   [0 0 0 1 0 0 0 1 0 1 1 0 0]
29.   [0 0 1 0 0 0 1 3 1 0 0 1 0]
30.   [0 1 1 0 1 1 0 1 0 0 0 0 0]]
31.  2.2 TfidfTransformer的处理结果
32.  [[0.83920139 0.          0.26782569 0.          0.          0.
```

```
33.   0.          0.21896505 0.          0.          0.          0.
34.   0.41960069]
35.  [0.          0.          0.          0.55280532 0.          0.
36.   0.          0.28847675 0.          0.55280532 0.55280532 0.
37.   0.          ]
38.  [0.          0.          0.26371272 0.          0.          0.
39.   0.41315693 0.64680728 0.41315693 0.          0.          0.41315693
40.   0.          ]
41.  [0.          0.52130524 0.33274238 0.          0.52130524 0.52130524
42.   0.          0.2720387  0.          0.          0.          0.
43.   0.          ]]
```

细心的读者从上面的结果可以看出，转换器 TfidfVectorizer 的向量化结果与 CountVectorizer 和 TfidfTransformer 一起使用的结果是完全一致的。

5.1.3.4 大语料库的向量化

本节前面讲述的文本数据向量化方法是简单有效的，不过它们在运算过程中，必须在内存中保留特征变量名称（对应着标记或词语）与整数特征索引的映射关系，这个关系由转换器的属性 vocabulary_ 保持。这个情况会导致在处理大规模语料库时会产生以下问题：

➤ 原始语料库越大，属性 vocabulary_ 会越大，相应地，对内存的需求也越大；

➤ 转换（训练）过程中会涉及中间数据结构的内存分配，而这个也与原始数据集的大小成正比；

➤ 构建特征变量名称（对应着标记或词语）与整数特征索引的映射关系需要浏览整个语料库，而这不适合在线（增量）学习的场景，例如在线文本分类等；

➤ 当对大容量属性 vocabulary_ 进行序列化和对属性 vocabulary_ 反序列化时，效率会非常低；

➤ 几乎不可能把向量化的工作分解为可并行运行的子模块。由于属性 vocabulary_ 的生成过程与每个标记的第一次出现有关，它需要被整个过程共享。

以上几个问题阻碍了前面讲述的文本数据向量化方法在大规模语料库处理、在线学习等场景下的应用。突破这些限制的一种方法是把特征哈希（哈希技巧）技术 FeatureHasher 和能够进行文本预处理及标记化功能的词频向量化转换器 CountVectorizer 相结合，充分发挥两者的优势，实现快速、高效的大规模语料库的处理。在 Scikit-learn 中，哈希特征向量化转换器 HashingVectorizer 实现了这个功能，由于它结合了 FeatureHasher 和 CountVectorizer 的功能，所以转换器 HashingVectorizer 的很多参数和功能与两者非常接近。表 5-9 详细说明了这个哈希特征向量化转换器的构造函数及其属性和方法。

表5-9　哈希特征向量化转换器HashingVectorizer

sklearn.feature_extraction.text.HashingVectorizer：哈希特征向量化转换器	
HashingVectorizer(*, input='content', encoding='utf-8', decode_error='strict', strip_accents=None, lowercase=True, preprocessor=None, tokenizer=None, stop_words=None, token_pattern='(?u)\b\w\w+\b', ngram_range=(1, 1), analyzer='word', n_features=1048576, binary=False, norm='l2', alternate_sign=True, dtype=<class 'numpy.float64'>)	
input	可选。一个字符串，可以是"filename"、"file"、"content"。它们的含义如下： ➤ "filename"：表示传递给fit_transform ( )或者transform( )函数的是一个文件名称列表，这些文件包含了需要分析的原始内容； ➤ "file"：一个类文件file对象，此对象必须有一个函数read( )，用于从对象中获取需要分析的内容； ➤ "content"：表示转换的输入将是一个字符串或字节类型的序列（调用fit_transform ( )或者transform( )函数时）。这是默认值
encoding	可选。一个指定字符编码的字符串，常见编码方式有ASCII、Latin-1（西欧）、KOI8-R（俄语）以及通用编码utf-8和utf-16等等。 当参数input是一个文件file对象时，指定将文件内容（字节）转换为Unicode字符时所使用的编码方式。默认值为utf-8
decode_error	可选。一个字符串，指定在从字节向字符转变过程中，存在参数encoding中没有的字符（非法字符）时的处理方式。取值范围及含义如下： ➤ "strict"：如果存在非法字符，将引发UnicodeDecodeError错误。这是默认值。 ➤ "ignore"：忽略非法字符。 ➤ "replace"：使用"?"替换非法字符。 这个参数类似于Python字符串str类的方法encode( )中的参数errors
strip_accents	可选。表示在预处理步骤中去除重音符号的方式。可以取以下值： ➤ "ascii"：适用于只包含ascii的文本内容，性能好。 ➤ "unicode"：适用于任何文本内容，性能稍差。 ➤ None值：不做任何处理。这是默认值
lowercase	可选。一个布尔值，表示在标记化（分词）之前是否需要把所有文本内容转换为小写。默认值为True
preprocessor	可选。一个可调用对象（函数），用以覆盖默认的字符串预处理操作的预处理器。默认值为None。 注：这个参数只有在参数analyzer没有设置为一个可调用对象（函数）时才有效
tokenizer	可选。一个可调用对象（函数），用以覆盖默认的文本标记化（分词）处理过程的标记器。默认值为None。 注：这个参数只有在参数analyzer没有设置为"word"时才有效
stop_words	可选。可以为字符串"english"、一个列表对象或None，用以表示停用词。其含义如下： ➤ "english"：表示使用内建的英语停用词列表； ➤列表对象：使用一个列表包含所有需要过滤掉的停用词。只有在参数analyzer没有设置为"word"时才有效； ➤ None：不过滤任何停用词。 注：① 这个参数设置不会影响到max_df等参数的作用。 ② 停用词是指从标记结果（分词）中过滤掉被认为对表达文本没有信息帮助的词语

续表

token_pattern	可选。一个正则表达式形式的字符串，表示标记化过程中组成标记（分词）的组成方式。只有在参数analyzer没有设置为"word"时才有效。 默认值为"(?u)\b\w\w+\b"，表示标记将有两个或多个字母数字组成，标点符号被认为是标记的分隔符，不被当做标记使用
ngram_range	可选。一个元组tuple对象(min_n, max_n)，表示标记化（分词）的结果将包含最少min_n个字符，最多max_n个字符的标记（词语）。例如，ngram_range=(1,2)，意味着结果可以包含1个字符、2个字符的分词；而ngram_range=(2,2)，意味着将只包含2个字符的结果。默认值为(1,1)。 注：这个参数只有在参数analyzer没有设置为一个可调用对象（函数）时才有效
analyzer	可选。指定标记（词语）的组成方式或者一个可调用对象（函数）。可以取以下值： ➤ "word"：标记（词语）由单词组成。这是默认值； ➤ "char"：标记（词语）由N个字符组成。N由参数ngram_range决定； ➤ "char_wb"：标记（词语）从单词边界内的文本创建； ➤ 可调用对象（函数）：自定义处理函数
n_features	可选。一个介于0.0～1.0的浮点数值，或者一个整型数，表示在构建内部字典（见参数vocabulary）时，用于删除过于频繁的标记（词语），这些词语是停用词的一部分。 如果是一个浮点数，其值必须是一个[0.0, 1.0]内的值。例如，如果设置为0.6，表示将忽略出现在60%以上文档中的词语； 如果是一个整型数，则表示一个文档个数。例如，如果设置为60，则表示将忽略超过60个文档中出现的词语。 默认值为浮点数1.0，则表示将忽略出现在100%以上文档中的术语，也就是不会忽略任何词语。默认值为整数1048576。 注：如果参数vocabulary不为None，则此参数将被忽略
binary	可选。一个布尔值，表示向量化的结果矩阵中元素的值是否只包含0或1。如果设置为True，表示所有非零词语计数对应的元素值将设置为1，否则为0。这种情况适用于某些离散概率模型。默认值False
norm	可选。一个字符串，表示归一化时使用的范数类型，可以取"l1"、"l2"、"max"之一，分别表示L1范数、L2范数和max范数。默认值为"l2"
alternate_sign	可选。一个布尔变量值，表示是否对哈希特征值的符号进行翻转，一般适用于n_features较小的情况（n_features < 10000）。默认值为True
dtype	可选。一个数据类型，表示向量化的结果矩阵中元素的数据类型（调用fit_transform()或transform()）。默认值为numpy.int64

注：Hashing Vectorizer没有属性

HashingVectorizer的方法

build_analyzer()：返回一个能够进行文本预处理、标记化和分词的可调用对象。没有参数

返回值	一个可调用对象

build_preprocessor()：返回一个在对文本标记化之前能够进行文本预处理的可调用对象。没有参数

返回值	一个可调用对象

build_tokenizer( )：返回一个能够对文本进行分词，生成标记（词语）的可调用对象。没有参数	
返回值	一个可调用对象
decode(doc)：把输入文本的编码集转换成UNICODE编码集。编码策略取决于构造函数的参数设置	
doc	必选。一个字符串对象，表示待编码的文本
返回值	一个编码为UNICODE的文本对象
fit(X,y=None)：直接返回，不做任何运算。本转换器是无状态转换器	
X	必选。一个NumPy数组对象
y	可选。表示目标特征变量
返回值	训练后的转换器
fit_transform(X, y=None)：把一个文档序列转换为文档-词语的矩阵，元素值为哈希值	
X	必选。一个可迭代对象，可以是一个待转换的字符串str对象、文件名称或者文件file对象。参见构造函数的参数input
y	可选。目标特征变量
返回值	一个形状shape为(n_samples, n_features)的稀疏矩阵。其中n_samples表示处理过的文档数，n_features为特征变量数
get_params(deep=True)：获取转换器的各种参数	
deep	可选。布尔型变量，默认值为True。如果为True，表示不仅包含此转换器自身的参数值，还将返回包含的子对象也是转换器的参数值
返回值	字典对象。包含以参数名称为键值的键值对
get_stop_words( )：获取停用词列表。没有参数	
返回值	一个包含停用词的列表
partial_fit(X, y=None)：不做任何运算。之所以保留此函数，仅仅是为了表明转换器支持流数据处理	
X	必选。一个NumPy数组，表示训练数据
返回值	转换器本身
set_params(**params)：设置转换器的各种参数	
params	字典对象，包含了需要设置的各种参数
返回值	转换器自身
transform(X)：把一个字符序列的文档转换为标记（词语）的计数矩阵	
X	必选。一个可迭代对象，可以是一个待转换的字符串str对象、文件名称或者文件file对象。参见构造函数的参数input
返回值	一个形状shape为(n_samples, n_features)的稀疏矩阵，是一个包含了词频权重的文档向量化矩阵。其中n_samples表示处理过的文档数，n_features为特征变量数

　　这个转换器的参数众多，但是使用上还是比较简洁明了，下面我们以示例形式说明其主要方法的使用。为了对比方便，同时也给出了词频向量化转换器CountVectorizer的结果。

```
1.
2.  import jieba
3.  from zhon.hanzi import punctuation
4.  import numpy as np
5.  from sklearn.feature_extraction.text import HashingVectorizer
6.  from sklearn.feature_extraction.text import CountVectorizer
7.
8.  raw_corpus = [
9.      '你是一树一树的花开，',
10.     '是燕在梁间呢喃，',
11.     '你是爱，是暖，是希望，',
12.     '你是人间的四月天！',
13. ]
14.
15. #1. 先对中文进行分词，并过滤掉标点符号
16. ### corpus_raw中每个元素看作是一个文档document
17. corpus = list()
18. iDoc = 0
19. for doc in raw_corpus:
20.     doc_raw_words = jieba.cut(doc)
21.
22.     iWord = 0
23.     doc_words = str()
24.     for word in doc_raw_words:
25.         ## 过滤掉标点符号
26.         if( word not in punctuation ):
27.             doc_words = doc_words + word + " "
28.             iWord = iWord + 1
29.     # end of for word
30.
31.     doc_words = doc_words.rstrip() # 去除最后面的空格
32.     corpus.insert(iDoc, doc_words)
33.     iDoc = iDoc + 1
34. #end of for doc
35.
```

```
36. #2. 进行向量化处理...
37. print("转换前数据:")
38. print(corpus)
39. print("*"*30, "\n")
40.
41. print("1. HashingVectorizer的结果(16个特征变量): ")
42. #3 默认token_pattern会把单个汉字过滤掉，所以修改一下，并设置停用词集合
43. hshVector = HashingVectorizer(n_features=2**4, token_pattern=r"(?u)\b\
w+\b", stop_words=['在', '的'])
44. X1 = hshVector.fit_transform(corpus)
45. print(X1.toarray())
46.
47. print("\n", "-"*30, "\n")
48.
49. print("2. CountVectorizer的结果: ")
50. #3 默认token_pattern会把单个汉字过滤掉，所以修改一下，并设置停用词集合
51. cntVector = CountVectorizer(token_pattern=r"(?u)\b\w+\b", stop_words=['
在', '的'])
52. X2 = cntVector.fit_transform(corpus)
53. print("属性vocabulary_: ", cntVector.vocabulary_)
54. print(X2.toarray())
55.
```

运行后，输出结果如下（在Python自带的IDLE环境下）：

```
1. 转换前数据:
2. ['你 是 一树 一树 的 花开', '是 燕 在 梁间 呢喃', '你 是 爱 是 暖 是 希望', '
你 是 人间 的 四月 天']
3. ******************************
4.
5. 1. HashingVectorizer的结果(16个特征变量):
6. [[ 0.          0.37796447  0.          0.          0.          0.
7.   -0.37796447  0.          0.75592895  0.          0.         -0.37796447
8.    0.          0.          0.          0.        ]
9.  [ 0.          0.          0.          0.         -0.40824829  0.
10.   -0.40824829  0.          0.          0.          0.         -0.81649658
11.    0.          0.          0.          0.        ]
12.  [ 0.          0.          0.         -0.25819889  0.          0.25819889
13.   -0.51639778  0.          0.          0.          0.         -0.77459667
14.    0.          0.          0.          0.        ]
```

```
15.  [ 0.          0.          0.          0.          0.          0.
16.   -0.57735027  0.57735027  0.          0.          0.         -0.57735027
17.    0.          0.          0.          0.          ]]
18.
19.  ----------------------------
20.
21. 2. CountVectorizer的结果:
22. 属性vocabulary_: {'你': 2, '是': 7, '一树': 0, '花开': 12, '燕': 10, '梁
     间': 9, '呢喃': 3, '爱': 11, '暖': 8, '希望': 6, '人间': 1, '四月': 4, '天': 5}
23. [[2 0 1 0 0 0 0 1 0 0 0 0 1]
24.  [0 0 0 1 0 0 0 1 0 1 1 0 0]
25.  [0 0 1 0 0 0 1 3 1 0 0 1 0]
26.  [0 1 1 0 1 1 0 1 0 0 0 0 0]]
```

哈希向量化转换器 HashingVectorizer 有两个缺点：

① 由于哈希函数的单向性，哈希向量化是无法进行逆向量化转换的，即没有 inverse_transform( ) 方法，或者说不可能从哈希后的特征变量获得原始的文本字符串；

② 由于哈希向量化转换是无状态的，所以也无法提供逆文档频率 idf 的权重值。不过，可以在哈希向量化的结果上使用 TfidfTransformer 间接获取。

5.1.4 图像特征抽取

图像是由像素（Pixel）组成的，像素是图像的基本元素，是最小的图像单元。在一个图像中，每个像素具有行、列位置坐标，所以图像可以使用像素矩阵来表示，通常称为位图或点阵图。每个像素都具有整数灰度值（代表亮度）或颜色值，相应地对应着灰度图像（黑白图像）和彩色图像。

在黑白图像中，灰度是表明图像明暗（亮度）的数值，即黑白图像中点的颜色深度，范围一般从 0 到 255，其中白色为 255，黑色为 0，灰度值越大表示越亮。所以黑白图片也称灰度图像。

在彩色图像中，一个像素点的颜色由 RGB 三个值来表示，所以像素点矩阵对应三个颜色向量矩阵，分别是 R 矩阵(红色)，G 矩阵(绿色)，B 矩阵(蓝色)，也称为三通道。

图像碎片（patch）是由一定尺寸（高×宽）的像素组成的图像片段。在 Scikit-learn 中，实现从一个图像中随机抽取图像碎片功能的方法包括碎片抽取函数 sklearn.feature_extraction.image.extract_patches_2d 和碎片抽取转换器 PatchExtractor。

（1）图像碎片抽取函数 extract_patches_2d

在 Scikit-learn 中，图像碎片抽取函数 extract_patches_2d ( ) 提供了一种在单个图像数据上快速执行碎片抽取的方法。表 5-10 详细说明了这个函数。

表5-10 图像碎片抽取函数extract_patches_2d

sklearn.feature_extraction.image.extract_patches_2d：从一个2D图像随机抽取指定尺寸的碎片（图像片段）样本集	
extract_patches_2d(image, patch_size, *, max_patches=None, random_state=None)	
image	必选。一个NumPy数组，表示原始图像数据，其形状shape为(image_height, image_width) 或者 (image_height, image_width, n_channels)。其中image_height表示图形的高度，image_width表示图形的宽度，n_channels表示颜色通道（仅限彩色图像，一个RGB彩色图像n_channels=3）
patch_size	必选。一个有两个元素为整型数的元组对象，即(patch_height, patch_width)，表示抽取碎片的高度和宽度
max_patches	可选。一个整型数、浮点数或者None。表示可抽取的最大碎片数目。 当为浮点数时，为0～1之间的小数，表示需抽取的碎片数为整个图形可抽取碎片数的比例； 当为整型数时，表示需抽取的碎片数目； 当为None时，表示不设置最大碎片数目，由函数自行计算设定。这是默认值
random_state	可选。可以是一个整型数（随机数种子）、一个numpy.random.RandomState对象，或者为None。表示当max_patches不为None时，确定随机采样时随机数生成器的行为。 ◇如果是一个整型常数值，表示在进行采样时，每次返回的都是一个固定的序列值。这在需要重复返回采样序列（如测试）的情形下非常有用。 ◇如果是一个numpy.random.RandomState对象，则表示每次均为随机采样。 ◇如果设置为None，表示由系统随机设置随机数种子，每次也会返回不同的样本序列。这是默认值
返回值	一个NumPy数组对象，代表从图像中抽取的碎片集合，其形状shape为(n_patches, patch_height, patch_width)或者(n_patches, patch_height, patch_width, n_channels)（彩色图像）。这里n_patches或者等于参数max_patches，或者为全部可抽取的碎片数目

这个转换方法的使用简洁明了，下面我们以示例形式说明上面方法的使用。下面的例子中，首先生成了一个3个颜色通道的RGB彩色图像，像素点阵为4×4，请看示例代码：

```
1.
2.  import numpy as np
3.  from sklearn.feature_extraction import image
4.
5.  #1 模拟生成一个RGB图像
6.  one_image = np.arange(4 * 4 * 3).reshape((4, 4, 3))
7.  print("初始图像尺寸：4X4，RGB彩色图像。")
8.  print("-"*30, "\n")
9.  print("返回结果的形状shape的格式为：")
10. print("(n_patches, patch_height, patch_width, n_channels)。")
11. print()
12.
```

```
13. #2 抽取尺寸为(2,2),最大个数max_patches=2 的图像碎片
14. patches = image.extract_patches_2d(one_image, (2, 2), max_
patches=2, random_state=0)
15. print("1。抽取碎片尺寸2X2，最多返回2个图像碎片。结果shape为：")
16. print(patches.shape)
17. print()
18.
19. #3 抽取尺寸为(2,2),不限个数的图像碎片，即返回所有可能的图像碎片
20. patches = image.extract_patches_2d(one_image, (2, 2))
21. print("2。抽取碎片尺寸2X2，返回所有可能的图像碎片。结果shape为：")
22. print(patches.shape)
23.
```

运行后，输出结果如下（在Python自带的IDLE环境下）：

```
1.  初始图像尺寸：4×4，RGB彩色图像。
2.  -----------------------------
3.
4.  返回结果的形状shape的格式为:
5.  (n_patches, patch_height, patch_width, n_channels)。
6.
7.  1。抽取碎片尺寸2×2，最多返回2个图像碎片。结果shape为:
8.  (2, 2, 2, 3)
9.
10. 2。抽取碎片尺寸2×2，返回所有可能的图像碎片。结果shape为:
11. (9, 2, 2, 3)
```

读者请注意输出结果形状，也就是第8行、第11行。其中第一次设置了最多输出2个碎片，第二次没有限制，最后输出了9个碎片，实际上，这是在初始图像（尺寸4×4）中抽取2×2尺寸碎片的最大值。可以推断出函数extract_patches_2d抽取碎片是按照步长1个像素逐步抽取的。

（2）图像碎片抽取转换器PatchExtractor

在Scikit-learn中，除了图像碎片抽取函数extract_patches_2d( )外，还提供了一个更灵活的图像碎片抽取转换器sklearn.feature_extraction.image.PatchExtractor。与extract_patches_2d( )不同的是，转换器PatchExtractor可以一次从多个图像中抽取碎片图像，它也实现了转换器常用的fit( )、transform( )等方法。表5-11详细说明了这个转换器的构造函数及其属性和方法。

表5-11 图像碎片抽取转换器PatchExtractor

sklearn.feature_extraction.image.PatchExtractor：图像碎片抽取转换器	
PatchExtractor(*, patch_size=None, max_patches=None, random_state=None)	
patch_size	必选。一个由两个整型数组成的元组对象，即(patch_height, patch_width)，表示抽取碎片的高度和宽度
max_patches	可选。一个整型数、浮点数或者None。表示可抽取的最大碎片数目。 当为浮点数时，为0~1之间的小数，表示需抽取的碎片数为整个图形可抽取碎片数的比例； 当为整型数时，表示需抽取的碎片数目； 当为None时，表示不设置最大碎片数目，由函数自行计算设定。这是默认值
random_state	可选。可以是一个整型数（随机数种子）、一个numpy.random.RandomState对象，或者为None。表示当max_patches不为None时，确定随机采样时随机数生成器的行为。 ◆如果是一个整型常数值，表示在进行采样时，每次返回的都是一个固定的序列值。这在需要重复返回采样序列（如测试）的情形下，非常有用。 ◆如果是一个numpy.random.RandomState对象，则表示每次均为随机采样。 ◆如果设置为None，表示由系统随机设置随机数种子，每次也会返回不同的样本序列。这是默认值
注：PatchExtractor的属性：没有属性	
PatchExtractor的方法	
fit(X,y=None)：直接返回，不做任何运算。本转换器是无状态转换器	
X	必选。NumPy数组对象，其形状shape为(n_samples,n_features)，表示输入图像的数据集，其中n_samples为样本数量，n_features为特征变量数量
y	忽略，仅仅是个占位符
返回值	训练后的转换器
get_params(deep=True)：获取转换器的各种参数	
deep	可选。布尔型变量，默认值为True。如果为True，表示不仅包含此转换器自身的参数值，还将返回包含的子对象（也是转换器）的参数值
返回值	字典对象。包含以参数名称为键值的键值对
set_params(**params)：设置转换器的各种参数	
params	字典对象，包含了需要设置的各种参数
返回值	转换器自身
transform(X)：从图像X中抽取碎片，并转换为碎片矩阵	
X	必选。代表图像数据的NumPy数组对象，其形状shape为(n_samples, image_height, image_width)或者(n_samples, image_height, image_width, n_channels)。一个RGB彩色图像的n_channels=3
返回值	一个NumPy数组对象，代表从图像中抽取的碎片集合，其形状shape为(n_patches, patch_height, patch_width)或者(n_patches, patch_height, patch_width, n_channels)（彩色图像）。这里n_patches或者等于参数n_samples × max_patches，或者为全部可抽取的碎片数目

这个转换器的使用简洁明了，下面我们以示例形式说明上面主要方法的使用，这个例子首先创建了 5 个图像，然后进行尺寸为 2×2 的碎片抽取。

```
1.
2.  import numpy as np
3.  from sklearn.feature_extraction import image
4.
5.  #1 模拟生成5个RGB图像
6.  five_images = np.arange(5 * 4 * 4 * 3).reshape(5, 4, 4, 3)
7.  print("初始图像尺寸：5个尺寸4×4，RGB彩色图像。")
8.  print("-"*30, "\n")
9.  print("返回结果的形状shape的格式为：")
10. print("(n_patches, patch_height, patch_width, n_channels)。")
11. print()
12.
13. #2 构建PatchExtractor对象
14. pe = image.PatchExtractor(patch_size=(2, 2))
15.
16. #3 抽取尺寸为(2,2),不限个数的图像碎片，即返回所有可能的图像碎片
17. patches = pe.transform(five_images)
18. print("1。抽取尺寸2×2的碎片。结果shape为：")
19. print(patches.shape)
20.
```

运行后，输出结果如下（在 Python 自带的 IDLE 环境下）：

```
1.  初始图像尺寸：5个尺寸4×4，RGB彩色图像。
2.  ------------------------------
3.
4.  返回结果的形状shape的格式为：
5.  (n_patches, patch_height, patch_width, n_channels)。
6.
7.  1。抽取尺寸2×2的碎片。结果shape为：
8.  (45, 2, 2, 3)
```

5.2 特征降维

特征降维是数据预处理阶段非常实用的步骤，不仅能够提高效率，也能够减少模型的规模。通常用在下面几个应用场景。

● 高维数据的分析和挖掘。在数据量不增加的情况下，并不是特征变量数（维度）越多越好。在超过一定值后，模型准确分类的效果反而下降，这就是所谓的"高维诅咒"。对于最近邻搜索和无参数聚类算法来说，这种问题尤其突出。

● 数据可视化。对于特征变量个数大于3的数据集来说，不可能以图形的形式同时展现所有维度。通过降维，则有可能在二维、三维空间中表示初始数据集。

● 大数据集的存储和交换。通过降维手段，可以在不丢弃任何数据样本的情况下大大减少数据集的大小。

Scikit-learn提供了多种降维的方法，本节将重点介绍常用的主成分分析PCA、特征聚合和随机投影三种有效的降维方法，它们都属于非监督降维的范畴。

5.2.1　主成分分析

主成分分析PCA（principal component analysis）是通过向量的线性变换，把原始的p个特征变量（具有相关性）x_i标准化后，进行线性组合，转换成新的一组互不相关的特征变量y_i，即：

$$\begin{cases} y_1 = \mu_{11}x_1 + \mu_{12}x_2 + \mu_{13}x_3 + \cdots + \mu_{1p}x_p \\ y_2 = \mu_{21}x_1 + \mu_{22}x_2 + \mu_{23}x_3 + \cdots + \mu_{2p}x_p \\ y_3 = \mu_{31}x_1 + \mu_{32}x_2 + \mu_{33}x_3 + \cdots + \mu_{3p}x_p \\ \cdots \quad \cdots \quad \cdots \\ y_p = \mu_{p1}x_1 + \mu_{p2}x_2 + \mu_{p3}x_3 + \cdots + \mu_{pp}x_p \end{cases}$$

其中，$\mu^2_{i1} + \mu^2_{i2} + \mu^2_{i3} + \cdots + \mu^2_{ip} = 1(i = 1, 2, 3, \cdots\cdots, p)$。所以，主成分分析的主要工作是求解系数$\mu_{ij}$。求解原则如下：

① y_i与y_j相互独立$(i \neq j；i = 1, 2, 3, \cdots\cdots, p)$；

② y_1是满足上述方程组的所有x_1、x_2、x_3、$\cdots\cdots$、x_p线性组合中方差最大的组合特征变量；y_2是与y_1不相关的，且满足上述方程组的所有x_1、x_2、x_3、$\cdots\cdots$、x_p线性组合中方差最大的组合特征变量；y_3是与y_1、y_2不相关的，且满足上述方程组的所有x_1、x_2、x_3、$\cdots\cdots$、x_p线性组合中方差最大的组合特征变量$\cdots\cdots$

按照上述原则确定的特征变量y_1、y_2、y_3、$\cdots\cdots$、y_p依次称为原始特征变量x_1、x_2、x_3、$\cdots\cdots$、x_p的第1、2、3、$\cdots\cdots$、p个主成分（principal component）。其中，y_1在总方差中所占比例最大，也就是它代表原始特征变量信息的能力最强，其余主成分y_2、y_3、$\cdots\cdots$、y_p在总方差中所占比例依次递减。在实际操作中，一般只选取前几个主成分，例如方差贡献率超过85%的前k（$k < p$）个主成分，所以主成分分析是在基本保持原始数据信息的情况下的一种降维方法。

Scikit-learn中，主成分分析PCA是通过转换器sklearn.decomposition.PCA实现的，这个转换器使用奇异值分解SVD（Singular Value Decomposition）求解主成分，进入SVD算法的数据集，每个特征变量无须标准化缩放，但是需要居中（例如均值为0）。奇异值分解SVD可以在不求解协方差矩阵的情况下得到奇异矩阵，获得主成分。这对数据集很大的情况下非常有效。根据输入数据的形状和要提取主成分的数量，奇异值分解SVD可以使用以下三种方法实现：

① LAPACK实现的完全SVD（full SVD）。LAPACK (Linear Algebra PACKage) 是以Fortran语言编写的用于数值计算的函数库；

② 随机截断SVD（randomized truncated SVD）。这是由Halko等人于2009年提出的SVD实现方法；

③ 由scipy.sparse.linalg.svds实现的ARPACK方法（arpack），适合大型矩阵。

表5-12详细说明了这个转换器的构造函数及其属性和方法。

表5-12　主成分分析转换器PCA

sklearn.decomposition.PCA：主成分分析转换器	
PCA(n_components=None, *, copy=True, whiten=False, svd_solver='auto', tol=0.0, iterated_power='auto', random_state=None)	
n_components	可选。一个整型数、浮点数、None或一个字符串，表示需要保留的目标维数。 ◇如果n_components设置为"mle"，并且svd_solver设置为"full"，将使用Minka极大似然估计MLE（maximum likelihood estimation）估算目标维数。另外，此时svd_solver设置为"auto"就相当于"full"。 ◇如果svd_solver设置为"arpack"，n_components必须是一个小于min(n_samples, n_features)的整数值。其中n_samples为原始数据集的样本数量，n_features为原始数据集的特征变量数量（维度数）。 ◇如果n_components是满足0<n_components<1的浮点数，并且svd_solver设置为"full"，则选择方差贡献率超过n_components指定百分比的前k个成分。 默认值为None，表示保留所有可用的成分数（维度）。此时n_components 等于min(n_samples, n_features)−1
copy	可选。一个布尔值，表示调用fit( )的输入数据集是原始数据集的拷贝。如果设置为False，则调用fit( )后，再调用transform( )可能会得不到期望的结果。此时可直接调用fit_transform( )。默认值为True
whiten	可选。一个布尔值，表示是否需要对转换器属性components_进行白化处理。如果设置为True，则属性components_会先乘以n_samples（样本数量）的平方根，在除以转换矩阵的奇异值，从而确保具有单位分量方差，且互不相关的输出结果。白化处理可能会提高后续评估器（算法）的预测效果。默认值为False
svd_solver	可选。一个字符串值，表示奇异矩阵的实现方法。可取值"auto"、"full"、"arpack"、"randomized"。其含义如下： ◇"auto"：按照原始数据集X的形状和参数n_components的设置，由转换器自动设置。一般情况是，若原始数据集X大于500×500，且n_components小于X最小维度的80%，则会选择随机截断SVD方法；否则选择其他两种方法。 ◇"full"：使用完全奇异值分解SVD，这会调用scipy.linalg.svd函数。 ◇"arpack"：调用scipy.sparse.linalg.svds实现ARPACK的奇异值分解SVD。此时参数n_components必须满足条件：0 < n_components < min(X.shape)，X为原始数据集。 ◇"randomized"：实现随机截断SVD。 默认值为"auto"

续表

tol	可选。一个大于等于0的浮点数，表示当参数svd_solver设置为"arpack"时，计算矩阵奇异值时可以接收的误差。默认值为0.0
iterated_power	可选。一个大于等于0的整数或者字符串"auto"。表示当参数svd_solver设置为"randomized"时，计算的幂方法迭代次数。 默认值为"auto"，表示由转换器根据数据情况自动设置
random_state	可选。可以是一个整型数（随机数种子）或一个numpy.random.RandomState对象，或者为None。适用于svd_solver设置为"arpack"或"randomized"的情形，确定转换过程中使用随机采样时随机数生成器的行为。如果设置为常整数，可以复现每次的效果。默认值为None，表示由系统随机设置随机数种子

PCA的属性

components_	形状shape为(n_components, n_features)的数组，表示低维空间的主成分，也是训练数据中方差最大的方向。主成分按照explained_variance_倒排序
explained_variance_	形状shape为(n_components,)的数组，表示每个主成分的方差贡献。等于训练数据集的协方差矩阵的前n_components个最大特征值
explained_variance_ratio_	形状shape为(n_components,)的数组，表示每个主成分的方差贡献率。 在构造函数的n_components没有设置情况下，即保留了所有的主成分时，这些方差贡献率之和为1.0
singular_values_	形状shape为(n_components,)的数组，表示对应每个主成分的奇异值。每个奇异值等于降维后空间（低维空间）中n_components主成分向量的L2范数，即欧几里得范数
mean_	形状shape为(n_features,)的数组，表示每个特征变量的均值（从训练数据中计算获得），等于X.mean(axis=0)。X是训练数据集
n_components_	一个整数值，表示训练后确定的主成分数量。相关信息参见上面参数n_components的介绍
n_features_	一个整数，表示训练数据集中的特征变量数量
n_samples_	一个整数，表示训练数据集中的样本数量
noise_variance_	一个浮点数，代表按照PCA(Probabilistic PCA)模型计算的估计噪音协方差

PCA的方法

fit(X,y=None)：利用输入数据集X训练模型获得相关信息，以便transform( )方法使用

X	必选。形状shape为(n_samples, n_features)的输入数据集
y	忽略，仅仅是个占位符
返回值	训练后的转换器

fit_transform(X,y=None)：首先基于X进行训练，然后对X进行PCA降维转换

X	必选。形状shape为(n_samples, n_features)的输入数据集
y	可选。目标特征变量，默认值为None
返回值	降维后的新NumPy数组，形状shape为(n_samples, n_components)。 注：这个方法返回的是一个Fortran顺序的数组，要转换为C顺序的数组，可以应用函数numpy.ascontiguousarray

get_covariance( )：计算并返回训练数据集的协方差。没有参数	
返回值	形状shape为(n_features, n_features)协方差矩阵

get_params(deep=True)：获取转换器的各种参数	
deep	可选。布尔型变量，默认值为True。如果为True，表示不仅包含此转换器自身的参数值，还将返回包含的子对象（也是转换器）的参数值
返回值	字典对象。包含以参数名称为键值的键值对

get_precision( )：计算数据精度矩阵，实际上等于协方差矩阵的倒数，但在计算过程中使用了矩阵求反引理以提高效率。没有参数	
返回值	形状shape为(n_features, n_features)精度矩阵

inverse_transform(X)：通过逆操作，返回到原始数据集的空间形式	
X	必选。类数组对象，其形状shape为(n_samples, n_components)，表示降维后的数据集
返回值	形状shape为(n_samples, n_features)的NumPy数组

score(X, y=None)：计算并返回所有样本数据的平均对数似然率	
X	必选。形状shape为(n_samples, n_features)的输入数据集
y	可选。目标特征变量，默认值为None
返回值	一个浮点数，表示所有样本数据的平均对数似然率

score_samples(X)：计算并返回每个样本数据的对数似然率	
X	必选。形状shape为(n_samples, n_features)的输入数据集
返回值	一个浮点数数组，其形状shape为(n_samples,)，包含每个样本数据的对数似然率

set_params(**params)：设置转换器的各种参数	
Params	字典对象，包含了需要设置的各种参数
返回值	转换器自身

transform(X)：根据调用fit( )方法获得的信息，对数据集进行降维操作，获得主成分	
X	必选。类数组对象，其形状shape为(n_samples,n_features)，表示输入数据集，其中n_samples为样本数量，n_features为特征变量数量
返回值	降维后的新NumPy数组，形状shape为(n_samples, n_components)

这个转换器的使用简洁明了，下面我们以示例形式说明上面主要方法的使用。在本例中使用的数据文件为鸢尾花数据集iris.data，来源于https://archive.ics.uci.edu/ml/machine-learning-databases/iris/iris.data。

在这个数据集内包含3类鸢尾花，共150条记录，每类鸢尾花各50个样本数据，每个样本数据有四个特征变量和一个目标变量。其中四个特征变量分别是花萼长度（sepal length）、花萼宽度（sepal width）、花瓣长度（petal length）和花瓣宽度（petal width），目标变量是鸢尾花类别，共有三种，分别是Iris Setosa、Iris Versicolour和Iris Virginica。请看示例代码：

```
1.
2.  import numpy as np
3.  import pandas as pd
4.  from sklearn import datasets
5.  from sklearn.decomposition import PCA
6.
7.
8.  np.random.seed(5)
9.
10. #1 读取数据集iris.data
11. irisData = pd.read_csv("iris.data", sep=",", header=None)
12. irisLabels = irisData[4]
13. irisFeatures = irisData.drop([4],1)
14. print("原始数据集的维度: ", irisFeatures.shape)
15. print()
16.
17. pca = PCA(n_components=3)
18. pca.fit(irisFeatures)
19. X = pca.transform(irisFeatures)
20.
21. print("PCA分析后数据集的维度: ", X.shape)
22. print("属性components_: ")
23. print(pca.components_)
24. print()
25.
26. print("属性explained_variance_: ")
27. print(pca.explained_variance_)
28. print()
29.
```

运行后，输出结果如下（在 Python 自带的 IDLE 环境下）：

```
1.  原始数据集的维度:  (150, 4)
2.
3.  PCA分析后数据集的维度:  (150, 3)
4.  属性components_:
5.  [[ 0.36158968 -0.08226889  0.85657211  0.35884393]
6.   [ 0.65653988  0.72971237 -0.1757674  -0.07470647]
7.   [-0.58099728  0.59641809  0.07252408  0.54906091]]
8.
9.  属性explained_variance_:
10. [4.22484077 0.24224357 0.07852391]
```

5.2.2　特征聚合

特征聚合（feature agglomeration）是把行为相似的特征进行分组，这是一种降维的方法。在Scikit-learn中，特征聚类转换器sklearn.cluster.FeatureAgglomeration使用层次聚类算法进行相似特征的分组。

转换器FeatureAgglomeration以NumPy数组或Pandas数据框对象作为输入，转换后的结果是一个NumPy数组对象，其行的数量仍然等于输入数据集的行数，但是列数（转换后的特征变量数量）可等于构造函数的参数n_clusters的值。表5-13详细说明了这个特征聚合转化器的构造函数及其属性和方法。

表5-13　特征聚合转换器FeatureAgglomeration

sklearn.cluster.FeatureAgglomeration：特征聚合转换器

FeatureAgglomeration(n_clusters=2, *, affinity='euclidean', memory=None, connectivity=None, compute_full_tree='auto', linkage='ward', pooling_func=<function mean>, distance_threshold=None)

参数	说明
n_clusters	可选。一个整型数或None，表示簇的数量，也就是特征聚合结果的特征个数，默认值为2。 注：如果参数distance_threshold不为None，则此参数必须为None
affinity	可选。一个字符串或可调用对象，表示计算linkage时使用的度量指标，可取值为"euclidean"、"11"、"12"、"manhattan"、"cosine"或"precomputed"。默认值为"euclidean"。 注：如果参数linkage设置为"ward"，则本参数只能取值"euclidean"
memory	可选。一个字符串，或一个具有joblib.Memory接口的对象，或者为None，表示转换过程中是否缓存层次树。如果给定一个字符串，则表示缓存的目录。默认值为None，表示计算过程中没有缓存
connectivity	可选。类数组对象或可调用对象，或者为None，表示连接矩阵。可通过grid_to_graph( )获得。默认值为None
compute_full_tree	可选。一个字符串"auto"，或者一个布尔变量值，表示是否在n_clusters时尽早停止层次树的构建。默认值为"auto"
linkage	可选。一个字符串，表示使用连接标准，决定计算特征集之间距离的标准，可取值"ward"、"complete"、"average"、"single"，其中： ● "ward"：将减少合并的两个特征之间的方差； ● "complete"：使用两个特征集中两两特征之间距离的最大值； ● "average"：使用两个特征集中两两特征之间距离的平均值； ● "single"：使用两个特征集中两两特征之间距离的最小值。 默认值为"ward"
pooling_func	可选。一个可调用对象，用来组合聚合后特征变量的值。默认值为numpy.mean
distance_threshold	可选。一个浮点数或者None。按照linkage的标准，两个簇之间的距离大于此阈值时，将不会被合并。默认值为None。 注：如果此参数不为None，则参数n_clusters必须设置为None，且参数compute_full_tree也必须设置为None

续表

FeatureAgglomeration的属性	
n_clusters_	聚合后的簇数。如果构造函数的参数distance_threshold设置为None，则此属性等于构造函数的参数n_clusters
labels_	数组对象，形状shape为(n_features,)，表示每个原始特征所属的簇号，其中n_features为原始特征变量的数量
n_leaves_	一个整型数，表示聚类层次树中叶子节点的数目
n_connected_ components_	一个整型数，表示连接矩阵中连接部分的数目
children_	类数组对象，其形状shape为(n_nodes-1, 2)，表示每个非叶子节点所包含的子节点数量，其中n_nodes为层次树的节点数量。对于子节点数量少于n_features的节点，对应着层次树的叶子节点
distances_	一个类数组对象，其形状shape为(n_nodes-1,)，表示在children_中的节点之间的距离。注：只有构造函数的参数distance_threshold没有设置为None时，此属性才有效
FeatureAgglomeration的方法	
fit(X,y=None)：对输入数据集X进行训练，获取层次聚类相关信息，以便transform( )方法使用	
X	必选。类数组对象，其形状shape为(n_samples,n_features)，表示输入数据集（只包含特征变量，不包含目标变量），其中n_samples为样本数量，n_features为特征变量数量
y	忽略，仅仅是个占位符
返回值	训练后的特征聚合转换器
fit_transform(X,y=None,**fit_params)：首先基于X进行训练，然后对X进行特征聚合	
X	必选。类数组对象，其形状shape为(n_samples,n_features)，表示输入数据集（只包含特征变量，不包含目标变量），其中n_samples为样本数量，n_features为特征变量数量
y	可选。目标特征变量，默认值为None
fit_params	词典类型的对象，包含其他额外的参数信息
返回值	一个包含聚合特征的新NumPy数组，其形状shape为(n_samples,n_features_new)，其中n_features_new为聚合后新特征变量的数量
get_params(deep=True)：获取转换器的各种参数	
deep	可选。布尔型变量，默认值为True。如果为True，表示不仅包含此转换器自身的参数值，还将返回包含的子对象（也是转换器）的参数值
返回值	字典对象。包含以参数名称为键值的键值对
inverse_transform(Xred)：对特征聚合的逆转换	
Xred	类数组对象，其形状shape为(n_samples, n_clusters)或(n_clusters,)，表示分配给每个簇的值
返回值	数组对象，其形状shape为(n_samples, n_features)或(n_features,)，表示逆转换后的数据集
set_params(**params)：设置转换器的各种参数	
params	字典对象，包含了需要设置的各种参数
返回值	转换器自身

transform(X)：根据调用fit( )方法获得的信息，使用内置的聚类算法进行特征聚合	
X	必选。类数组对象，其形状shape为(n_samples,n_features)，表示输入数据集（只包含特征变量，不包含目标变量），其中n_samples为样本数量，n_features为特征变量数量
返回值	一个包含聚合特征的新NumPy数组，其形状shape为(n_samples,n_features_new)，其中n_features_new为聚合后新特征变量的数量

    这个转换器的使用简洁明了，下面我们以示例形式说明上面主要方法的使用。在本例中使用了与上一小节相同的鸢尾花数据集iris.data。另外，本例为了更形象地展示效果，使用绘图显示了特征聚合后的效果。

```python
1.
2.  import pandas as pd
3.  import matplotlib.pyplot as plt
4.  from sklearn.cluster import FeatureAgglomeration
5.
6.
7.  #1 读取数据集iris.data
8.  irisData = pd.read_csv("iris.data", sep=",", header=None)
9.
10. #2 把鸢尾花类别标签存在irisLabels序列中
11. irisLabels = irisData[4]
12.
13. #3 抽取数据集中的 4 个特征变量，存入irisFeatures中
14. irisFeatures = irisData.drop([4],1)
15. print("聚合前特征个数：", irisFeatures.shape[1], "\n")
16.
17. #4 构建特征聚合转换器FeatureAgglomeration对象，
18. ## 并设置参数 n_clusters = 2，说明把 4 个特征变量聚合为 2 个特征变量
19. agglo = FeatureAgglomeration(n_clusters=2)
20.
21. #5 训练并转换，结果存入
22. featureAgglo = agglo.fit_transform(irisFeatures)
23. print("聚合后特征个数：", featureAgglo.shape[1])
24. print("聚合后特征标签：", agglo.labels_)   # 原始4个特征所属聚类的簇号
25.
26. #6 绘制图形，可视化展示
```

```
27. pointColor = []
28. for label in irisLabels:
29.     if label=="Iris-setosa":
30.         pointColor.append("g")
31.     if  label=="Iris-versicolor":
32.         pointColor.append("b")
33.     if label=="Iris-virginica":
34.         pointColor.append("r")
35.
36. plt.scatter(featureAgglo[:,0], featureAgglo[:,1], c=pointColor)
37. plt.show()
38.
```

运行后，输出结果如下（在Python自带的IDLE环境下）：

```
1.  聚合前特征个数：  4
2.
3.  聚合后特征个数：  2
4.  聚合后特征标签：  [1 0 0 0]
```

输出图形如图5-1所示：

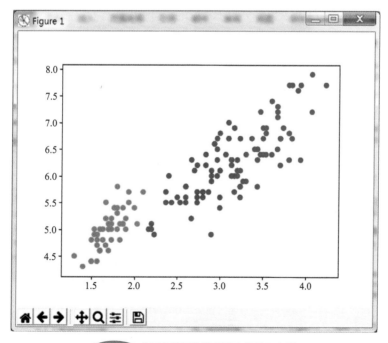

图5-1 鸢尾花数据集特征聚合结果示意图

5.2.3　随机投影

前面我们讲述了主成分分析PCA和特征聚合两种降维的方法。对于特征变量个数非常大的数据集，例如一个50G的文本文档，其特征变量个数会达到十万甚至百万级别，此时主成分分析PCA和特征聚合方法的效率已经不能满足性能的要求了，这就需要在保证一定精度要求下，寻找更快的特征降维的方法，随机投影（random projection）就是其中的一种。

随机投影，也称随机映射，是一种很神奇的降维方法，它的原理非常"简单直接"：随机从原始数据集的（超）高维空间中选择固定个数单位向量（不要求必须正交），并把原始高维数据投影到这一组由选定的单位向量组成的基底上，由于选择的单位向量个数可以远远小于原始维度数，因而也就实现了降维。

看到这里，大部分读者都会提出怀疑：通过随机选择的向量基进行降维有效吗？能够保证构建模型的效果吗？实际上的确有效，这是有数学依据的，这个依据就是Johnson-Lindenstrauss引理（Johnson-Lindenstrauss lemma）。

5.2.3.1　Johnson-Lindenstrauss 引理

Johnson-Lindenstrauss 引理，简称J-L引理，是关于数据集从高维欧几里德空间到低维欧几里德空间的低失真嵌入（投影）理论，它是以美国数学家 William B. Johnson 和以色列数学家 Joram Lindenstrauss 的名字命名的。该理论指出：高维空间中的一个数据集可以"嵌入"到维数低得多的空间中，并且能够使两两数据点之间的相对欧几里得距离几乎保持不变。J-L 引理表述如下：

对于 $0 < \varepsilon < 1$，给定实数域空间 $\mathbf{R}^N$ 上的数据集 X 有 m 个数据点，以及一个数 $n > \dfrac{8ln(m)}{\varepsilon^2}$，一定存在线性映射 $f: \mathbf{R}^N \to \mathbf{R}^n$，它满足以下条件：

$$(1-\varepsilon)||u-v||^2 \leq ||f(u)-f(v)||^2 \leq (1+\varepsilon)||u-v||^2$$

式中，u，$v \in X$。上式也可以写成以原始数据点 u、v 为中心的形式：

$$(1+\varepsilon)^{-1}||f(u)-f(v)||^2 \leq ||u-v||^2 \leq (1-\varepsilon)^{-1}||f(u)-f(v)||^2$$

从J-L引理可以看出，原始空间中的数据点数 m 和失真率 ε 决定了降维后空间可以达到的最小维数 n。故随机投影降维的目标就是寻找线性映射 f 使之满足以上条件。

根据J-L引理，在已知原始空间数据集和给定失真率的情况下，可以计算映射空间的最小维数。Scikit-learn 中提供了 sklearn.random_projection.johnson_lindenstrauss_min_dim( )方法计算最小维数（有时也称为主成分数量）。计算公式如下：

$$n_{\text{components}} = \frac{4\ln(m)}{\left(\dfrac{\varepsilon^2}{2} - \dfrac{\varepsilon^3}{3}\right)}$$

方法johnson_lindenstrauss_min_dim( )有n_samples和eps两个参数，分别表示原始空间中数据点数和最大失真率。根据参数设置，返回值为一个整数或NumPy数组，表示最小维数（主成分数）。请看下面示例代码：

```
1.
2.  from sklearn.random_projection import johnson_lindenstrauss_min_dim
3.
4.  #1
5.  n1 = johnson_lindenstrauss_min_dim(n_samples=1e6, eps=0.5)
6.  print(n1 , "\n")
7.
8.  #2
9.  n2 = johnson_lindenstrauss_min_dim(n_samples=1e6, eps=[0.5, 0.1, 0.01])
10. print(n2 , "\n")
11.
12. #3
13. n3 = johnson_lindenstrauss_min_dim(n_samples=[1e4, 1e5, 1e6], eps=0.1)
14. print(n3 , "\n")
15.
```

运行后，输出结果如下（在Python自带的IDLE环境下）：

```
1.  663
2.
3.  [    663    11841 1112658]
4.
5.  [ 7894   9868  11841]
6.
```

随机投影所需的最小维数与原始数据集的维数（特征变量数）无关，但是与数据集的规模 m 有关。在给定失真率 ε 下，原始数据集的规模越大，所需的最小维数越大，上述示例代码的运行结果也说明了一点。图5-2以图形的方式展示了它们之间的关系。

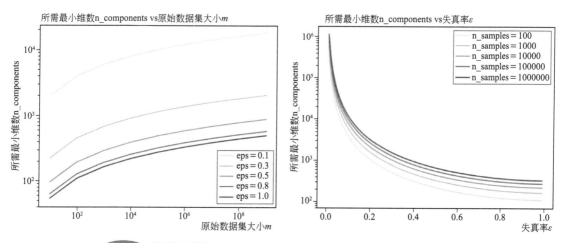

图5-2 所需最小维数n_components与原始数据集大小 m 和失真率 ε 的关系

细心的读者也许能够想到，在给定失真率的情况下，由于所需最小维数与原始数据集中样本数量成正比，所以在样本数量很大时，很有可能出现计算的最小维数比原始数据集中的维数（特征变量数）还要大的情况，这已经不是降维，而是升维了。遇到这种情况，该如何处理呢？

实践证明，在很多情况下，即使选择比计算所需最小维数小的数值作为最终映射空间的维数，依然能够获得很优异的模型，其准确率不会比使用原始数据构建的模型差，这一点对于将要讲述的高斯随机投影和稀疏随机投影同样适用，我们将在后面的例子中讲述。

5.2.3.2　高斯随机投影

高斯随机投影（Gaussian random projection）是以 J-L 引理为基础，按照高斯分布 $N(0, \frac{1}{n_{\text{components}}})$ 选择随机映射矩阵中的元素，生成转换矩阵，进行从原始数据集空间到目标空间投影变换，实现降维的方法。Scikit-learn 中提供的转换器 sklearn.random_projection.GaussianRandomProjection 能实现高斯随机投影，表 5-14 详细说明了这个转换器的构造函数及其属性和方法。

表5-14　高斯随机投影转换器GaussianRandomProjection

sklearn.random_projection.GaussianRandomProjection：高斯随机投影转换器	
GaussianRandomProjection(n_components='auto', *, eps=0.1, random_state=None)	
n_components	可选。一个整数值或者字符串"auto"，表示目标映射空间的维度数（新特征变量数量）。默认值为"auto"，表示根据原始数据集中样本数量和J-L引理给出的所需最小维数自动调整。在这种情况下，投影质量有参数eps控制
eps	可选。一个正浮点数，表示当n_components设置为"auto"时，控制按照J-L引理进行投影转换的失真率。这个参数越小，投影质量越高，但是目标空间维数n_components会越大。默认值为0.1
random_state	可选。可以是一个整型数（随机数种子）、一个numpy.random.RandomState对象，或者为None。用于确定训练阶段生成映射矩阵时随机数生成器的行为。如果设置为常整数，可以复现每次的效果。默认值为None，表示由系统随机设置随机数种子
GaussianRandomProjection的属性	
n_components_	一个整数值，表示当n_components设置为"auto"时，转换器确定的主成分数量
components_	一个形状shape为(n_components, n_features)的NumPy数组对象，表示随机投影所使用的矩阵。其中n_features为原始数据集中的特征变量数量
GaussianRandomProjection的方法	
fit(X,y=None)：从输入数据集X中生成一个稀疏随机投影矩阵，以便transform()方法使用	
X	必选。一个NumPy数组或scipy.sparse稀疏矩阵，表示输入训练数据集，其形状shape为(n_samples, n_features)
y	忽略，仅仅是个占位符
返回值	训练后的高斯随机投影转换器

续表

fit_transform(X, y=None, **fit_params)：首先基于X进行训练，然后对X进行随机投影转换	
X	必选。一个NumPy数组或scipy.sparse稀疏矩阵，表示输入训练数据集，其形状shape为(n_samples, n_features)
y	可选。目标特征变量，默认值为None
fit_params	词典类型的对象，包含其他额外的参数信息
返回值	一个包含投影后特征变量的NumPy数组，其形状shape为(n_samples,n_features_new)，其中n_features_new为投影后低维空间的特征变量的数量
get_params(deep=True)：获取转换器的各种参数	
deep	可选。布尔型变量，默认值为True。如果为True，表示不仅包含此转换器自身的参数值，还将返回包含的子对象（也是转换器）的参数值
返回值	字典对象。包含以参数名称为键值的键值对
set_params(**params)：设置转换器的各种参数	
params	字典对象，包含了需要设置的各种参数
返回值	转换器自身
transform(X)：根据调用fit( )方法获得的信息，对数据集进行向量化转换操作	
X	必选。类数组对象，其形状shape为(n_samples,n_features)，表示输入数据集，其中n_samples为样本数量，n_features为特征变量数量
返回值	一个包含投影后的特征变量的NumPy数组，其形状shape为(n_samples,n_features_new)，其中n_features_new为投影后低维空间的特征变量的数量

这个转换器的使用简洁明了，下面我们以示例形式说明上面主要方法的使用。

```python
1.
2. import numpy as np
3. from sklearn.random_projection import GaussianRandomProjection
4.
5.
6. #0 随机种子
7. rndState = np.random.RandomState(123)
8.
9. #1 生成一个样本个数为100，特征变量为10000的数据集
10. X = rndState.rand(100, 10000)
11. print("原始的数据集形状：", X.shape)
12. print()
13.
14. #2 构建GaussianRandomProjection对象，这里n_components="auto"(默认值)
15. grp = GaussianRandomProjection(random_state=rndState)
16.
17. #3 训练并转换
18. X_new = grp.fit_transform(X)
19. print("投影后数据集形状：", X_new.shape)
20.
```

运行后，输出结果如下（在 Python 自带的 IDLE 环境下）：

```
1.  原始的数据集形状： (100, 10000)
2.
3.  投影后数据集形状： (100, 3947)
```

5.2.3.3 稀疏随机投影

稀疏随机投影（sparse random projection）是高斯随机投影的一种改进替代方案。在高斯随机投影中，投影矩阵往往是稀疏的，即存在着大量的0元素。而稀疏随机投影在保证投影质量的前提下，能够大大提升内存利用率和计算速度。

设density为稀疏随机投影中投影矩阵的密度，即非零元素的比例，$s = \dfrac{1}{\text{density}}$。则在稀疏随机投影中，投影矩阵元素及其选择概率如下：

$$
\begin{cases}
-\sqrt{\dfrac{s}{n_{\text{components}}}} & \text{按照概率 } \dfrac{1}{2s} \text{ 选择} \\[2ex]
0 & \text{按照概率 } 1 - \dfrac{1}{s} \text{ 选择} \\[2ex]
+\sqrt{\dfrac{s}{n_{\text{components}}}} & \text{按照概率 } \dfrac{1}{2s} \text{ 选择}
\end{cases}
$$

其中，$n_{\text{components}}$ 是投影后目标空间的维数，密度density取推荐值 $\dfrac{1}{n_{\text{features}}}$，其中 n_{features} 为原始数据集中特征变量的数目。

Scikit-learn 中提供的转换器 sklearn.random_projection.SparseRandomProjection 实现了稀疏随机投影。表5-15详细说明了这个转换器的构造函数及其属性和方法。

表5-15　稀疏随机投影转换器SparseRandomProjection

sklearn.random_projection.SparseRandomProjection：稀疏随机投影转换器	
SparseRandomProjection(n_components='auto', *, density='auto', eps=0.1, dense_output=False, random_state=None)	
n_components	可选。一个整数值，或者字符串"auto"，表示目标映射空间的维度数（新特征变量数量）。默认值为"auto"，表示根据原始数据集中样本数量和J-L引理给出的所需最小维数自动调整。在这种情况下，投影质量由参数eps控制
density	可选。一个0.0～1.0之间的浮点数，或者一个字符串"auto"，表示稀疏随机投影中投影矩阵的密度，即非零元素的比例。默认值为"auto"，表示使用Ping Li等人建议的最小密度：$\dfrac{1}{\sqrt{\text{n\_features}}}$
eps	可选。一个正浮点数，表示当n_components设置为"auto"时，控制按照J-L引理进行投影转换的失真率。这个参数越小，投影质量越高，但是目标空间维数n_components会越大。默认值为0.1
dense_output	可选。一个布尔变量值，表示投影结果的输出是否为稠密数组。默认值为False
random_state	可选。可以是一个整型数（随机数种子）、一个numpy.random.RandomState对象，或者为None。用于控制训练阶段生成映射矩阵时随机数生成器的行为。如果设置为常整数，可以复现每次的效果。默认值为None，表示由系统随机设置随机数种子

SparseRandomProjection的属性	
n_components_	一个整数值，表示当n_components设置为"auto"时，转换器确定的低维空间中的维度数量
components_	一个形状shape为(n_components, n_features)的行压缩稀疏矩阵CSR，表示随机投影所使用的矩阵。其中n_features为原始数据集中的特征变量数量
density_	一个0.0~1.0之间的浮点数，表示n_components设置为"auto"时计算的投影矩阵的密度，即非零元素的比例
SparseRandomProjection的方法	
fit(X,y=None)：从输入数据集X中生成一个稀疏随机投影矩阵，以便transform( )方法使用	
X	必选。一个NumPy数组或scipy.sparse稀疏矩阵，表示输入训练数据集，其形状shape为(n_samples, n_features)
y	忽略，仅仅是个占位符
返回值	训练后的稀疏随机投影转换器
fit_transform(X, y=None, **fit_params)：首先基于X进行训练，然后对X进行稀疏投影转换	
X	必选。一个NumPy数组或scipy.sparse稀疏矩阵，表示输入训练数据集，其形状shape为(n_samples, n_features)
y	可选。目标特征变量，默认值为None
fit_params	词典类型的对象，包含其他额外的参数信息
返回值	一个包含投影后特征变量的NumPy数组，其形状shape为(n_samples,n_features_new)，其中n_features_new为投影后低维空间的特征变量的数量
get_params(deep=True)：获取转换器的各种参数	
deep	可选。布尔型变量，默认值为True。如果为True，表示不仅包含此转换器自身的参数值，还将返回包含的子对象（也是转换器）的参数值
返回值	字典对象。包含以参数名称为键值的键值对
set_params(**params)：设置转换器的各种参数	
params	字典对象，包含了需要设置的各种参数
返回值	转换器自身
transform(X)：根据调用fit( )方法获得的信息，对数据集进行向量化转换操作	
X	必选。类数组对象，其形状shape为(n_samples,n_features)，表示输入数据集，其中n_samples为样本数量，n_features为特征变量数量
返回值	一个包含投影后特征变量的NumPy数组，其形状shape为(n_samples,n_features_new)，其中n_features_new为投影后低维空间的特征变量的数量

下面我们通过示例说明稀疏随机投影的使用。这个例子的目标是应用稀疏随机投影降维技术构建手写数字分类器。在这个例子中我们使用Python自带的数字图像数据集digits.csv，此数据集在<Python 安装目录>\Lib\site-packages\sklearn\datasets\data下，以压缩文件digits.csv.gz形式存在。这个数据集共有1797个样本数据。每个样本表示一个0 ~ 9的手写数字图像，每个图像由8×8个像素组成。在这里，每个图像以长度为64的

扁平特征向量表示，即维度数量为64，随机投影应用于这些原始像素的特征向量，并把投影结果的数据集代入线性支持向量机算法构建模型。

由于数据集大小为1797，所以使用johnson_lindenstrauss_min_dim( )方法很容易计算出所需最小维数为6423。很明显，这个数远远大于原始数据集中的维数64，为了展示稀疏随机投影降维的效果，在目标空间中，我们使用小于等于64的维数。读者会发现，随着维数增加，模型的效果会很快达到不使用投影的准确率。

```
1.
2.  import numpy as np
3.  from sklearn import datasets
4.  from sklearn.model_selection import train_test_split
5.  from sklearn.svm import LinearSVC
6.  from sklearn import metrics
7.  from sklearn.random_projection import johnson_lindenstrauss_min_dim
8.  from sklearn.random_projection import SparseRandomProjection
9.  import matplotlib.pyplot as plt
10.
11.
12. ##0   加载本地的数字图像数据集（Pyhon自带），并创建训练、测试数据集
13. digits = datasets.load_digits()
14.
15. # 计算所需最小维数。数据集样本数为1797，失真率eps采用默认值0.1。
16. minDim = johnson_lindenstrauss_min_dim(digits.data.shape[0])
17. print("0. 计算所需最小维数：{:d}，远远大于原始数据集本书的维数{:d}。
    ".format(minDim, digits.data.shape[1]))
18. print("       所以，下面使用随机投影的目标空间维数均小于等于{:d}。
    ".format(digits.data.shape[1]))
19. print()
20.
21.
22. # 数据集分割为训练和测试数据集。random_state设置为常数，便于复现结果
23. split = train_test_split(digits.data, digits.target, test_
    size = 0.3, random_state = 123)
24. (trainData, testData, trainTarget, testTarget) = split
25.
26. ##1   直接使用初始数据集进行建模LinearSVC，并评估其准确率
27. model = LinearSVC(dual = False)
28. model.fit(trainData, trainTarget)
29. baseline = metrics.accuracy_score(model.predict(testData), testTarget)
```

```
30. print("1. 直接使用初始数据集建模效果，准确率为：{:f}".format(baseline))
31. print()
32.
33.
34. ##2    首先通过稀疏随机投影进行降维，然后再构建模型LinearSVC，并评估不同目标维
数下的准确率
35. # 定义存放不同目标维数下的准确率词典对象
36. accuracyInfo = {}
37. # 预先定义20个不同的目标维数，分别是2,5,8,...,64
38. components = np.int32(np.linspace(2, 64, 20))
39.
40. # 对不同目标维数循环构建模型、评估模型
41. for comp in components:
42.     # 构建稀疏随机投影对象。注：random_state设置为常数，便于复现结果
43.     # 使用默认失真率eps采用默认值0.1。
44.     sp = SparseRandomProjection(n_components = comp, random_state=123)
45.     X = sp.fit_transform(trainData)
46.
47.     # 训练模型，评估模型
48.     model = LinearSVC(dual = False)
49.     model.fit(X, trainTarget)
50.
51.     # 评估模型，更新准确率词典
52.     test = sp.transform(testData)
53.     accuracy = metrics.accuracy_score(model.predict(test), testTarget)
54.     accuracyInfo[comp] = accuracy
55. #end of for comp
56.
57. print("2. 使用稀疏随机投影的建模效果(按维度数排序输出)\n维度数  ：   精度")
58. for info in sorted(accuracyInfo.keys()):
59.     print("   {:2d}   :   {:f}".format(info, accuracyInfo[info]))
60. #end of for info
61.
62.
63. # 创建图像，可视化显示对比效果
64. # 使绘制图形支持中文和正负号
65. plt.rcParams['font.sans-serif']    = ['SimHei']    #用来正常显示中文标签
66. plt.rcParams['axes.unicode_minus'] = False    #用来正常显示负号
```

```
67.
68. # 创建并设置画布 Figure 的大小
69. fig = plt.figure(figsize=(10,6))
70.
71. # 创建一个 Axes 对象，并设置属性
72. ax = fig.add_subplot(111)
73. ax.grid(True, linestyle="-.",color='#A9A9A9')
74.
75. # 绘制基线效果和稀疏随机投影效果
76. ax.plot(list(accuracyInfo.keys()), [baseline] * len(accuracyInfo), "-xb",
       label="没有随机投影")
77. ax.plot(list(accuracyInfo.keys()), list(accuracyInfo.values()),      "--
       dr", label="稀疏随机投影")
78.
79. # 显示文字信息
80. ax.set_xlabel("维度数量")
81. ax.set_ylabel("准确率")
82. ax.set_title("稀疏随机投影与没有随机投影模型准确率对比")
83. ax.legend(loc="center right",title="提示")
84.
85. # 显示最终图形
86. plt.show()
87.
88. # 可选择保存图形
89. #plt.savefig("digits.png")
90.
```

运行后，输出结果如下（在 Python 自带的 IDLE 环境下）：

```
1.    0. 计算所需最小维数：6423，远远大于原始数据集本书的维数64。
2.       所以，下面使用随机投影的目标空间维数均小于等于64。
3.
4.    1. 直接使用初始数据集建模效果，准确率为：0.955556
5.
6.    2. 使用稀疏随机投影的建模效果(按维度数排序输出)
7.    维度数  :   精度
8.        2 :   0.331481
9.        5 :   0.644444
10.       8 :   0.744444
11.      11 :   0.787037
```

12.	15	:	0.835185
13.	18	:	0.888889
14.	21	:	0.916667
15.	24	:	0.914815
16.	28	:	0.933333
17.	31	:	0.940741
18.	34	:	0.938889
19.	37	:	0.927778
20.	41	:	0.942593
21.	44	:	0.962963
22.	47	:	0.948148
23.	50	:	0.955556
24.	54	:	0.961111
25.	57	:	0.959259
26.	60	:	0.953704
27.	64	:	0.962963

输出图形如图 5-3 所示：

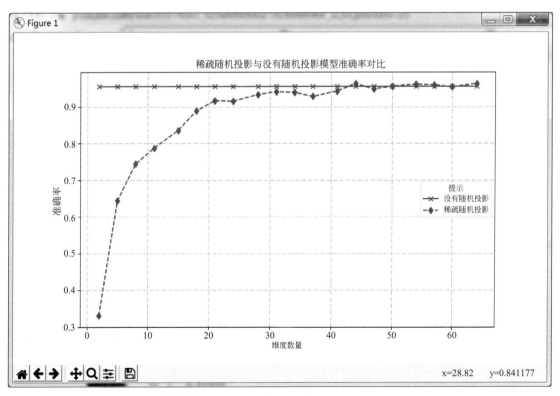

图5-3 稀疏随机投影与没有随机投影模型效果对比

从上图可以看出，当维数等于31时，使用随机投影的模型效果已经很接近没有使用随机投影的模型效果了。

在上面的例子代码中，把稀疏随机投影SparseRandomProjection换为高斯随机投影GaussianRandomProjection，效果也是一样的，读者可以自行替换，运行程序后查看一下模型效果对比。

5.2.3.4 与主成分分析PCA降维的比较

最后，总结一下随机投影降维和主成分分析PCA降维的区别和关系。

◇ 对于非线性空间的低维度数据集，建议采用主成分分析PCA进行降维。

◇ 对于具有非常大的维度（特征变量数）的数据集，如果性能是一个必须要考虑的指标，建议使用随机投影方法进行降维。对于一个$n \times k$的矩阵（n表示样本数，k表示特征变量数），主成分分析PCA的时间复杂度为$o(k^2 \times n + k^3)$，而随机投影的时间复杂度为$o(n \times k \times d)$，其中d为映射后特征变量数。

◇ 如果数据集规模巨大，随机投影无须把数据集导入内存，内存利用率高，而主成分分析PCA需要把全部数据导入内存。

◇ 随机投影降维适合于大型稀疏矩阵的情况，此时效率比PCA更高。

本章小结

本章着重介绍了Scikit-learn中与特征抽取和特征降维相关的知识，它们也是数据预处理的一部分。特征抽取是指从原始数据中抽取特定特征变量的过程，这个过程会涉及特征数值化计算，例如从文本或图像中抽取数值特征变量，抽取的特征变量格式将遵循各种评估器（算法）的输入要求；而特征降维是数据预处理阶段非常实用的步骤，通过特征降维，不仅能够在不丢弃任何数据样本的情况下提高模型构建的效率，减少模型的规模，同时还能增强模型预测的效果。

无论是特征抽取还是特征降维，在Scikit-learn中都是以转换器（transformer）的形式实现的（转换器的概念我们已经在上一章做了详细的讲述）。

本章重点内容如下：

➤ 特征抽取的四种方式：在Scikit-learn中，sklearn.feature_extraction子模块提供了字典列表对象向量化、特征哈希、文本特征抽取、图像特征抽取四种从原始数据集中抽取特征的转换器。

● 字典列表对象向量化转换器：数据转换器DictVectorizer可以把以字典对象形式表示的特征变量列表转换为以NumPy/SciPy为表现形式的数据集合，转换过程中会对分类型特征变量进行独热编码，这样最后的结果是一个数值型数组或稀疏矩阵，以符合评估器（算法）的要求。Scikit-learn 中，提供了字典列表对象向量化转换器 DictVectorizer。

● 特征哈希转换器：通过哈希算法可以把任意长度的输入转换成固定长度的输出（哈希值），这种转换是一种压缩映射，即哈希值的空间通常远小于输入的空间。特征哈希的目标就是把原始（文本）数据转换成一个数值型的特征向量，是机器学习中一种强有力的处理稀疏、高维特征变量的技术，它简单、快速、有效，特别适合在线学习的场景。实际上，特征哈希也可以看作是一种特征降维的方法。Scikit-learn 中提供了特征哈希转换器 FeatureHasher。

● 文本特征抽取转换器：词袋模型（Bag of Words）原理：一个词语（标记）在一个文档中出现的次数越多，这个词语对文档的分类影响越大，通过对文档进行标记化（分词）、计数、归一化和权重处理，逐步把一个文档转换为数值型特征向量，使之符合进一步的算法评估器的要求。Scikit-learn 中提供了词频向量化 CountVectorizer 和 tf-idf 向量化 TfidfVectorizer 转换器。

● 图像特征抽取转换器：像素是组成图像的基本单元，每个像素都具有整数灰度值（代表亮度）或颜色值，所以图像可以看作是像素的矩阵。而图像碎片是由一定尺寸（高×宽）的像素组成的图像片段，它可以代表某一局部的图形特征。Scikit-learn 中实现从一个图像中随机抽取图像碎片功能的方法包括碎片抽取函数 extract_patches_2d 和碎片抽取转换器 PatchExtractor。

➤ 特征降维：特征降维可以打破"高维诅咒"，是数据可视化、高维数据分析和挖掘等方面的有力工具。本节重点讲解了常用的主成分分析 PCA、特征聚合和随机投影三种有效的降维方法，它们都属于非监督降维的范畴。

● 主成分分析 PCA 转换器：主成分分析 PCA 是通过向量的线性变换，把具有相关性的原始特征变量标准化后，进行线性组合，转换成新的一组互不相关的特征变量的过程。Scikit-learn 提供了主成分分析转换器 decomposition.PCA 来实现主成分分析。

● 特征聚合转换器：特征聚合是把行为相似的特征进行分组、合并，形成较少的特征变量。Scikit-learn 提供了使用层次聚类算法进行相似特征分组的特征聚类转换器 FeatureAgglomeration。

● 随机投影转换器：依据 Johnson-Lindenstrauss 引理，随机投影是从原始数据集的高维空间中随机选择一定个数的单位向量作为向量基，把原始高维数据投影到这组向量基上的过程。Scikit-learn 提供了高斯随机投影转换器 GaussianRandomProjection 和稀疏随机投影转换器 SparseRandomProjection 两种。

下册中我们将重点放在算法原理和训练、模型构建及应用上。

附　录

Scikit-learn鼓励使用Scikit-learn-contrib模板实现Scikit-learn评估器接口的项目开发，这个模板集成了扩展项目开发的最佳实践，有助于项目的测试和对评估器的文档化。详细信息请参考网站：https://sklearn-template.readthedocs.io/。

下面是一些非常有意义的Scikit-learn姊妹项目、扩展项目以及特定领域的扩展包列表。对于广大读者来说，它们可以作为学习Scikit-learn的有益补充。

1. 互操作和框架增强包

这些工具包或者增强了Scikit-learn评估器的功能，或者对Scikit-learn进行封装使用。

（1）数据格式（Data formats）

◇svmlight-loader：快速、高效利用内存的svmlight/libsvm文件加载器。

网址：https://github.com/mblondel/svmlight-loader。

◇sklearn_pandas：Pandas与Scikit-learn的整合，在Scikit-learn管道（pipeline）与Pandas数据框之间提供了专用的转换器（transformer）。

网址：https://github.com/Scikit-learn-contrib/sklearn-pandas。

◇sklearn_xarray：N维标签数组xarray和Scikit-learn的组合，使Scikit-learn的评估器能够兼容N维标签数组xarray。

网址：https://github.com/phausamann/sklearn-xarray/。

（2）自动化机器学习（Auto-ML）

◇auto-sklearn：这是一个自动化机器学习的工具包，提供对Scikit-learn评估器的嵌入式实现。

网址：https://github.com/automl/auto-sklearn/。

◇TPOT：一个对Scikit-learn管道（pipeline）进行优化的自动学习工具包。

网址：https://github.com/EpistasisLab/tpot。

（3）实验框架

◇REP(Reproducible Experiment Platform)：提供以一致的、可重现结果的方式进行数据驱动研究的实验环境。

网址：https://github.com/yandex/REP。

◇Scikit-learn实验室：围绕Scikit-learn的命令行包装程序，可以同时与多个学习者轻松地运行大规模数据集的机器学习实验。

网址：https://skll.readthedocs.io/en/latest/index.html。

（4）模型检查和可视化

◇dtreeviz：一个用于决策树可视化和模型解释的Python库。

网址：https://github.com/parrt/dtreeviz/。

◇eli5：一个用于调试/检查机器学习模型并解释其预测结果的 Python 库。

网址：https://github.com/TeamHG-Memex/eli5/。

◇mlxtend：提供了模型可视化实用程序的 Python 库。

网址：https://github.com/rasbt/mlxtend。

◇yellowbrick：一套定制化的 Matplotlib 可视化工具套件，用于 Scikit-learn 估计器，以支持可视特征分析、模型选择、评估和诊断。

网址：https://github.com/DistrictDataLabs/yellowbrick

（5）模型选择

◇scikit-optimize：一个最小化噪声的扩展库，它实现了几种基于时序模型的优化方法，并且包括了使用 GridSearchCV 或 RandomizedSearchCV 进行交叉验证获得最佳参数的替代策略。

网址：https://scikit-optimize.github.io/stable/。

◇sklearn-deap：使用进化算法进行最优参数搜索的扩展库。

网址：https://github.com/rsteca/sklearn-deap。

（6）模型输出（用于部署应用）

◇Onnxmltools：将某些 Scikit-learn 管道序列化为开放神经网络交互标准 ONNE（Open Neural Network Exchange），以便进行交互应用和预测。

网址：https://github.com/onnx/onnxmltools。

◇sklearn2pmml：借助 JPMML-Sklearn 库的帮助，把 Scikit-learn 评估器和转换器序列化为预测模型标记语言 PMML，实现跨平台交互应用。

网址：https://github.com/jpmml/sklearn2pmml。

◇sklearn-porter：将经过训练的 Scikit-learn 模型转换为 C、Java、Javascript 等语言。

网址：https://github.com/nok/sklearn-porter。

◇treelite：把基于树的聚合模型编译为 C 语言代码，以提高预测的效率。

网址：https://treelite.readthedocs.io/en/latest/。

2. 评估器和任务扩展包

当前的 Scikit-learn 并不是尽善尽美的，下面的几个工程提供了额外的机器学习算法、基础架构和任务解决的方案。

（1）结构化学习

◇tslearn：专门针对时间序列数据集，提供了数据预处理、特征抽取，以及针对性的聚类、分类和回归的工具集。

网址：https://github.com/tslearn-team/tslearn。

◇sktime：与 Scikit-learn 兼容，专门针对时间序列数据集，提供分类、回归等预测的工具集。

网址：https://github.com/alan-turing-institute/sktime。

◇HMMLearn：一个实现隐马尔可夫模型 HMM(Hidden Markov Model) 的 Python 库。隐马尔可夫模型 HMM 曾经是 Scikit-learn 的一部分。

网址：https://github.com/hmmlearn/hmmlearn。

◇PyStruct：一个一般条件随机场和结构预测 Python 包。

网址：https://pystruct.github.io/。

◇pomegranate：一个概率建模的 Python 库，着重于隐马尔可夫模型 HMM 的实现。

网址：https://github.com/jmschrei/pomegranate。

◇sklearn-crfsuite：一个线性链条件随机场的实现（使用了类似 Scikit-learn API 标准对 CRFsuite 的封装）。

网址：https://github.com/TeamHG-Memex/sklearn-crfsuite。

（2）深度神经网络等工程

◇nolearn：对一系列现有神经网络库进行封装和抽象的库（Theano/Lasagne），使用规范兼容 Scikit-learn。

网址：https://github.com/dnouri/nolearn。

◇keras：一个能够在 TensorFlow 或 Theano 之上运行的深度学习库。

网址：https://github.com/keras-team/keras。

◇lasagne：一个可在 Theano 中构建和训练神经网络的轻量级 Python 库。

网址：https://github.com/Lasagne/Lasagne。

◇skorch：一个封装了 PyTorch 的兼容 Scikit-learn 的神经网络库。

网址：https://github.com/skorch-dev/skorch。

（3）横向扩展包

◇mlxtend：一个包含了众多模型评估器库以及可视化工具的 Python 包。

网址：https://github.com/rasbt/mlxtend。

（4）其他回归和分类扩展包

◇xgboost：一个优化的梯度提升决策树 GBDT（gradient boosted decision tree）的实现库。

网址：https://github.com/dmlc/xgboost。

◇ML-Ensemble：一个通用、高效的聚合学习库（堆叠、混合、子序列、深度集成等）。

网址：http://ml-ensemble.com/。

◇lightning：一个先进的线性模型实现库，包括 SDCA、AdaGrad、SVRG、SAG 等等。

网址：https://github.com/Scikit-learn-contrib/lightning。

◇py-earth：多元自适应回归样条实现库。

网址：https://github.com/Scikit-learn-contrib/py-earth。

◇Kernel Regression：具有自动带宽选择功能的 Nadaraya-Watson 内核回归模型的实现库。

网址：https://github.com/jmetzen/kernel_regression。

◇gplearn：用于符号回归任务的遗传编程库。

网址：https://github.com/trevorstephens/gplearn。

◇scikit-multilearn：一个特别注重标签空间操作的多标签分类库。

网址：https://github.com/scikit-multilearn/scikit-multilearn。

◇seglearn：使用滑动窗口分割的时间序列和序列学习库。

网址：https://github.com/dmbee/seglearn。

◇libOPF：最佳路径森林分类器。

网址：https://github.com/jppbsi/LibOPF。

◇fastFM：与 Scikit-learn 兼容的快速因子分解实现库。

网址：https://github.com/ibayer/fastFM。

（5）分解和聚类扩展包

◇scikit-multilearn：使用吉布斯采样(Gibbs Sampling)方法从真实后验分布中进行抽样，实现快速潜在狄利克雷分配LDA(Latent Dirichlet Allocation)，适合Cython。

注意：①Cython与CPython的区别。Cython是一种混合编程的语言，可以让Python直接调用C++容器类；而CPython是一种广泛使用的Python解释器。② Scikit-learn的sklearn.decomposition.LatentDirichletAllocation同样也实现了潜在狄利克雷分配LDA，但是使用变分推理从主题模型的后验分布的近似中进行采样。

网址：https://github.com/lda-project/lda/。

◇kmodes：针对分类型变量的K-Modes聚类算法的实现，同时也包括它的几个变种。

网址：https://github.com/nicodv/kmodes。

◇hdbscan：HDBSCAN和鲁棒的单链接聚类算法实现。

网址：https://github.com/Scikit-learn-contrib/hdbscan。

◇spherecluster：在单元超球面上的k均值（K-Means）聚类算法，及冯·米塞斯费希尔聚类例程的组合。

网址：https://github.com/jasonlaska/spherecluster。

（6）预处理扩展包

◇categorical-encoding：一个与Scikit-learn兼容的分类变量编码器库。

网址：https://github.com/Scikit-learn-contrib/category_encoders。

◇imbalanced-learn：对数据集进行欠采样和过采样的方法库。

网址：https://github.com/Scikit-learn-contrib/imbalanced-learn。

3. 统计知识扩展包

◇Pandas：用于处理异构数据和列数据、关系查询、时间序列以及基本统计的扩展包。

网址：https://pandas.pydata.org/。

◇statsmodels：一个估计和分析统计模型库。与Scikit-learn相比，它更专注于统计测试，而较少关注预测。

网址：https://www.statsmodels.org/stable/index.html。

◇PyMC：实现了贝叶斯统计模型和拟合算法（包括马尔可夫链蒙特卡洛）的Python扩展包。

网址：https://pymc-devs.github.io/pymc/。

◇Sacred：帮助用户配置、组织、记录和重复试验的工具包。

网址：https://github.com/IDSIA/Sacred。

◇Seaborn：基于Matplotlib的可视化库，提供了绘制高水平统计图像的高级接口。

网址：http://seaborn.pydata.org/。

4. 推荐引擎扩展包

◇implicit：针对隐式反馈数据集的协同过滤推荐引擎的Python实现库。

网址：https://github.com/benfred/implicit。

◇lightfm：混合推荐系统LightFM的Python/Cython实现库。

网址：https://github.com/lyst/lightfm。

◇OpenRec：基于TensorFlow的神经网络启发性推荐算法库。

网址：https://github.com/ylongqi/openrec。

◇Spotlight：基于Pytorch的深度推荐模型的实现库。

网址：https://github.com/maciejkula/spotlight。

◇Surprise Lib：针对显式反馈数据集的推荐系统的Python实现库。

网址：http://surpriselib.com/。

5. 特定领域的扩展包

◇scikit-image：图像处理和计算机视觉处理扩展包。

网址：https://scikit-image.org/。

◇Natural language toolkit (nltk)：自然语言处理扩展包。

网址：https://www.nltk.org/。

◇gensim：一个用于主题建模、文档索引和相似性检索的库。

网址：https://radimrehurek.com/gensim/。

◇NiLearn：自然语言处理扩展包。

网址：https://www.nltk.org/。

◇AstroML：天文学数据集机器学习库。

网址：https://www.astroml.org/。

◇MSMBuilder：生物分子动力学统计模型库，为高维时间序列建立统计模型。

网址：http://msmbuilder.org/。